原創輸出×粉絲贊助×專案推廣×付費訂閱×電商經營，

流量密碼

司，在自媒體時代掌握

胡華成，劉坤源 編著

在過去的傳統行銷時代，想創業必須下重本；
在如今的自媒體時代，每個人都可以成立公司當執行長！

再對著死薪水唉聲嘆氣，只需滑滑手機錢錢就進戶頭裡；
及率被降或被「祖」，巧妙運用社群力量讓它起死回生；
圖文排版到拍攝題材一把抓，流量衝刺哪還需要團隊力量！

目錄

目錄

目錄

前言　多一個商業模式多一條活路

自媒體時代，一個人就是一支隊伍，你本身就是一間公司，你是自己人生的執行長。

自明星崛起，一個人就是一個 IP（智慧財產權），你的品牌有千萬價值可以變現，你是自己的財務長。

一個人，經營一個官方帳號或頭條號，年賺 500 萬元不是夢。

一個抖音號，若是經營有方，要達到粉絲上千萬人也是有可能的。

現在已經進入人人都是自媒體的時代，人人可以借助自媒體平臺成為自明星，打造屬於自己的 IP（品牌）。

隨著網際網路的去中心化，未來 10 年將是個人品牌崛起的時代。只要有一技之長的人，都可以成為自明星，與全世界進行交流。

筆者長期在新媒體領域打拚，近幾年隨著大量新媒體平臺的開放，個人的魅力、技能在各個平臺上百花齊放，形成無數發光、發熱的超級個體，賺錢的商業模式也越來越多。

這是最好的時代，因為只要你有才華，全世界都是你的舞臺，一個人也能輕鬆地活出精采！

筆者長期進行全網整合行銷，熟知各類新媒體賺錢的商業模式，並將總結 10 年的經驗彙整於一書。

這本書的編寫始於 2020 年年初，遇上百年難得一見的新型冠狀病毒肆虐，太多的行業遭遇困境，受衝擊最嚴重的當屬於實體行業，如餐飲行業、旅遊行業、零售業等，隨之興起的是居家辦公的模式。這意味著很多實體商業模式開始失靈。每一個經營者都必須意識到，只有將自己的商業模式轉型，才能避開這類危機，使自己立於不敗之地。

所以，筆者策劃了這本與時俱進的書，以商業模式為切入點，專門講述

前言

在自媒體、自明星時代的 128 種變現模式。

一個人，可以選擇的道路多了，就不會被一條路困死。同理，可以賺錢的商業模式多了，就不會被一時的困境難住。實體開店的生意不行，可以改走線上模式，即使一種線上賺錢方式行不通的話，還可以再換一種。本書介紹了 128 種賺錢方法，總會有一種適合你，助你實現財富自由。

筆者從事多年的創業諮詢服務，也先後協助經營了多家知名企業和多個百萬粉絲的自媒體帳號，筆者將在這些經營經驗中對於個人商業模式的操作重點都總結在本書中。以下筆者分享自己對於個人商業模式這一概念的一些理解。

- **個人商業模式的前提**：做好人生規劃和自我定位，正確地認識自我價值，找到適合自己的發展之路。因此，我們首先要釐清個人的人生目標、發展路徑和職業規劃，記住「綱為規劃、目為模式，提綱挈領，綱舉方可目張」。
- **個人商業模式的實施**：接下來要找到自己的興趣愛好和優勢技能，並根據精準的市場需求和使用者需求，採用產品化的思考來包裝自己或自己的能力，設計出完整的個人價值變現產品和方案，將自己打造成為一名優秀的「斜槓青年」，提升自己的盈利本領和管道，實現個人商業模式的目標。
- **個人商業模式的理解**：個人商業模式是實現人生目標、決定自己發展速度與規模的引擎，是一座連接個人價值與財富的重要橋梁。因此，我們要正確地發現和認識自己的價值，找到能夠輸出興趣價值的平臺，打造屬於自己的個人品牌。
- **個人商業模式的變現**：個人商業模式再好，如果不能執行，那麼最終只是一場「美夢」。因此，我們還需要制定確實可行的個人商業模式實施方案，實現個人價值的變現。

本書的核心內容為個人商業模式系統的入門方法、商業技巧和變現模式。對於企業管理者來說，可以幫助其突破自我能力矩陣，創造更多財富；對於職場人士來說，可以幫助其突破思考瓶頸，順利躍遷；對於自媒體經營者和創業者來說，可以幫助其全面掌握個人商業模式，激發個人潛力。

編者

前言

上篇　成為專家

第 1 章

路徑打造：實現個人商業模式客製化

在設計個人商業模式之前，我們一定要弄清楚自己是誰，有什麼人生目標，給自己一個清晰合理的定位；然後做好準備，調整自己的狀態，在個人商業模式的畫布上盡情地描繪自己的夢想和未來。

1.1 個性化定製：引領個人商業模式的創新

在看本書之前，你不妨先問自己幾個問題。

- 我是誰？我真的了解我自己嗎？
- 我想成為誰？我的夢想到底是什麼？
- 我要如何成為誰？我的職業規劃是什麼？
- 我要如何更快更好地成為誰？我該怎麼提升自己？

當然，你如果要成為心目中的那個自己，首先需要有一個好的個人商業模式，這也是本書要講的主題。

1.1.1 什麼是商業模式，有哪些內容？

首先，我們需要了解商業模式的概念。簡單來說，商業模式就是一種維持生存的方式。從企業層面來看，商業模式指的是企業在財務上能夠支撐其自給自足需求的營運方式，也可以將其看成企業的發展藍圖，其中描繪了企業的所有經營方式。

從個人層面來看，我們可以將自己當成只有一個人的企業，那麼個人商業模式就是指採用哪種方式來發揮自己的才智和能力，以實現個人與職業發展的無縫結合，即用什麼方式去賺錢。

整體來說，商業模式就是一種能夠創造利潤和價值的邏輯方法，這是商業模式的本質所在。如果從操作層面來看，商業模式就是生產價值的內部過程。商業模式包括 5 方面，如圖 1–1 所示。

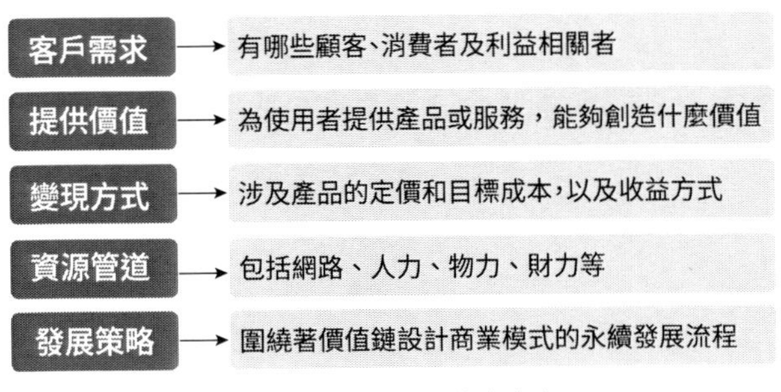

圖 1–1 商業模式的基本內容

例如，B2C（Business to Consumer，商對客電子商務模式）就是一種常見的電子商務模式，是企業直接面對消費者銷售產品和服務的商業零售模式，如天貓、京東、蝦皮、蘇寧易購等大型互聯網企業採用的都是這種商業模式。圖 1–2 為京東商城的官方首頁，京東會從有品質保證的品牌廠商進貨，然後透過線上通路向消費者銷售，透過「自營 + 品牌」的獨特商業模式來保持競爭力。

圖 1–2 京東商城的官方首頁

1.1.2
為什麼一定要學習商業模式？

那麼，我們為什麼一定要學習商業模式呢？下面列舉了幾個重要元素，大家可以從中看到商業模式的重要性和作用，如圖 1–3 所示。

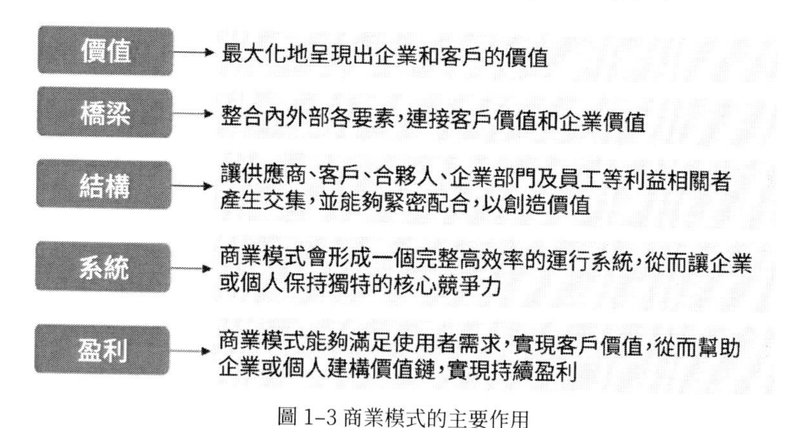

圖 1–3 商業模式的主要作用

有了好的商業模式，企業或個人才能更好地針對自己的目標使用者族群經營相關策略，展開各項價值活動，讓商業模式得到長久營運，同時不斷創造新的價值，形成強大的競爭優勢。

1.1.3
什麼是個人商業模式客製化？

商業模式的最終目的是實現你的價值，讓你成為想要變成的那個自己。當然，要做到這一點，對於個人來說，一定要定製個人的商業模式，這樣你才能變得與眾不同，才更容易走向成功。

如今，隨著商業模式的不斷發展，所有人都處在變化當中，包括你的供應商、顧客及競爭對手。因此，我們需要不斷地創新，不斷地改變自己，才能更好地生存和發展。這就需要我們具有客製化的個人商業模式，來適應這種快速變化的大環境。

相似性只會為你帶來更多的競爭對手，讓你自顧不暇，更談不上去最佳化和改進自己的商業模式。因此，我們一開始就要制定一個智慧化、個性化和客製化的個人商業模式，讓消費者和生產者能夠實現雙贏。

個人商業模式客製化是指可以適應市場形勢、順應客戶需求和整合自身資源的一種高度靈活的個性化商業模式，能夠幫助個人更好地構築核心競爭力。例如，大疆就是採用這種客製化的個人商業模式，成為「消費級」無人機的「市場霸主」。

過去，無人機通常應用於軍事方面，而大疆卻另闢蹊徑，將無人機應用到攝影、農業、採訪拍攝等商業領域，讓大量的業餘愛好者也能體驗這種高空拍照的樂趣。同時，大疆還開發了專業級產品和消費級產品，以及各種產業解決方案，來滿足不同使用者族群的需求，如圖 1–4 所示。

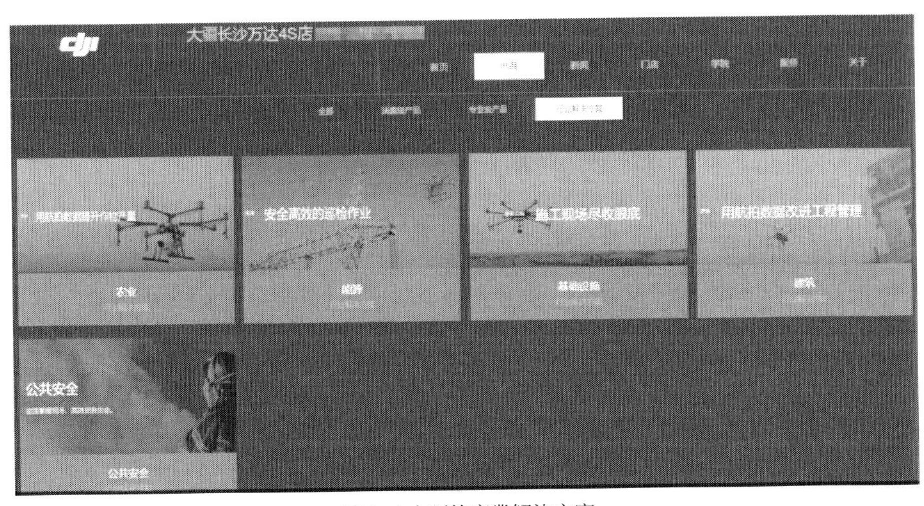

圖 1–4 大疆的產業解決方案

大疆的成功，在於其客製化商業模式的「獨創性」特點，透過創意和技術方面的創新，把無人機應用延伸到民用市場，為廣大消費者帶來價值，讓更多消費者認識到這個品牌。大疆無人機在全球無人機市場上的占有率超過了 70%。

1.1.4
商業模式創新工具之「竹林定律」

那麼，對於個人使用者來說，我們要如何才能做到商業模式的創新呢？這裡筆者推薦「竹林定律」的商業模式思考。「竹林定律」還原了從一根竹筍破土而出，到一夜之間新竹遍地的過程，其具體分析如圖 1–5 所示。

圖 1–5 「竹林定律」的分析圖

「竹林定律」主要是以竹子的生長規律來形象化地揭示商業模式創造的過程，這是一種發散性、創造性的思考方式。同時，從「竹林定律」中可以看到一個商業模式成功的過程 —— 前期經歷了很長時間的蓄勢待發，當紮穩根基並積蓄了一定程度的力量後，便「一發不可收拾」。

透過不斷運用「竹林定律」，能夠讓你的商業模式形成「竹林效應」，不斷地開枝散葉。竹子的生命期雖然不長，但它形成竹林的速度卻非常快，一夜春雨，便可迅速成長為能夠抵抗風雨的竹林，這也是商業模式需要具備的能力。

例如，小米公司的生態成長邏輯就是「竹林定律」的代表案例。小米創始人雷軍在商業模式的策略布局上具有一定的前瞻性，他首先以智慧型手機為主導市場，獲得大量的粉絲使用者；然後布局生態鏈，讓企業獲得持續性成長；同時，還透過 IoT（Internet of Things，物聯網）尋求更多的突破，打造出具有極強生命力的商業模式。

小米公司以手機為核心業務來實現生態鏈的建設，並不斷向外拓展產品範圍，包括手機周邊商品、智慧硬體及各種生活耗材等，如圖 1–6 所示。

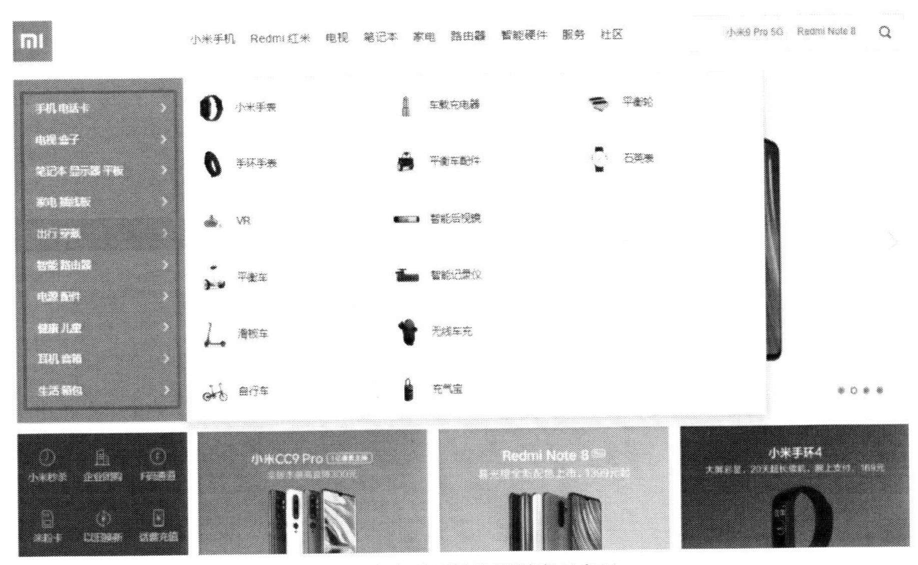

圖 1–6 小米公司的生態鏈產品布局

同時，小米透過將產品做到極致，還衍生出大量的生態鏈品牌，如紫米(ZMI)、智米科技、雲米®全屋互聯網家電、Yeelight、Aqara（綠米）、Ninebot（九號機器人）、純米、心想、青米、石頭科技、90 分、最生活、貝醫生、素士、和廚、貝瓦、KACO 文采、雲麥、8H、小吉等，這些品牌或產品都是小米「竹林」中的一株株竹子，如表 1-1 所示。小米生態鏈品牌帶來的這種「竹林效應」，在成就別人的同時，也更好地成就了自己。

表 1-1 小米公司的生態鏈品牌布局

小米生態鏈品牌	主要業務和產品
紫米 (ZMI)	行動電源、充電器、電池、傳輸線等
智米科技	包括空氣清淨機、冷氣等生活電器產品，以及相關周邊配件
雲米® 全屋互聯網家電	網路家電品牌，產品包括洗碗機、冰箱、淨水器、排油煙機、洗衣機等
Yeelight	專注於智慧燈具，產品包括智慧吸頂燈、智慧 LED 燈、智慧護眼檯燈等
Aqara（綠米）	智慧家庭基礎配件品牌，產品包括各類感測器和智慧開關等
Ninebot（九號機器人）	現代交通代步工具，產品包括各種智慧電動平衡車和滑板車等
純米	專注於智慧廚電產品，包括智慧電鍋、智慧電磁爐、智慧烤箱、智慧微波爐等
心想	膠囊咖啡機製造商，專注於各種智能咖啡機產品
青米	專注於各種智慧插座和插線板等產品
石頭科技	米家掃地機器人供應商
90 分	宣導「輕趣美好，活力質感」的生活方式的品牌，主要產品為箱包服飾
最生活	網路毛巾品牌，專注於生產優質毛巾產品
貝醫生	專注於各種高品質的口腔護理產品，如電動牙刷、牙膏等
素士	個人護理時尚科技品牌，主要產品包括電動牙刷、沖牙機、刮鬍刀、吹風機等，以及牙膏、漱口水、護髮精油等產品
和廚	專注於高級速食杯麵的研發、生產和銷售
貝瓦	知名兒童用品品牌，產品包括爬行墊、早教機、兒童手錶等

小米生態鏈品牌	主要業務和產品
KACO 文采	生活文創精品品牌，產品包括書寫工具和辦公用品等
雲麥	提供健康解決方案和各種健康生活周邊產品
8H	提供各種優質的睡眠產品，如床墊、乳膠枕、U 形枕、懶人沙發等
小吉	智慧迷你時尚家電品牌，產品包括泡沫洗手機、水珠壁掛式洗衣機、迷你復古冰箱等

1.1.5
看懂商業模式理論體系的全景圖

要成功經營個人商業模式，除了需要了解「竹林定律」外，還需要掌握一些商業模式的理論體系，具體內容如圖 1–7 所示。

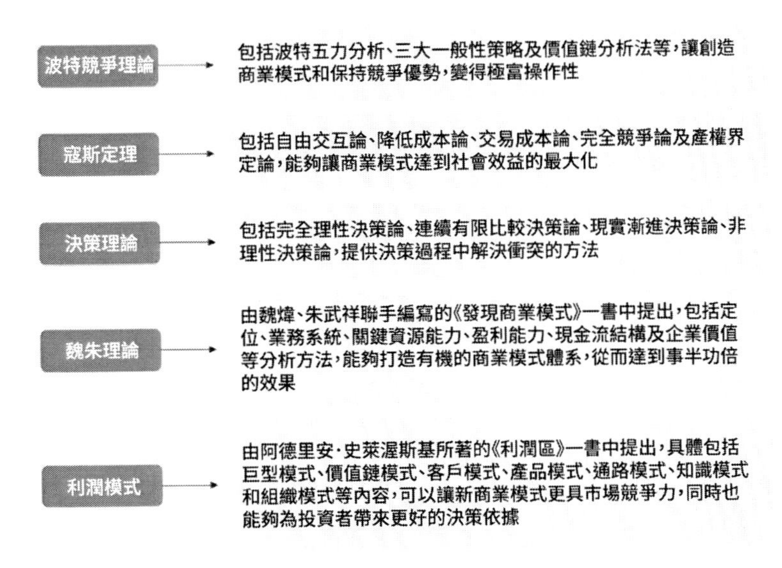

圖 1–7 商業模式理論體系的全景圖

同時，由亞歷山大・奧斯特瓦德（Alexander Osterwalder）和伊夫・皮尼厄（Yves Pigneur）合作所著的《商業模式新生代》一書中講述了完整的商業模式畫布，能夠幫助我們掌握更多新穎的價值創造模式，如圖 1–8 所示。

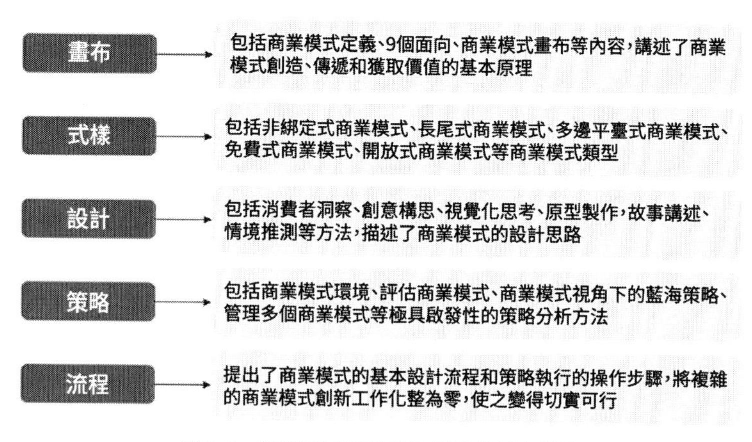

圖 1–8 《商業模式新生代》提出的基本理論

1.2 個人商業模式：找到適合自己的發展之路

本書的重點在於個人的商業模式應用，這是不同於企業級別的一種全新模式，尤其在網路時代，我們有更多的方法來實現自己的個人價值，創造更多的利潤。因此，對於個人使用者來說，同樣需要規劃自己的商業模式畫布，從而重塑自己的職業生涯，找到適合自我的發展之路。

1.2.1 第 1 步：商業模式畫布，重塑你的職業生涯

《商業模式新生代》一書中用一張商業模式畫布描述了企業級商業模式的九大面向及其關係，具體包括目標客群、價值主張、通路、客戶關係、收入來源、核心資源、關鍵活動、關鍵合作夥伴、成本結構等內容。

其中，價值主張作為該商業模式畫布的分割線，其左側為提升效率的方法，右側為提高價值的方法，就如人類的左腦和右腦那樣，只有相互配合，才能更好地發揮其作用。其實，個人商業模式也可以在該商業模式畫布中找到與之對應的元素（中英雙語對照部分為企業商業模式要素，中文黑體部分為個人商業模式要素），如圖 1–9 所示。

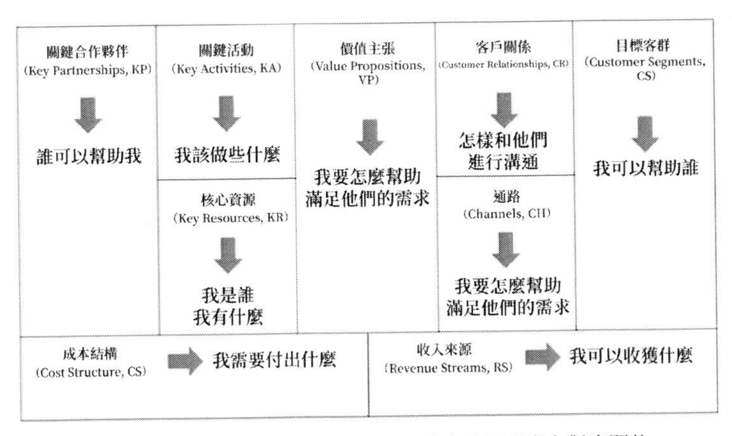

圖 1–9 企業商業模式與個人商業模式的商業模式畫布對應關係

下面筆者從個人商業模式的層面幫大家分析商業模式畫布。

- **目標客群：**找出對於自己最重要的使用者族群，清楚自己是在為誰創造價值。我們可以看看自己目前所做的工作的主要受益族群或者服務對象是誰。
- **價值主張：**確定自己的真正價值，可以用什麼樣的產品、服務或方式來滿足使用者的需求，完成他們給的任務。
- **通路：**如何讓潛在客戶知道，怎麼讓他們看到和購買產品或服務，以及將自己的價值分享給他們，即企業商業模式中的行銷過程。
- **客戶關係：**應該如何與使用者進行接觸及溝通交流，如直接溝通、郵件、Line 和電話等方式。
- **收入來源：**獲取收入的方式是什麼，有哪些收入來源，以及怎麼讓使用者願意為產品或服務買單。

專家提醒

個人商業模式的收入方式各式各樣，如薪水、產品銷售抽成、專業服務費、投資理財收入、書稿版權等，除了現金收入外，還能夠獲得滿足感、成就感、影響力等精神收益。

- **核心資源：**對於個人來說，核心資源包括自己的特長、技能、興趣、知識、經驗及人脈等有形或無形資產。
- **關鍵活動：**根據自己的核心資源對關鍵活動進行定位，即需要做什麼，包括各種體力和腦力工作。
- **關鍵合作夥伴：**找到能夠幫助自己完成任務的合作夥伴或供應商，從他們手中獲取更多核心資源和關鍵活動。
- **成本結構：**在該商業模式中需要付出哪些成本，包括金錢、時間和精力等，同時要盡量讓成本最小化。

1.2.2
第 2 步：重新認識自我的道路：我究竟是誰？

在個人的商業模式畫布中，最關鍵的一環在於認識自我，了解自己究竟是誰，這樣才能找到正確合理的道路。據統計，世界上真正有勇氣追尋自己夢想的人僅僅有 3%，大部分人不敢真正面對自己，或者最終與自己的夢想背道而馳。下面介紹 3 種幫你重新認識自我的方法。

▶ 自問：重新定義「我是誰」

準備 10 張小紙條，都寫上「我是誰？」這個問題，並一一作答。同時，寫上補充說明，分析這個答案的動機，如圖 1–10 所示。接下來將所有答案進行整理和排序，找到最重要的內容以及它們之間的共同之處，以更加清晰地認識自我。

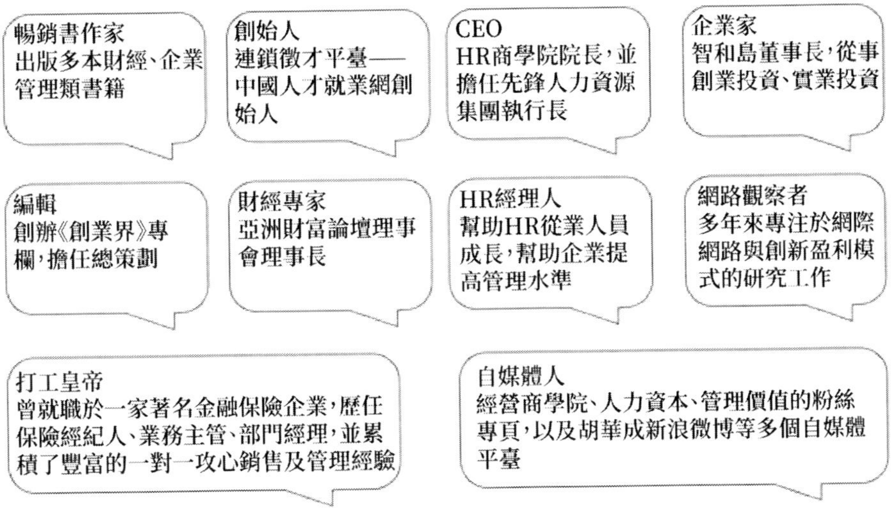

暢銷書作家
出版多本財經、企業管理類書籍

創始人
連鎖徵才平臺——中國人才就業網創始人

CEO
HR商學院院長，並擔任先鋒人力資源集團執行長

企業家
智和島董事長，從事創業投資、實業投資

編輯
創辦《創業界》專欄，擔任總策劃

財經專家
亞洲財富論壇理事會理事長

HR經理人
幫助HR從業人員成長，幫助企業提高管理水準

網路觀察者
多年來專注於網際網路與創新盈利模式的研究工作

打工皇帝
曾就職於一家著名金融保險企業，歷任保險經紀人、業務主管、部門經理，並累積了豐富的一對一攻心銷售及管理經驗

自媒體人
經營商學院、人力資本、管理價值的粉絲專頁，以及胡華成新浪微博等多個自媒體平臺

圖 1-10 在小紙條上依次回答「我是誰」這個問題

▶ 生命線探索

生命線探索可以幫助我們重新審視和定義自己的興趣、技能和個性，獲得更多的工作滿足感，如圖 1-11 所示。我們可以先繪製自己生命中高低潮的代表事件，將其在生命線圖中羅列出來；然後對這些事件進行簡單描述，並從中發現獲得職業榮譽感的因素，從而幫助確定自己的興趣，以及描述自己的技能；最後確認自己的能力和期望。

2005年，任職於一家著名的金融保險企業，歷任保險經理人、業務主管、部門經理

2006年，創辦中國人才就業網，並出任創始人兼CEO

2008年，獲「無錫最受歡迎的企業家」稱號

2010年，創辦HR商學院，並擔任院長

2012年，成立先鋒人力資源集團，並擔任執行長

2013年，創辦《創業界》專欄，並擔A任總策劃

2013年6月，受邀成為亞洲財富論壇理事會理事長

2014年2月，擔任中國人才就業網連鎖集團董事長

2014年7月，創辦代招網DAIHR.COM，並擔任總裁

2015年9月，出版第一本書《不懂帶團隊，還敢做管理？》

2016年3月，出版第二本書《互聯網＋頂層商業系統》

2016年10月，出版第三本書《顛覆HR：「互聯網＋」時代的人才管理變革》

2019年1月，創辦江蘇智和島創業投資有限公司

2018～2019年，出版《社群思維：互聯網時代的新創業法則》、《遊戲化行銷》、《人力招聘與培訓全案》、《績效管理與考核全案》、《薪酬管理與設計全案》、《白手起家開公司》、《合夥人：股權分配、激勵、融資、轉讓》等書籍

圖 1-11 筆者的生命線探索示例

▶ 何倫職業傾向

美國約翰·霍普金斯大學心理學教授、著名的職業指導專家約翰·何倫（John Holland）根據人們的心理性質和擇業傾向，提出了何倫職業興趣理論和何倫職業興趣測驗量表，把職業興趣分為社交型（S）、企業型（E）、常規型（C）、實作型（R）、研究型（I）、藝術型（A）6 種類型，來幫助求職者更好地做出求職擇業的決策，如圖 1–12 所示。

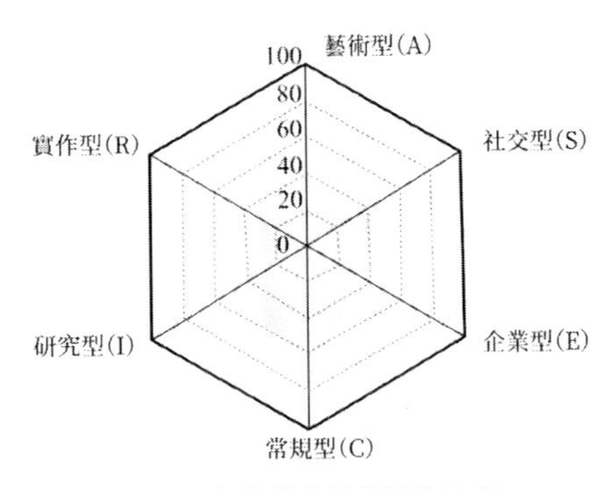

圖 1–12 何倫職業興趣測驗量表

讀者可以在 Google 上搜尋「興趣何倫碼」，完成相應的測驗題目，來幫助自己發現和確定職業興趣和能力特長，以對自己的興趣特性與職業有更清晰的認知。

1.2.3
第 3 步：清晰地告訴自己：我的人生目標是什麼？

當你徹底地解答「我是誰」這個問題，對自己有了全新的了解後，接下來就可以根據自己的特點來制定人生目標，繪製個人的夢想規劃藍圖。例如，筆者計劃在 3 年內籌備一家集團化內容孵化生態公司，主要業務由以下四大板塊所組成。

▶ 第一業務：知識庫公司

成立一家知識內容創作公司，打造千萬級甚至更大的知識 IP（智慧財產權），布局新媒體矩陣，包括微信公眾平臺、微博、今日頭條、一點資訊、搜狐號等眾多新媒體平臺，具體方式如下所述。

- 創建內容創作團隊，按照相關出版流程進行內容創作。這樣做的好處是，可以透過網路布局內容生態，還可以透過整理出版品增加圖書閱讀族群的覆蓋率。
- 與全媒體知識大 V（泛指在各平臺上獲得個人認證且有大量粉絲的用戶）、頻道專欄作家、供稿者、出版者等優質資源進行簽約及深度合作。

有了全網媒體入口網站及流量資源後，可以跟媒體公司進行簽約及深度合作，如筆者目前深度合作的兩大巨頭——頭條號和百度百家號等，這些平臺會給予強大的資源、技術支援，還會給予每天千萬的流量資源等。

最終實現目標：全網內容第一平臺、粉絲最多平臺、流量最大平臺。

▶ 第二業務：商學公司

有了成熟的知識庫公司做後盾，再建立一家實戰經驗教學最多的線上商學院，建立強大的智庫人脈資源庫和引入知名專家導師團線上授課分享。商學公司主要從事課程內容打造、精品課程自營、優質課程分發、課程分級代理四塊業務，同時還要布局搭建全國實體巡講系統和實體商學院。

▶ 第三業務：私孵公司

在前兩者的基礎上，建立一個人才深度孵化公司，以培養自由職業者為導向，孵化簽約千人的計畫，幫助 1,000 名自由職業者實現年入百萬的目標。私孵公司則收取每個簽約的自由職業者年收入的 20%～30%作為深度孵化服務費，合約期以 10～30 年為限期，與自由職業者深度且長期合作、成長雙贏，產生商業模式的「竹林效應」。

▶ 第四業務：創業投資公司

最後建立一家創業投資公司用於私孵菁英人才，願景是做一家陪同創業者一起成長的創業公司，使命是將 100 家創業公司打造成為該領域「獨角獸」。同時，給予集團公司所有的資源、人才、資本，幫助創業者實現創業成功。

筆者相信，大部分的人絕不是為了簡單的活著而活著，我們需要重新拾起那些被自己遺忘在角落的人生目標，讓自己充滿能量，去面對生活，追逐目標！

1.2.4 第 4 步：結合人生目標，重新設計商業模式

了解自己的能力，以及有了人生目標後，我們就可以根據這些基本元素來設計個人的商業模式，同時不斷檢查和最佳化個人商業模式，並開始實施行動。

例如，筆者的第一個知識庫公司目前已經成熟，目前大概有粉絲 500 萬名，月度網路內容閱讀量超過 3 億條，粉絲分布在不同的自媒體、新媒體平臺，如微博、微信官方帳號、今日頭條號、百度百家號、一點資訊、新浪看點、搜狐自媒體等。

知識庫公司的主要內容創作來源為多方平臺授權和簽約作家投稿以及自己出版寫作，目前定稿 21 本書籍，後期會以每年 10 ～ 20 本的新書發布速度來增加知識庫公司的影響力及知識內容庫。

接下來筆者計劃將知識庫公司拆分成兩家獨立公司：一家為新媒體內容公司，主要出品新媒體優質文章和課程行銷文案等內容創作；另一家公司則和更多的創作者簽約，幫助企業家和創業者策劃出版業務，為企業家和創業者提高影響力及打造知名度，成為新時代的個人品牌企劃包裝公司。

第二家商學公司已經開始布局，目前的大約有 500 位知名授課老師資源已經納入課程庫。合作管道以千聊直播為主，平臺為我們開通一級合作管道，最高級課程可以擁有 90%的利潤分成，測試階段已經獲得超過 20,000 名付費學員。

第三家私孵公司目前屬於布局測試階段，還沒有正式啟動。私孵公司有兩個營運方向，一個是「成長計畫」，主要目的是提升作者收入；另一個是「百薪計畫」，主要目的是幫助自由職業者實現「百萬年薪」，目前實施步驟計畫已經初步出爐。

第四家創業投資公司在同步準備階段，還沒有正式啟動。遺憾的是，目前還沒有正式組建團隊。

以上全部公司事務由筆者個人和一個助手在經營管理。

之所以沒有組建團隊主要是想從「人效、時效、平效」三個方面測試一下筆者自身的創業能力，即筆者一個人在一年時間內，在沒有公司、沒有團隊、沒有平臺、沒有辦公成本的情況下，能實現什麼樣的成績和結果。看看一個人用全力以赴的狀態下能有多少產能。

以筆者的效能標準進行測試，發現輔導一名自由創業者實現年收入 100 萬～ 300 萬元基本沒有問題。所以，筆者對第三家公司私孵公司的未來是非常看好的，覺得潛力無限。

1.2.5
第 5 步：價值計算，計算你的個人商業價值

到了這一步，我們需要對個人商業模式的價值進行計算。個人商業模式價值是指個人商業模式對我們所表現出來的積極意義和可用性資源，包括直接經濟價值和間接經濟價值，如圖 1-13 所示。

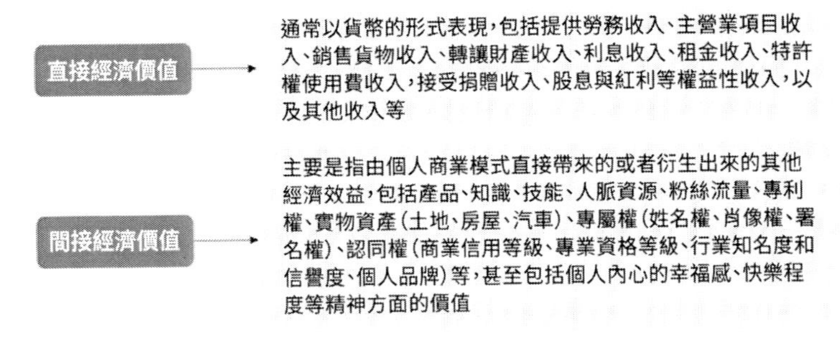

圖 1–13 個人商業模式帶來的價值

1.2.6
第 6 步：商業模式驗證，用客戶來進行驗證

最後，我們需要驗證自己的個人商業模式是否存在著問題。如果存在問題，那麼這些問題很可能導致營運陷入困境或者創業失敗等情況，因此我們要深入「拷問」自己的個人商業模式。在驗證個人商業模式時，最直接有效的方法就是「讓客戶說話」，用客戶的實際體驗作為衡量標準，具體包括以下幾方面。

- 客戶喜歡什麼樣的產品？
- 客戶是否喜歡產品？
- 產品對客戶來說有沒有真正的價值？
- 客戶對產品有哪些不滿意的地方？
- 客戶的購買或使用週期有多長？
- 客戶的開發成本是否過高？
- 獲得客戶後，如何進行變現？

在通常情況下，創業者可以採用問卷調查的形式來收集客戶意見，或者透過相關的資料分析工具來分析客戶偏好，如圖 1–14 所示。透過站在客戶角度來「拷問」自己的個人商業模式，可以快速找到個人商業模式中哪裡強哪裡弱，從而更好地進行改善和更新資料。

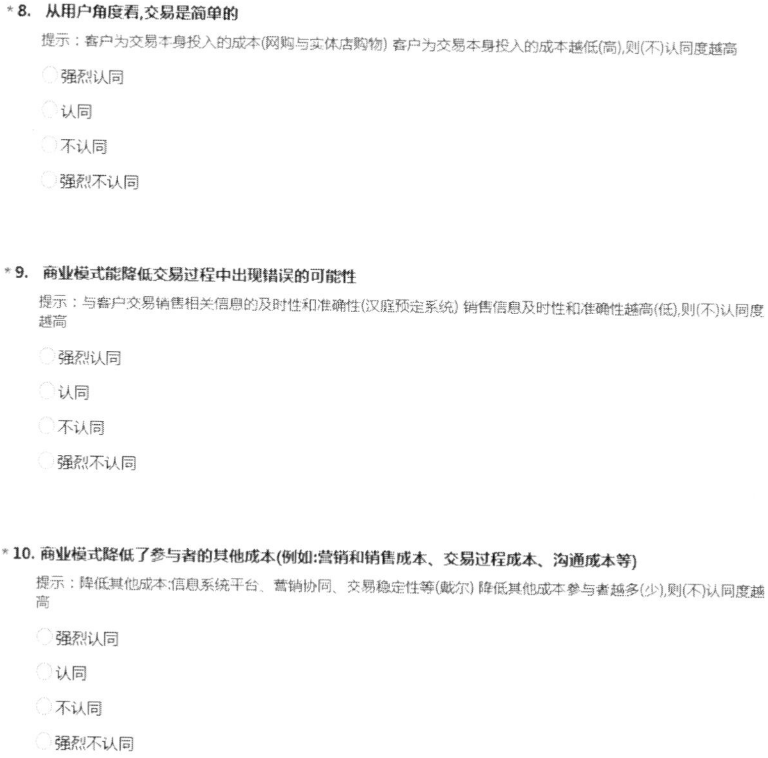

*** 8. 从用户角度看,交易是简单的**

提示：客户为交易本身投入的成本(网购与实体店购物) 客户为交易本身投入的成本越低(高),则(不)认同度越高

- 强烈认同
- 认同
- 不认同
- 强烈不认同

*** 9. 商业模式能降低交易过程中出现错误的可能性**

提示：与客户交易销售相关信息的及时性和准确性(汉庭预定系统) 销售信息及时性和准确性越高(低),则(不)认同度越高

- 强烈认同
- 认同
- 不认同
- 强烈不认同

*** 10. 商业模式降低了参与者的其他成本(例如:营销和销售成本、交易过程成本、沟通成本等)**

提示：降低其他成本:信息系统平台、营销协同、交易稳定性等(戴尔) 降低其他成本参与者越多(少),则(不)认同度越高

- 强烈认同
- 认同
- 不认同
- 强烈不认同

圖 1–14 透過調查問卷的形式來驗證個人商業模式示例

另外，創業者還可以把完整的個人商業模式拆解為細小的碎片化指標，從細節處去尋找問題，這樣能夠更準確地驗證方案的正確性，並及時進行最佳化。驗證個人商業模式的主要指標通常包括投入產出比和行銷組織方式等，如圖 1–15 所示。

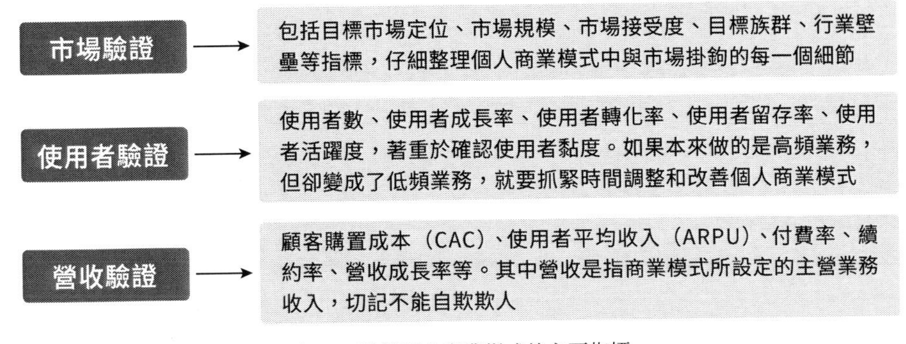

圖 1-15 驗證個人商業模式的主要指標

專家提醒

CAC 全稱為 Customer Acquisition Cost，也可以理解為顧客購置成本；ARPU 全稱為 Average Revenue Per User，也可以理解為每使用者平均收入。

第 2 章

人生規劃：教你正確地認識自我價值

使用個人商業模式對自己進行清晰的定位後，接下來就可以開始規劃自己的人生，包括學習規劃、職業規劃、技能規劃、人生規劃、資金規劃等，用個人商業模式來認識和實現自己的真正價值。

2.1 規劃自己：做好人生路徑規劃

窮人與富人的主要區別就在於規劃，很多時候，不是窮人不夠努力，也不是他們不夠聰明，而是由於他們疏忽了自我規劃，從而錯過了很多機遇。

一個人做任何事都需要有計畫和目標，否則就會變成一隻無頭蒼蠅，到處亂竄，很容易讓自己陷入迷茫，一事無成。在開始實施自己的個人商業模式之前，我們同樣需要對自己進行完整的規劃，設計好自己的「人生路徑」。

2.1.1 學習規劃：不斷地加深認知

對於成功的創業者來說，學習相當重要，如果你準備深入一個行業，開發一個全新領域的個人商業模式，第一步就是學習。學習也有很多技巧，如果學習時缺乏體系，沒有重點，則結果往往事倍功半。

美國暢銷書作家麥爾坎．葛拉威爾（Malcolm Gladwell）在《異數》一書中曾經提出一個非常經典的「1 萬小時定律」，其具體內容為：「人們眼中的天才之所以卓越非凡，並非天資超人一等，而是付出了持續不斷的努力。

1 萬小時的錘煉是任何人從平凡人變成世界級大師的必要條件。」

也就是說，我們做任何事情，只要可以堅持 1 萬個小時，就能夠成為這個領域的專家。如果你每週工作 5 天，每天工作 8 個小時，換算下來大約需要 5 年的時間。但現實情況是，很多從業者都堅守一個職位超過 5 年、10 年甚至一輩子，但成功者卻寥寥無幾。這是因為他們往往採用廣泛學習的方法，這是極不合理的，因此我們需要規劃自己的學習計畫，採用刻意學習的方式來提高效率。

若想成功實施自己的個人商業模式，我們一定要改善學習方式，重點式學習自己真正需要的知識，不斷地深入了解自己所處的領域知識，相關建議如圖 2–1 所示。

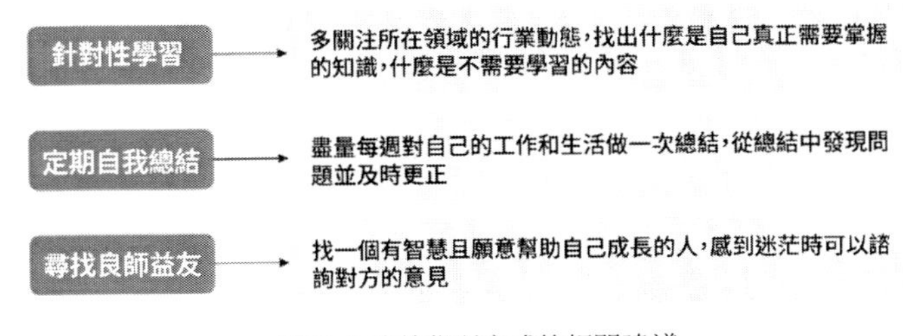

圖 2–1 改善學習方式的相關建議

這裡筆者也研究了一套非常有效的深度學習的方法論，筆者將其稱為填空學習法。一切學習都是為了「填空」，填寫未來人生的答卷。其實，每個人都應該為自己制定一套人生該何去何從的規劃試卷圖，有了試卷圖就有了學習方向和學習方法，以及學習的理由和動力。在設計和回答自己的人生規劃試卷圖時，還有一些相關注意事項，如圖 2–2 所示。

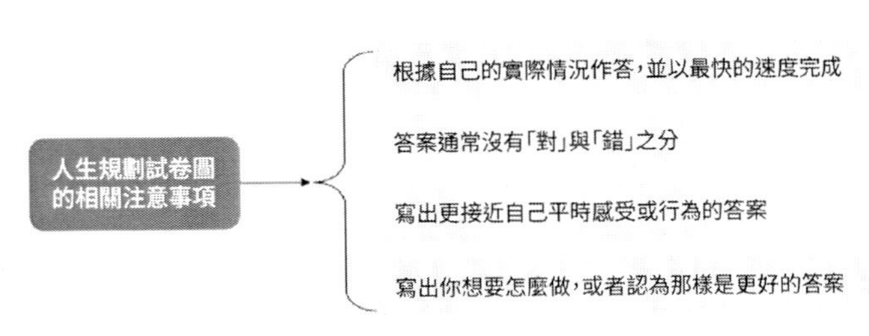

圖 2–2 人生規劃試卷圖的相關注意事項

只有制定出一套合理的人生規劃試卷圖，才能有效地制定學習計劃。只有具備這樣的學習思考，才能讓學習更有效，更接近目標，更能提升自我能力和價值。

從入學到畢業，學生時代的所有學習都是為了考試和升學。到了社會中，大部分人的學習失去了目的，導致學習力下降，學習目的不明確，就是因為這樣人與人之間才拉開了距離。

如果想趕上差距，那就必須設定學習目的，建立人生規劃試卷圖，按要求、標準、時間來完成這次的突擊考試，贏得人生下半場。

專家提醒

在做學習規劃時，建議大家記住這句話：「確認目標，由淺入深；約束自己，堅持不懈；階段性評估，提升動力。」

2.1.2 職業規劃：工作乃安身立命之本

對於普通人來說，工作是安身立命之本，很多時候，不是工作需要你，而是你需要一份工作。建議大家在 20 ～ 30 歲這個人生最重要的黃金 10 年中完成正確、高效率的職業規劃，這樣你才能快人一步，抓住更多商業機遇。

隨著社會競爭越來越激烈，人們在職場中變得越來越迷茫，很多人都是抱著隨波逐流的心態，經常更換工作，這樣的人生往往一事無成。究其原因，他們缺少的是一份合理的職業規劃。那麼，正確的職業規劃到底該如何做？下面筆者總結了職業規劃的基本流程，為大家提供參考，如圖 2-3 所示。

目標定位	為自己制定一個合理的職業發展目標，如會計師證照、人力資源管理師、建築師證照、導遊資格、教師資格、執行長、董事長等，將該職業目標作為自己的長期奮鬥方向
自我評估	客觀評估自己目前所處的工作職位和擁有的職業技能，確認自己的位置與目標的差距，找到發力點
拆解目標	將目標拆解為更為細小的子目標，同時按照難易程度列出，先易後難地完成各個小目標，逐步增加自己的信心
突破瓶頸	在完成較難的目標時，通常會碰到一些瓶頸或障礙，這也是職業規劃中需要解決的問題。對此，可以透過網路搜尋、請教專家及閱讀相關書籍等方式，多列舉一些克服困難的方法，以免真正碰到困難時手足無措
增加動力	在完成階段性職業目標時，對於一些代表性的里程碑事件，如獲得資格認證、行業大獎等，可以將其記錄下來，作為勉勵自己前進的動力，提高完成下一個目標的積極性
調整目標	世界是處在不斷變化當中的，職業規劃目標也需要根據職場的實際情況適時、合理地進行調整和改善，同時檢查是否有偏差，這樣才能更好地實現目標，直至取得成功

圖 2-3 職業規劃的基本流程

在大部分情況下，都是工作選擇我們。只有在一個工作中越做越有成就感時，才算是成功，才能保持持續奮鬥下去的動力，才有可能找到更好的個人商業模式。在做職業規劃時，同樣也可以用個人商業模式畫布來進行規劃和診斷，以對自己當前的職業狀態更加了解，並且為今後的職業規劃奠定基礎。

- **職業診斷：**主要分析個人商業模式畫布中的 9 大面向之間是否相互匹配。例如，你的核心資源是人脈廣，但你在職場的關鍵活動卻是一個技術員，根本無須和外人打交道，這樣就不能完全發揮你的資源優勢，對你在職場也沒有任何幫助。
- **職業選擇：**可以根據自己想要選擇的不同職業畫出多個個人商業模式畫

布，然後對比其中的成本結構和收入來源要素；或者也可以對比核心資源要素，找到更適合自己的職場道路。

- **職業規劃：**找到適合自己的職業後，接下來就可以利用個人商業模式畫布來進行更加細緻的職業規劃，找到自己的強項和弱點，揚長補短。總之，不管是在找工作，還是在職場中陷入迷茫時，職場規劃都是解決問題的關鍵所在。

2.1.3
技能規劃：技多不壓身

正所謂「技多不壓身」，技能是我們隨身攜帶的，是其他人帶不走的東西，是個人商業模式畫布中的核心資源元素裡的重要資產。從字面意思來拆解，技能可以分為能力和技術兩個部分。

- **能力**：能力是天生的，是一種天賦，比如對畫畫、音樂有天賦，那麼你從事相關的工作就會更加輕鬆。整體來說，天賦能力包括以下九大類型，你可以思考自己有哪方面的天賦，並選擇適合的領域去發展，如圖 2–4 所示。
- **技術**：技術與能力相反，是可以透過後天學習後掌握的能力，如財務、平面設計、軟體開發、建築施工、動漫設計等方面的技術。

這樣看來，我們每個人的技能並不是一成不變的，而是可以透過各種形式的學習和經驗的累積來不斷提升的。如今，我們只要直接在手機上找到合適的平臺和課程，就可以可運用碎片化時間去學習，有意識地培養和增強自己的職業技能。

例如，官方帳號「智和島」就是一所「沒有圍牆的大學」，聚集了上千名各行業的資深領域導師，囊括了上萬門實戰經驗分享課程，能夠幫助使用者提升各種職業技能，成就個人商業模式的夢想，如圖 2–5 所示。

圖 2-4 九大天賦能力的類型和適合發展的相關領域

圖 2-5 官方帳號「智和島」

我們在開始規劃自己、布局個人商業模式之前，首先要做好技能規劃，為自己「充電」，找到自己的天賦能力資源，並提升自己的技術能力，這樣做起事來才會事半功倍。

2.1.4 人生規劃：有哪些想做的事情

其實，技能還不是人與人之間最明顯的區別，同樣的技能，掌握的人可能有成千上萬，為什麼最後成功的卻只有寥寥數人呢？這是因為除了技能外，每個人的認知是不同的。那些成功的人，他們對於成功都有一種非常強烈的渴望，因此經常會給自己設定各種目標，制定完整的人生規劃，讓自己能夠快速通向成功。有了人生規劃這個前提，他們比普通人更容易抓住機遇，即使沒有機遇，他們也會自己想方設法去創造機遇。而沒有做人生規劃的普通人，即使給他一個很好的機遇，他也不會有意識地去把握，這就是成功者和普通人在認知上的主要區別。

那麼，人生規劃具體該怎麼做呢？簡單來說，就是將你這一生想做的事情都寫出來，不管當下你是否有能力去完成這些事情。所以，我們現在就可以對自己未來 20 年、30 年甚至一輩子想要做的事情都做好規劃，做出一份屬於自己的完整人生規劃，然後放手追求自己的興趣，獲得更多滿足感和幸福感。

需要注意的是，人生規劃不是盲目的，而是要盡量與自己的職業規劃、學習規劃、技能規劃匹配，這樣的人生規劃才是切實可行的，這樣才能夠讓注意力始終都集中在完成個人商業模式的過程中。做人生規劃時的相關建議如圖 2-6 所示。

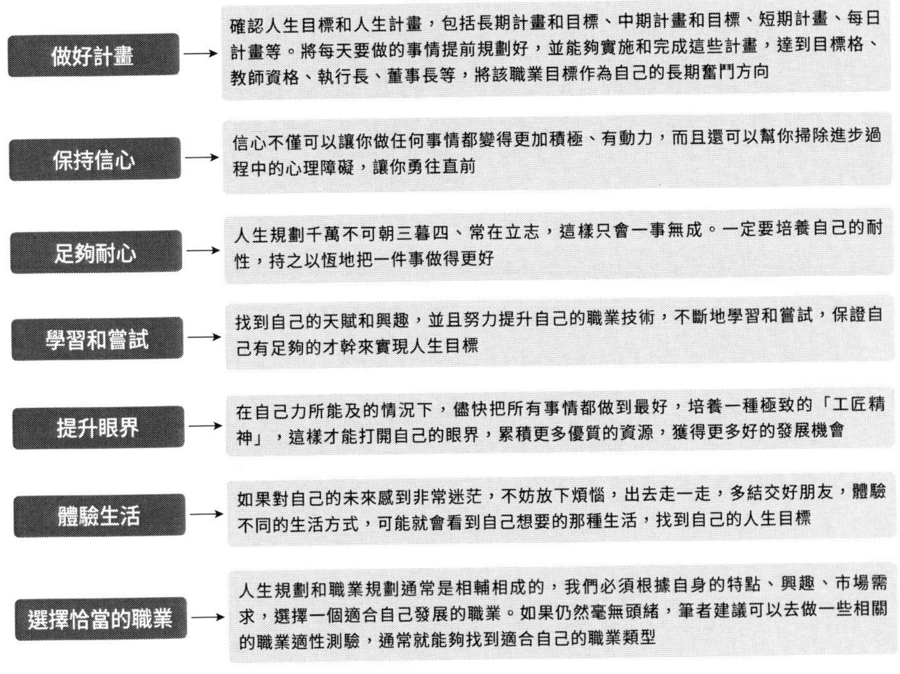

圖 2–6 做人生規劃時的相關建議

2.1.5 資金規劃：好的資金管理計畫

當做好前面幾個自我規劃，要開始動手實行自己的個人商業模式時，你可能會發現還缺少一樣關鍵的東西，那就是資金。在個人商業模式畫布中，資金規劃是必不可少的一環，沒有好的資金管理計畫，是很難從容地完成各項任務的。

在行動支付快速發展的當下，我們要進行資金規劃變得越來越簡單。透過各種手機銀行 APP，加上支付寶、LINE Pay 等支付工具，我們能夠隨時隨地看到自己有多少錢，有多少負債。支付寶不僅可以幫助使用者管理薪水收入，還具有轉帳、投資理財、生活繳費、記帳、管理發票、匯率換算等功能，如圖 2–7 所示。

圖 2-7 透過手機中的支付寶進行資金管理

我們需要對持有的資金進行統籌管理，合理地安排和運用資金，確保在資金安全的前提下，用個人商業模式來實現資金效益的最大化。資金規劃的相關建議如圖 2-8 所示。

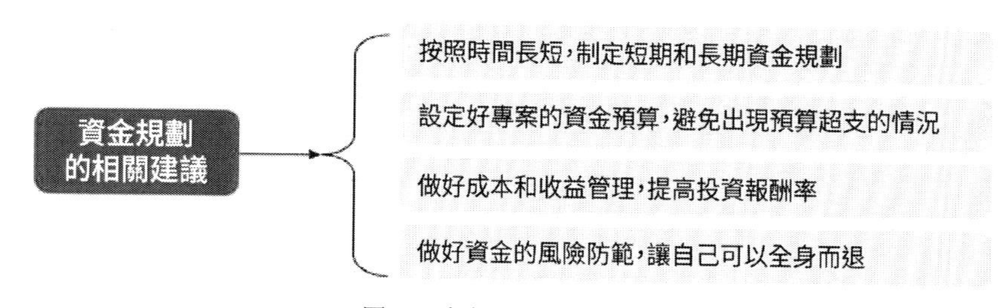

圖 2-8 資金規劃的相關建議

2.1.6
家庭規劃：相伴一生的人不可缺失

在社會生活當中，家庭是每個人都無法撇開的元素，家庭不僅能夠長久地陪伴我們，而且還會無私地給予我們最大的支持。

有一句話雖然說得有點誇張，但卻很現實，那就是「有錢不一定就有幸福，但沒錢一定不會幸福」。如果一個人的事業很成功，但家庭卻一團糟，那這種生活是不可能幸福的；相反的，如果一個人一事無成，那麼家庭生活就會變得貧苦，也很難得到幸福的生活。

因此，只有將家庭和事業合而為一，才能收獲真正的幸福和成功。每個人都要學會平衡自己的事業和家庭，必須把事業與家庭都顧好。尤其對於開始布局自己個人商業模式的人來說，家庭規劃是必不可少的一步。如果沒有做好規劃，那麼個人商業模式可能會被各種家庭生活的瑣事所拖累，成功將變得遙遙無期。下面筆者總結了一些家庭規劃的具體事項，以幫助大家更好地經營自己的家庭，如圖 2–9 所示。

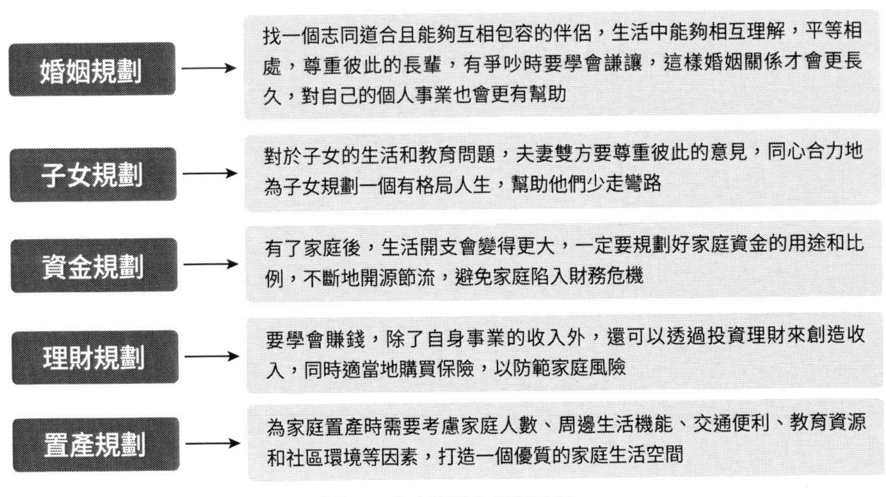

圖 2–9 家庭規劃的具體事項

2.2 提升價值：認知和實現自我價值

個人商業模式的最終目標就是幫助使用者認知自我價值，讓人生變得更加有目標和意義，追求和實現自我價值。每個人對自我價值的認定不僅對自己的發展方向形成決定性作用，而且還會影響行為習慣與需求建立，因此自我價值對於每個人的發展都極為重要。

2.2.1 什麼是自我價值？為什麼要提高？

自我價值是指對自己的肯定，能夠接納和喜歡自己，其關鍵在於讓自己對自己感到滿意。如果一個人對自己都不滿意、不喜歡，就談不上去善待他人，更別說責任和愛心了。

如果放到社會活動中，自我價值則是指自我對社會做出的貢獻。德國著名詩人約翰 · 沃夫岡 · 馮 · 歌德（Johann Wolfgang von Goethe）曾說過：「你若要喜愛自己的價值，你就得為世界創造價值。」著名的物理學家阿爾伯特 · 愛因斯坦（Albert Einstein）也曾說過：「人只有貢獻於社會，才能找出那實際工作上短暫而有風險的生命意義。」

自我價值在人的身上，主要展現在自信、自愛、自尊三個方面。如果一個人沒有認識到自我價值，就容易變得膽小、懦弱，缺乏勇氣，他們往往做事沒有自信，害怕被人拒絕。

其實，認識自我價值的關鍵在於心態，積極的心態與行為是相輔相成的，如圖 2-10 所示。提高自我價值，不僅可以增強信心，而且還能展現出自我完善的欲望，不斷向上、向善。

圖 2-10 積極的心態與行為是相輔相成的

2.2.2
5 個角度，幫你更清晰地認識自我

若想在商業社會中闖出一番天地，就必須正確地認識自己，看清楚自己的自我價值。人們可以透過鏡子來查看自己的外貌，但價值觀、興趣愛好、能力、理想、性格、品質等這些屬性卻是無法輕易看到的，所以正確認識自己的難度非常大。

要認識自我，我們可以問自己 3 個問題。

- 我要做什麼？
- 我會做什麼？
- 我能做什麼？

只有把自己真正看清楚，能認識自我的價值，才能夠充分地開發自己的內在潛能，讓自己的價值得到發展、超越、昇華。下面筆者從 5 個角度幫助你更清晰地認識自我，如圖 2-11 所示。

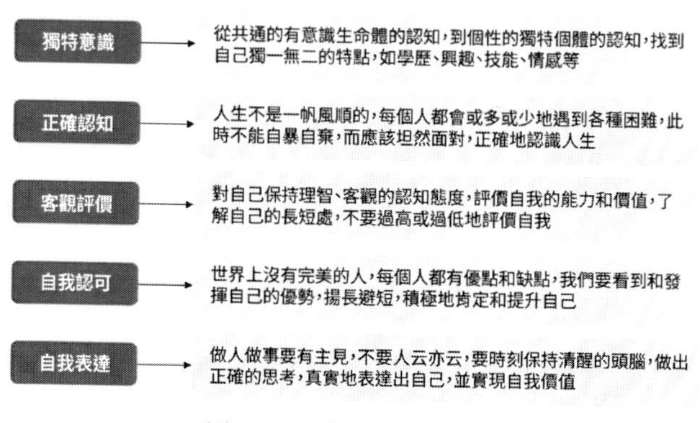

圖 2–11 認識自我的 5 個角度

2.2.3
6 個方面，實現自我價值的提升

每個人在成長過程中，隨著學識和工作經驗的累積，會慢慢地形成自我價值，主要表現為對外界的作用及對自己所做的事情是否認可。只有改變自己，才能改變命運。提升自我價值不是簡單地提高學歷或資歷，而是要全方位地提升自己的智慧。下面介紹 6 個實現自我價值提升的相關技巧，如圖 2–12 所示。

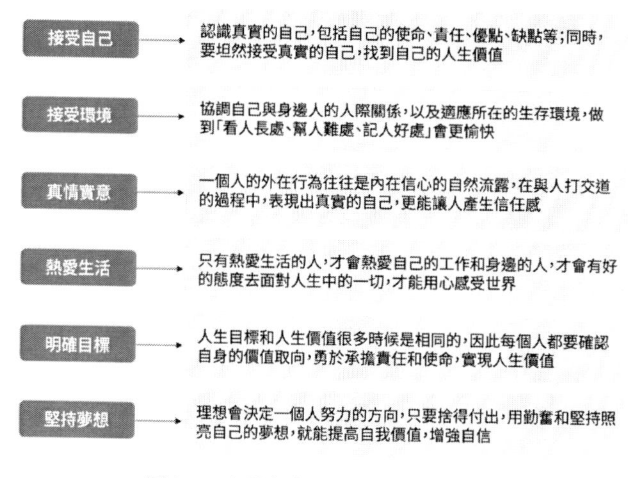

圖 2–12 實現自我價值提升的相關技巧

2.3 自我定位：選對正確的領域

「凡事豫則立，不豫則廢。」既然決定要開始布局自己的個人商業模式，那麼它就和任何一項工作一樣，需要認真地做好準備工作。本節最大的亮點就是要教會大家進行自我定位，鎖定目標使用者，以及選對自己擅長的領域，掌握自己未來的方向，收獲更多的人生價值。

2.3.1 說給誰聽？目標使用者定位

若想打造出好的個人商業模式，準備工作是必不可少的，這決定了今後的長遠發展。在人人都可以經營打造個人商業模式的時代，我們可以透過分析競爭環境、分析自身特點來精準地獲得粉絲使用者，讓個人商業模式獲得更多人的支持。

▶ 鎖定使用者族群

在個人商業模式的經營過程中，每個人都是具有差異化的個體，不管是個人愛好還是個人屬性，都是不同的。經營者若想鎖定使用者族群，並且留住使用者，讓使用者對自己產生認同感和歸屬感，就應該以差異化、個性化的產品和服務為營運宗旨，讓使用者覺得你對他們是用心的、是重視的，這樣不僅有利於使用者的留存，還有利於後續的行銷。

在了解使用者不同的愛好、屬性後進行的營運工作，不僅是差異化的，同時也是精準化的，能夠快速地鎖定使用者。差異化和精準化的營運需要做到以下 3 點。

- 及時 —— 急他們之所急。
- 周到 —— 想他們之所需。

◆ 貼心 —— 給他們之所喜。

做到以上這 3 點，讓使用者享受到不同於一般的個人商業模式成果，帶給經營者的回報同樣也會是非常可觀的。

▶ 分析競爭環境

在精準地鎖定好使用者族群後，還需要分析市場的競爭環境，主要是分析市場上有哪些與自己的商業模式和領域相同的企業或產品，並且必須要分割出一塊屬於自己的市場；否則，如果選擇了一個競爭對手特別強的領域，新人是很難超越競爭對手並獲得使用者關注的，而之前在該領域消耗的時間和精力也會白費掉。

專家提醒

例如，在自媒體時代，個人商業模式主要是為了吸引使用者關注，獲得更多的收益。而要實現這兩個目標，其根本前提就是要進行市場競爭環境的分析。只有細緻深入地對競爭環境進行分析之後，才能認清自身的優勢和劣勢，進而揚長避短，讓自己的內容創作更優質，能被更多的使用者關注，而不會因為對自身認知不夠而導致被市場淘汰。

在一個充滿競爭的市場環境中，往往都是威脅與機會並存的，並且二者還有可能相互轉化。如果把握不住好的機會，優勢也會變成劣勢甚至變成威脅。只要能夠把握住機會，就可能將劣勢變為對自己有利的因素，關鍵就在於對市場競爭環境的分析。因為分析市場的過程也就是發現機會的過程，只有發現機會並把握機會，才能充分掌握自己未來的發展。

▶ 分析自身特點，找到目標使用者的切入點

在筆者看來，有針對性地解決使用者的痛點需求，可從兩個方面來進行，即從使用者的需求出發解決問題和專攻解決使用者痛點問題，如圖 2–13 所示。

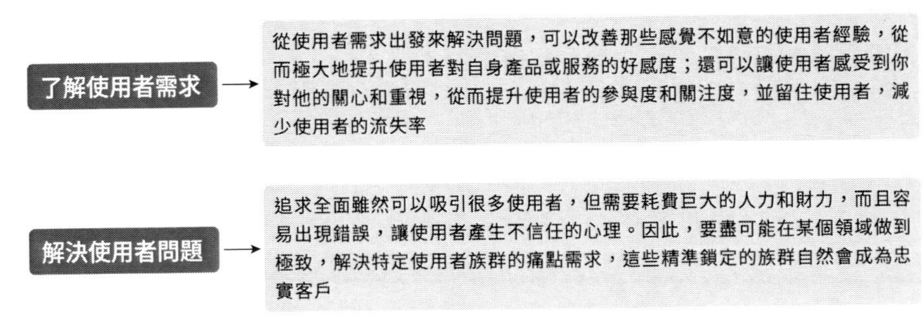

圖 2-13 有針對性地解決使用者的痛點需求

2.3.2
說些什麼？內容領域定位

本書的重點在於剖析自媒體時代的個人商業模式，那麼內容領域定位就是所有經營者必須要做的事情。

▶ 有垂直度

自媒體的內容定位首先應該要有領域垂直度，相關原則如圖 2-14 所示。

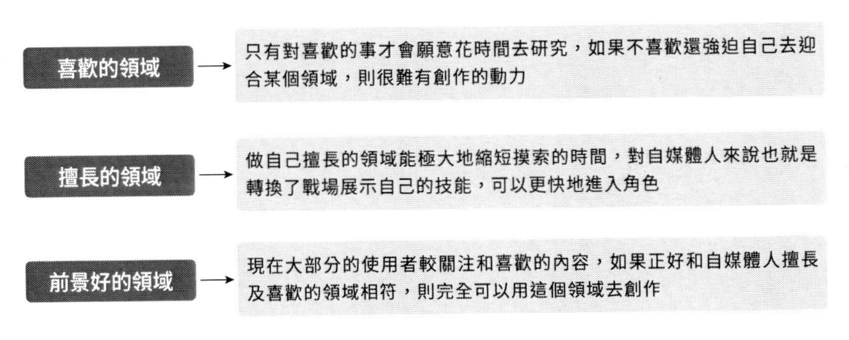

圖 2-14 打造領域垂直度的 3 個原則

專家提醒

其實垂直自媒體就是專注於某一領域的內容，如寫母嬰內容的就只寫母嬰，寫行銷知識的就專門寫行銷，盡量不要每個領域都涉及。如果既寫母嬰育兒知識，又寫娛樂新聞，時不時還插入一些正能量的雞湯文章，讀者肯定不會對每個類型的內容都有興趣，所以每個領域都涉及是留不住讀者的。

▶ 善於演講

例如，對於在自媒體中以演講為主要內容的經營者來說，關於什麼才是好的演講這個問題，筆者覺得應該在演講前面添加兩個字 —— 創意。而對於創意演講，我們必須要理解這四個字的真正含義。

- **創**：代表創作，即要創作什麼樣的劇本？能否成為佳作？
- **意**：代表意思，即想表達什麼意思？這種意思是否有意義？
- **演**：代表演示，即要透過自己的肢體語言把它演示出來，每個肢體動作都應該能夠表述其意思。
- **講**：代表講義，即要透過自己的口述把所創作的劇本有意思地講出來，讓觀眾就像聽故事一樣，入迷、入戲、入神。

筆者認為，如果能夠真正理解和做到「創意演講」這 4 個字的含義，那麼演講能力都不會太差。

▶ 定位技巧

現在的自媒體人可以做的領域有很多，大致來算有 40 個領域，這還只是大致上的分類。如果從大的類別再細分下去就會更多，如科技領域就分為智慧硬體、創業投資還有網際網路，能延展的領域範圍有很多。下面介紹內容領域定位常用的 3 種方法，這種方法同樣適合其他領域的個人商業模式布局，如圖 2-15 所示。

專家提醒

熱門的領域通常是自帶流量的，做這種內容很容易寫出爆文，但是也有其缺點，如果自媒體人不擅長捕捉主流熱點，就很難保證持續不斷的爆文內容輸出。所以，如果選擇做主流領域，一定要一邊經營一邊關注熱點。

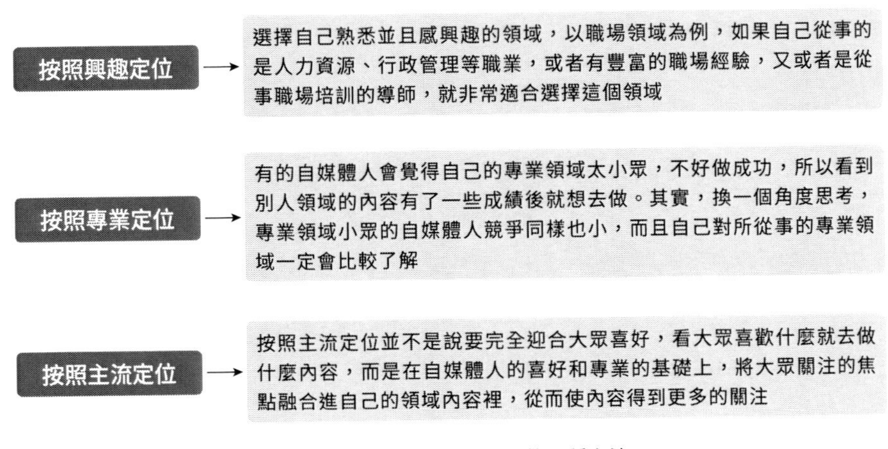

圖 2-15 內容領域定位常用的 3 種方法

在自媒體時代，主流定位就像是現實生活中的全球定位系統（GPS 定位）一樣，能讓我們快速找到自己需要的內容。物以類聚，主流定位也是為自己做一個分類和推廣，有了這種分類和推廣，以後就可以更方便地在圈子中尋找夥伴，一起交流成長，或是共同經營，向團隊化方向發展。

例如，筆者一手打造的官方帳號「HR 成長公社」，內容領域定位為人力資源智慧共享、資源整合、訊息交流的專業社群媒體品牌，是一個專門為國內的從業者及熱愛人力資源管理的菁英人士提供的自我學習的線上互動平臺，如圖 2-16 所示。

圖 2-16 官方帳號「HR 成長公社」和相關內容示例

2.3.3
在哪裡說？平臺通路定位

自媒體經營者如果想要獲得更多的粉絲，還可以在一些主流的流量平臺上透過發布文章的方法來為自己吸引粉絲。其實，目前適合自媒體人的主流平臺有 7 個，分別是今日頭條、大魚號、網易、搜狐、一點資訊、百度百家號及新浪看點。

今日頭條平臺最大的特點是使用推薦引擎技術，透過蒐集使用者的行為，預測其對內容的喜好，或是推送內容至其他相似的使用者。其推薦的內容各式各樣，包括熱點、圖片、科技、娛樂、遊戲、體育、汽車、財經及搞笑內容等。

例如，當使用者透過微博、QQ 等社群帳號登入今日頭條時，今日頭條就會透過一定的演算法，在短時間內解讀出使用者的興趣愛好、位置、特點等資訊。使用者每次在平臺上進行操作，如閱讀、搜尋等，今日頭條都會定時更新使用者的相關資訊和特點，從而實現精準的閱讀內容推薦。

而不算主流但也很適合自媒體人的平臺有兩個，分別是趣頭條和東方號。其中，趣頭條是一個新生代內容資訊平臺，已經吸納了一大批時尚類、生活類、企業組織等類型的自媒體、內容創作方入駐，如圖 2–17 所示。

圖 2–17 趣頭條自媒體平臺

東方號則是東方網旗下的自媒體平臺，也是一個權威、高績效的自媒體平臺，尤其適合主力做內容、行銷不多的自媒體人。

專家提醒

東方號是一個比較小眾的自媒體平臺，收益方式主要有廣告收益、紅日計畫及瀏覽分潤。在東方號平臺上只要內容優秀就會獲得不錯的收益，而且自媒體人若是參與這個平臺的補貼計畫也能獲得部分收益。

第 3 章
「斜槓青年」：你也可以成為職場兩棲人士

如今，很多人都不安於只做一件事，他們在工作的同時還會悄悄地做著其他事情，如做微商、寫文章、拍照片、創作歌曲等。這些「不安分」的人如今又多了一個新的名稱，那就是「斜槓青年」，同時這些人也是個人商業模式變現領域的推動者。

3.1 打造斜槓身分：點亮你的人生技能樹

在個人商業模式畫布中，核心資源是成功的關鍵因素，沒有核心資源，就像是一輛沒有油的汽車，會失去前進的動力。在核心資源中，個人的技能決定了個人商業模式能夠到達的高度，而打造「斜槓身分」的目的，就是增強自己的技能，使你在打造個人商業模式時得心應手。

3.1.1 「斜槓青年」的 2 個基本特徵

「斜槓青年」這個詞來自英文 Slash，出自《紐約時報》專欄作家麥瑞克．阿爾伯撰寫的《雙重職業》一書。「斜槓青年」指的就是那些擁有多重職業和身分的多元生活的族群。

例如，筆者在做自我介紹時，通常會說「智和島創始人兼董事長／互聯網頂層商業系統架構師／國內知名青年創業導師／ HR 商學院院長／互聯網財經職場知名暢銷書作家」，可以看到中間用到了多個斜槓「／」，所以筆者就是一名典型的「斜槓青年」。「斜槓青年」的主要特徵如圖 3–1 所示。

「斜槓青年」擁有這麼多的職業身分，當然也需要付出相應的努力，來獲得更多的人脈、技能和社會閱歷，才能爭取到對應的價值回饋。例如，達文西不僅是一個大畫家，同時還是「發明家／科學家／生物學家／工程師／天文學家／雕刻家／建築師／音樂家／數學家／地質學家／翻譯員／植物學家／作家」，他學識淵博，多才多藝，是一個博學者，最終成為了歐洲文藝復興時期的代表人物之一。

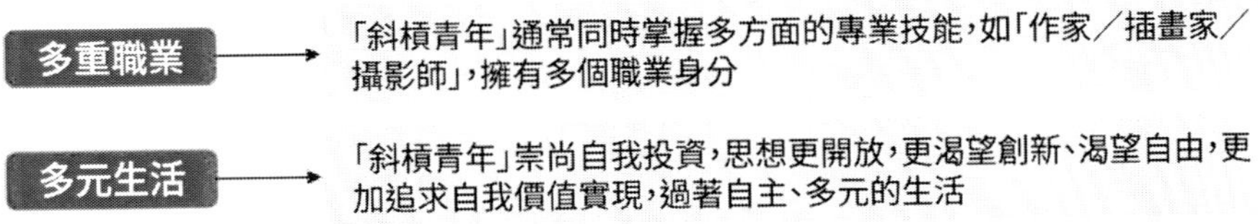

多重職業 → 「斜槓青年」通常同時掌握多方面的專業技能，如「作家／插畫家／攝影師」，擁有多個職業身分

多元生活 → 「斜槓青年」崇尚自我投資，思想更開放，更渴望創新、渴望自由，更加追求自我價值實現，過著自主、多元的生活

圖 3–1 「斜槓青年」的主要特徵

3.1.2 要做一個優秀的「單槓青年」

「斜槓青年」不僅擁有多個技能，而且在每個技能領域都是專家。因此，要想將自己打造為一個「斜槓青年」，首先要把本職工作做好，先讓自己成為一個優秀的「單槓青年」。

如果連一件事都做不好，怎麼可能去做好更多的事呢？不僅要在一個行業裡做到極致，而且還要有多餘的時間，這樣才會有精力去掌握其他領域的技能，做更多不同的事情。

因此，首先需要在自己所在的領域成為一個專家，建立個人職業影響力，打造自己的個人品牌和聚集目標使用者，讓潛在受眾對你產生信賴感。如果你能夠將自己打造成為所在領域的第一人，這樣不僅可以突破技術壁壘，掌握更多行業資源和人脈，而且還能產生強大的行業影響力和話語權，提升自己的技能含金量。

例如，本書的另一位作者劉坤源老師也擁有多個「斜槓身分」，包括「美邦集團總裁／創業勵志導師／企業投融頂層設計顧問／總裁盈利系統主講人／胡華成書課學院合夥人」等。劉坤源老師擁有多年的實踐資本路演經驗，服務過的創業企業超過 500 家，他舉辦的「總裁行銷精華論」講座如圖 3-2 所示。其講座經常可以讓聽眾收獲滿滿，毫無疑問他對創業這個領域是非常精通的，是該領域中優秀的「單槓青年」。

專家提醒

成為「單槓青年」後，就可以為自己增加一個身分標籤，讓自己變得更有辨識度。標籤在自媒體中非常重要，我們常常可以看到各個自媒體達人的帳號旁邊都會有一個對應領域的身分標籤，如馬雲的標籤為「鄉村教師代言人」、李笑來的標籤為「天使投資人」等。

圖 3-2 劉坤源老師的實體講座培訓

3.1.3
「斜槓青年」的 5 個基本條件

要做一個「斜槓青年」，選擇非常重要，我們必須確認自己的目標，選擇一個適合自己的正確領域去全力以赴。同時，「斜槓青年」還需要具備一些基本條件，如圖 3–3 所示。

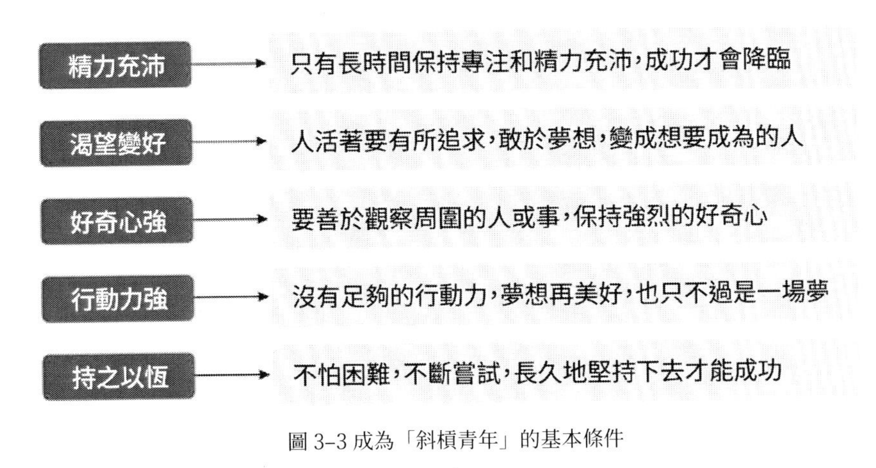

圖 3–3 成為「斜槓青年」的基本條件

「斜槓青年」已成為時下年輕人熱衷的一種生活方式，很多人都想成為「斜槓青年」，但關鍵是要如何才能成為多金的「斜槓青年」呢？下面筆者總結了一些方法和技巧，如圖 3–4 所示。

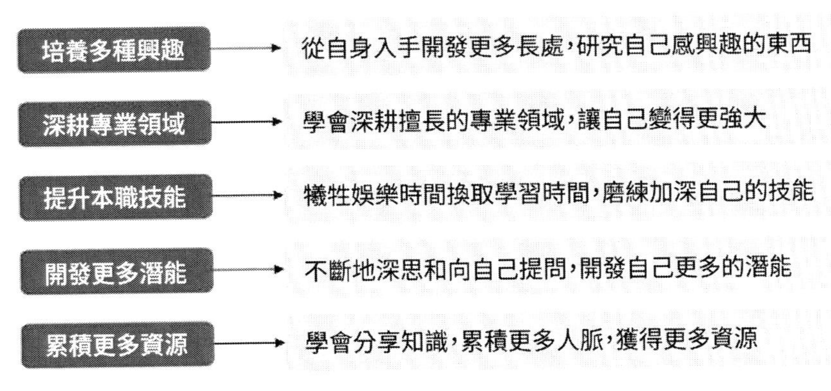

圖 3–4 成為一名「斜槓青年」的相關技巧

3.2 發現職業優勢：打造個人核心競爭力

美國數學家、抽樣調查方法的創始人喬治·蓋洛普（Gallup George Horace）曾經提出一個優勢理論，其基本觀點為「只要『找到優勢』，沒有『懷才不遇』。」

被稱為「現代管理學之父」的彼得·杜拉克（Peter Drucker）也曾說過：「大多數人都自認為知道自己最擅長什麼，其實不然……然而，一個人要有所作為，只能靠發揮自己的優勢。」

而對於普通人來說，最擅長的優勢莫過於自己的職業優勢。職業優勢是指你在做某件事情時，能夠比其他人更快更好地完成。因此，要努力尋找自己的職業優勢，將其打造成為個人的核心競爭力，以此來穩固自己的個人商業模式。

3.2.1 打破錯誤認知：你的阻力有哪些？

發現職業優勢的關鍵在於主動去開發自己的天賦能力，然後加以練習，獲得優於常人的能力和邏輯思考方式。因為這種天賦是你獨有的東西，其他人很難透過學習去掌握，所以你就比他們更有優勢。

舉個很簡單的例子，個子長得高的人，打籃球就比個子矮的人有先天優勢，在籃球領域中就更容易獲得關注和成功。然而，很多人卻對自己的優勢一片迷茫，存在各種錯誤認知和阻力，如圖 3–5 所示。

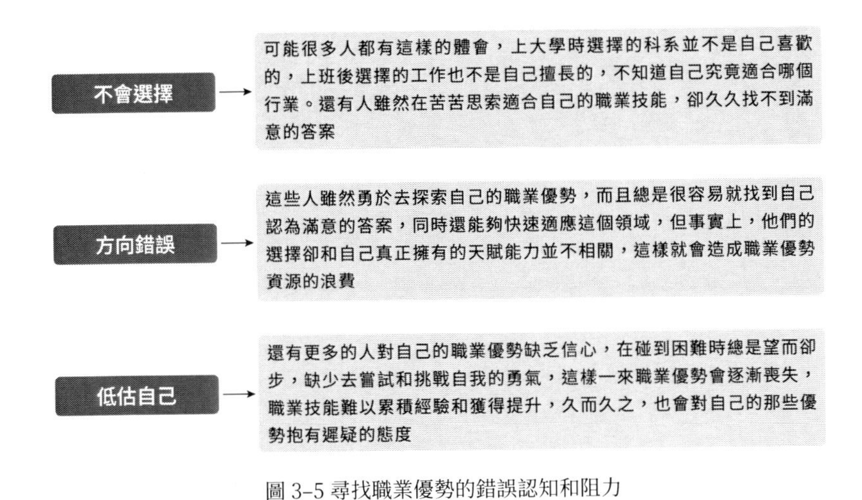

圖 3-5 尋找職業優勢的錯誤認知和阻力

3.2.2
追根究柢：你的優勢在哪裡？

那麼，我們究竟該如何去發現自己的優勢呢？大家可以從以下 3 個方面入手，快速、準確地把自己的職業優勢找出來，如圖 3-6 所示。

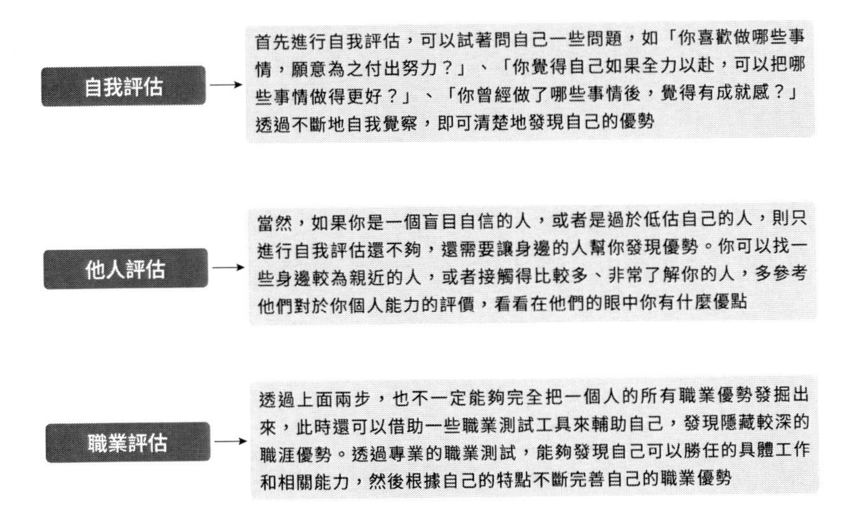

圖 3-6 發現職業優勢的 3 種方法

專家提醒

在採用「他人評估」的方法發現職業優勢時，可以向他們詢問以下問題，注意要盡量多追問細節。

- 你認為我在工作中做得比較好的事情具體有哪些？
- 你遇到什麼困難時，通常會第一時間想到要找我幫忙？
- 我們一起學習時，你覺得我哪方面的知識比較豐富？
- 在分配團隊任務時，你通常喜歡為我安排什麼樣的工作？
- 我和那些年紀差不多的人之間有什麼區別？我哪些地方比他們更優秀？

3.2.3 充分發揮：優勢要如何利用？

職業優勢是「上天」贈予我們的寶貴禮物，但很多時候還來不及拆開就被我們遺忘了。只有非常少的人懂得在人生道路中發現和利用自己的職業優勢，並且不斷地精益求精，完善自己，讓自己能到達「金字塔的頂端」。

因此，找到自己的職業優勢後，接下來就需要充分地發揮和利用這個優勢，將其放到自己的職場或是事業中，讓優勢變成價值。職業優勢是個人商業模式畫布中的重要核心資源，如果自己的職場優勢能夠支撐自己的個人商業模式，則可以馬上行動和實施，千萬不可拖拉，以免錯過最佳時機。

如果經過評估，發現職場優勢無法撐起自己的個人商業模式，或是感覺兩者之間的匹配程度較低，那就需要對職場優勢進行篩選，或者繼續開發其他優勢，以及找到更多外部資源來協助自己。例如，打造團隊就是一種集合各種優勢資源的最佳方式，可以缺什麼補什麼，使得眾志成城，更容易獲得成功。

正所謂「尺有所短，寸有所長」，我們應該學會將自己的長處展現出來，讓其為自己帶來幫助。下面介紹一些充分發揮職業優勢的方法。

- 認可自己的職業優勢，對自己有信心。
- 做好職業規劃和技能規劃，不斷強化自己的職業優勢。
- 在個人商業模式畫布中恰當地應用自己的職業優勢。
- 在利用職業優勢完成某件事情後，還需要反思不足之處。
- 多交朋友，多跟他們分享你的職業優勢，讓他們看到你的長處。
- 在自己的人脈圈中有意識地展現出自己的職業優勢。但要注意，不要直接在眾人面前誇耀自己的優勢，而是應該透過實際的工作成果來展現優勢。
- 用職業優勢幫助身邊有需求的弱者。
- 有了職業優勢後還必須付出努力，千萬不可以「躺」在自己的職業優勢上等待機會，機會只會留給有準備的人。
- 優勢是一種本領，不要將一些小聰明當成職業優勢，不要總是想要走捷徑，沒有付出就沒有回報，「走捷徑」這種心態難以獲得大的前途。

專家提醒

需要注意的是，千萬不要太過於看重你的職業優勢，而是要學會將其看淡一些，將其利用到實際的工作生活中，而不是只停留在嘴邊。只有懂得合理利用職業優勢的人，才能有效發揮自己的優勢，才能將其轉化為成功。

3.2.4
阻止弱勢：甩開不愛做的事情

瑕瑜互見，長短並存，在尋找職業優勢的同時，我們的弱勢也會一起展現出來。例如，著名的足球運動員大衛．貝克漢（David Beckham）獲得過「世界足球先生銀球獎」、「英格蘭足球先生」、「歐洲最佳球員」及 6 次英格蘭超級足球聯賽冠軍等榮譽，但他的優勢和缺陷都非常明顯。貝克漢的主要優勢在於任意球、長傳、短傳和遠射，他有一腳非常精準的「右腳傳中」，是一位難得的「傳球大師」，同時技術也非常出色。但他明顯的缺點就是速度偏慢，而且頭球、左腳和攔截都存在不足。因此，外界經常利用他的這些缺陷去抨擊他，但貝克漢並沒有過多地關注這些評價，而是在球場上充分發揮和利用自己的優勢，努力成為一個讓大家都喜歡的球員。

不管是在球場上、生活中還是工作中，誰都不是全能和完美的，總會有人對你不滿。與其花大量時間去彌補自己的短處，不如將自己的優勢發揮到極致。在看到自己的弱勢時，千萬不要試著去隱藏它，而是需要與它和平相處，正確認識自己的弱點，在做事的過程中盡量避開它們，或者努力克服它們，如圖 3–7 所示。

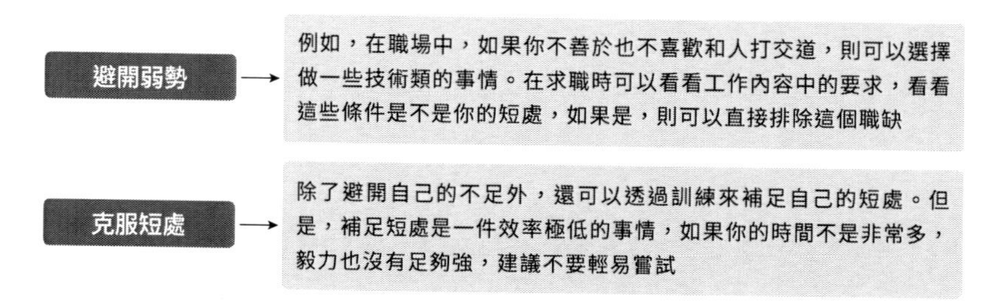

圖 3–7 阻止弱勢的兩種常用方法

一個人的精力始終是有限的，如果太在乎別人口中的自己，努力去做一個讓所有人都滿意的人，則可能會變成一個「技能多而不精」的泛泛之輩。因此，我們要學會專注和集中發揮自己的優勢，變成一個「入幾行就精通幾行」的「斜槓青年」。

3.2.5
創建團隊：打造優秀的菁英團隊

在一個完整的商業模式中可能會需要多種核心資源，如果你的職業優勢不足，就需要創建菁英團隊來提升商業模式的競爭力。商業模式若想快速成功，必須要有一支「能戰鬥的隊伍」，即擁有一支一流的團隊，只有大家齊心協力團結一致，才能讓團隊爆發出最強的戰鬥力，才能更接近成功。

▶ 建立團隊

俗話說「三個臭皮匠，勝過一個諸葛亮」，打造團隊不僅能夠拓展個人商業模式畫布中的人脈資源，還能夠相互扶持，開啟財富之路。打造團隊首先要選擇合適的團隊成員，這樣團隊才能夠幫助你完成大部分的工作，讓你騰出時間來思考個人商業模式的發展策略，不至於被煩瑣的工作所拖累。

在選擇團隊成員時，還需要遵守一些基本原則，如圖 3-8 所示。

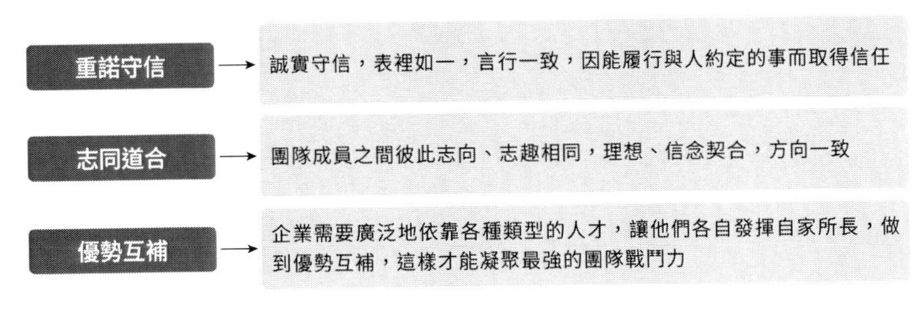

圖 3-8 選擇團隊成員的基本原則

▶ 管理團隊

既然是團隊，那麼今後可能會經常在一起工作，因此團隊成員之間一定要建立良好的關係，讓合作更加融洽，具體方法如下。

- 一定要和團隊成員說清楚商業模式的目標、任務和規則。
- 學會換位思考，處理問題時站在對方的立場想一想。
- 樹立強烈的合作意識，增強「團隊精神」。
- 用虛心的態度傾聽，溝通彼此的想法，化解衝突。
- 訓練團隊菁英，提升個人能力，提高整體素養。

管理者可以打造一套行之有效的團隊管理方案，為團隊成員提供更多支援，讓他們在你的個人商業模式中獲得更多自主權，具體方法如下。

- 將傳統的直線型管理架構轉型為扁平化管理。
- 減少管理層次，加快資訊流的速率，提高決策效率。

- 實現分權管理，讓團隊成員有權自主地決定問題。
- 增加管理幅度，有效提高組織機構的運轉效率。
- 加強監管和稽查制度，做好內部創業的風險控制。

專家提醒

管理者需要透過一定手段，使團隊成員的需求和願望得到滿足，以調動他們的積極性，使其自動自發地把個人優勢發揮出來，從而確保既定目標的實現。

▶ 提升團隊

團隊管理者應該盡可能地培養人才，給團隊成員提供更多成長機會，讓他們成為你事業上的好幫手。只有把一個優秀的管理者和一個出色的團隊結合起來，才能使商業模式更加高效率地運作，並增加成功的機率。

在團隊的實際管理過程中，管理者儘管已經意識到團隊成員的個人優勢在商業模式中所起的重要作用，但往往關注的是團隊中業績最優秀的和業績最差的人員，這些人大概占了 20%。但是，這 20%的成員並不能完全決定商業模式的成功或失敗，因此管理者應該更多地關注中間 80%的團隊成員。

團隊管理者要善於成為導師，幫助團隊成員發揮自己的職業優勢，提高團隊的整體績效，這才是正確的職責所在，具體方法如圖 3–9 所示。

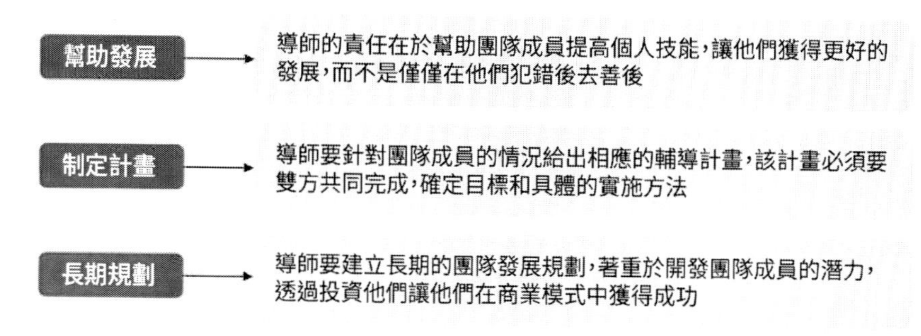

圖 3–9 團隊管理者升級為導師的方法

▶ 激勵團隊

每個人在做一件事時都需要有適當的動機，這樣才能成功地完成任務。管理者不要總是頻繁地向團隊成員提出任務的最後完成期限，這樣容易影響團隊成員的工作表現；相反的，管理者應該多多鼓勵團隊成員，對於按時完成任務或者超額完成任務的人，要多加稱讚，對於遇到問題的人要及時給他們提供有用的建議。

下面介紹可以幫助管理者激勵團隊、讓團隊保持動力和熱情的小技巧。

- 為團隊成員提供日常的精神激勵，如講一個鼓舞人心的故事、分享自己看到的有趣的事情等。
- 學會做一個「僕人領導」，真心實意地為團隊成員服務，確保他們擁有完成工作的必備核心資源，對處於困境中的團隊成員及時提供幫助。
- 定期舉行團體社交活動，找到經常和團隊成員在一起玩的時間和機會，讓團隊成員們能夠相互支持和相互幫助，讓他們的工作更加協調。
- 讓團隊成員參與各種公益活動，不僅可以培養團隊的同情心，而且還可以增加團隊成員工作時的配合度。
- 鼓勵團隊成員創新，包括產品的創新、制度的創新、業務的創新及商業模式的創新等。一旦碰到認為可行的好想法，應盡全力支持團隊成員，直到這個想法變成現實。
- 提供團隊成員發展專業的機會，讓團隊成員可以在他們的領域得到更進一步的發展機會，從而把工作做得更好。
- 向團隊成員描述商業模式的方向和願景，讓他們每個人知道自己在團隊中存在的理由，產生共同願景，保持創造高績效動機。
- 當商業模式獲得階段性成功時，可以和團隊成員一起慶祝，同時發放一些小獎勵，如聚餐、購物禮券、門票或電影票等，讓團隊保持動力。
- 管理者需要時刻傾聽所有團隊成員的想法，並透過討論來驗證這些想法是否有效，以及該如何實現他們的想法。

專家提醒

另外，企業可以透過內部創業的形式增加團隊成員的創業熱情和動力。在內部創業制度中，企業可以為那些有創新思想和有幹勁的內部員工及外部自造者（英語：Maker，又譯為「創客」）提供自己的平臺和資源，彼此透過股權、分紅的形式來合夥創業，讓員工的創意變成商業價值，並且與母公司共同分享創業成果。

3.2.6 保持長久動力

最後，將職業優勢轉化為源源不斷的能量，注入自己的個人商業模式中。如果你有優勢，而且能夠充分利用優勢，但沒有恆心和毅力，也不一定會成功。只有「優勢 + 努力」，才是能使我們脫離平庸的正確路徑。

因此，我們在實施個人商業模式時必須養成堅定不移的習慣，持之以恆地發揮和利用個人優勢，有毅力，有恆心，有上進心，保持永遠向前的動力，將優勢轉變為能量。保持長久動力的相關技巧如圖 3-10 所示。

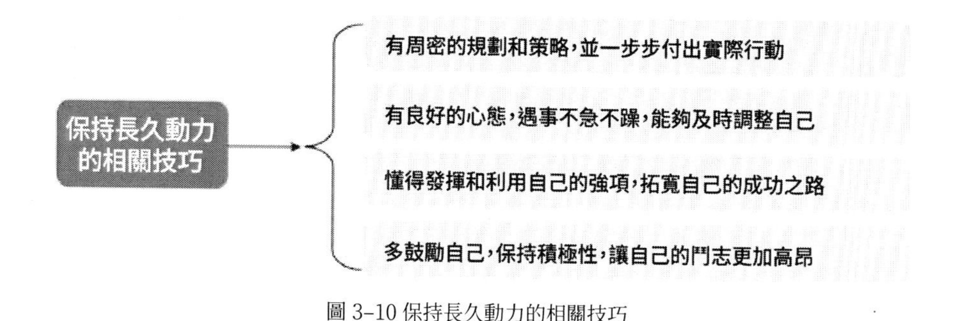

圖 3-10 保持長久動力的相關技巧

3.3 成為「斜槓青年」：開啟你的多重職場身分

透過前面的這些方法，我們能夠讓自己快速成長為一個優秀的「單槓青年」。當我們可以將一件事做好後，接下來才有資格去開啟自己的多重職場身分，成為一個「斜槓青年」。顯而易見的，對於「斜槓青年」來說，其不再是單一的個人商業模式，他們往往擁有多種商業變現方式，財富來源管道也會更多。

3.3.1 告別「受僱者心態」，按自己的方式生活

如果你討厭朝九晚五的上班生活，對自己目前的專業和領域不夠滿意，不想自己的人生一眼就能望盡，想要擺脫單一職業和身分的束縛，那麼，你可以努力發現和提升自己的職涯優勢。

要做到這一點，我們首先要告別「受僱者心態」，學會讓自己按照自己的想法和方式去生活。個人商業模式可以讓普通人將「為別人工作」的形態轉變為「為自己工作」，充分發揮個人創業的主動性和積極性。

▶ 什麼是「受僱者心態」

「受僱者心態」是目前絕大部分職場人士的思考模式，他們往往只注重自己手頭的工作，只想抓住眼前的利潤。與「受僱者心態」相反的是「創業者心態」，具有這種思維的人通常擁有感召力、前瞻力、影響力、決斷力、控制力等能力，會主動尋求突破自己的方法。對於有「創業者心態」的人來說，利潤不是他們思考模式的起點，而是終點，他們更善於提高核心資源的利用率，讓利潤達到最大化。

「受僱者心態」對於個人的發展有很大的侷限性，它會讓你忽略自己的人生規劃，沒有長遠的計畫，變得故步自封，阻礙個人職場技能和事業的發展。圖 3-11 所示為「受僱者心態」的一些具體表現，你可以檢查自己是否身陷其中。

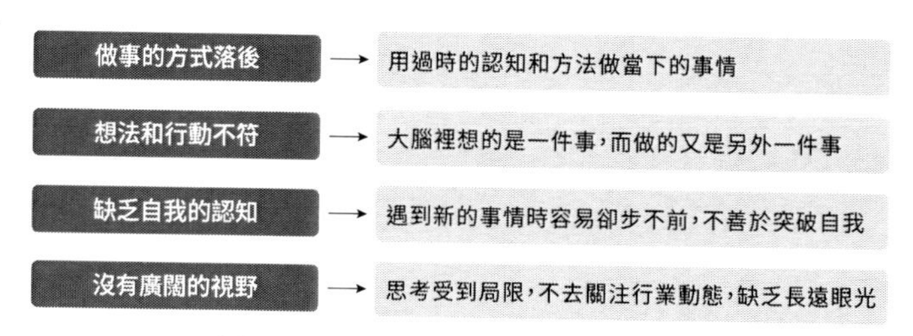

圖 3-11 「受僱者心態」的一些具體表現

▶ 如何擺脫「受僱者心態」

在自媒體時代，我們一定要擺脫這種「受僱者心態」，去擁抱「創業家思維」，積極布局自己的個人商業模式，這樣才能充分發揮自己的價值，獲得更多的收入。圖 3-12 所示為擺脫「受僱者心態」的一些相關建議和方法。

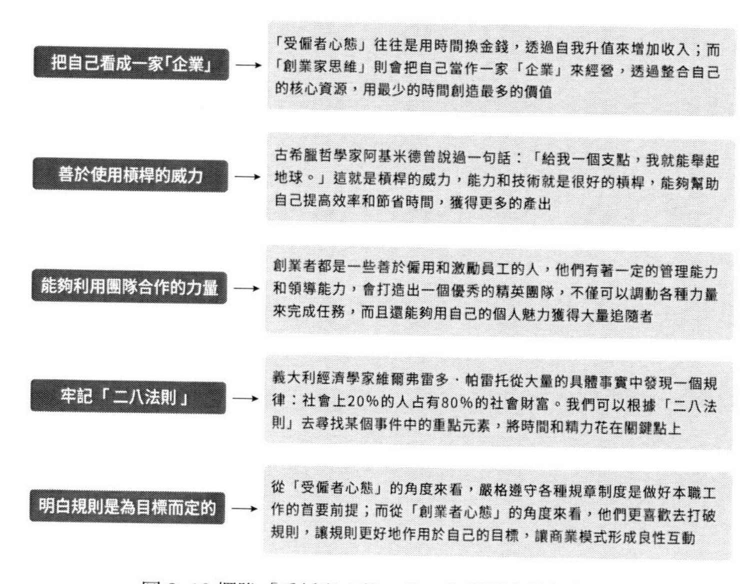

圖 3-12 擺脫「受僱者心態」的一些相關建議和方法

總之，要告別「受僱者心態」，我們需要不斷地自我挑戰，充實自己，學會擁抱時代的變化，善於用長遠的眼光來看待各種當下的事情。正所謂「學如逆水行舟，不進則退」，在職場中也是同樣的道理，一定要突破自己，未來才可能更好。

3.3.2
遊戲化思維，誰說錢與快樂不可兼得

替人工作並不可怕，但「受僱者心態」卻容易毀掉一個人。因此，每個人都要及早布局自己的個人商業模式，做自己喜歡的、擅長做的事情，開始新一輪的人生，讓金錢與快樂「雙豐收」。

要做到這一點，說難不難，但要說容易也不容易。本節筆者推薦一個簡單的方法，那就是把工作當作自己的事業來看待。下面介紹一種遊戲化思維，大家可以將其放到自己的企業營運中，讓自己和員工都能夠收獲金錢和快樂。

▶ 未來沒有遊戲化思維的創業者，都會被淘汰

魯迅先生曾說過：「遊戲是兒童最正當的行為，玩具是兒童的天使。」

品牌行銷專家李光斗也說過：「遊戲不僅僅是兒童的天性，而且是整個人類的天性，兒童也好，成人也罷，人人愛玩，並且身中其毒。」

尤其是剛步入社會的成年人，以及進入行動互聯生活的每一個人，幾乎沒有人不想輕輕鬆鬆地就能賺到錢。4G 的普及、5G 的到來、短影音的誘惑、網紅經濟的崛起、對自由職業的嚮往、顏值與才華的表現等，這一切都是商業模式的升級、商業思維的迭代。

而遊戲化思維的橫空出世徹底顛覆了我們的傳統認知，思考不斷更新，產品不斷創新，行銷和管理方式正在改變著我們的生活方式，也改變著企業的命運。

既然遊戲有如此的魔力，那麼我們為什麼不去思考，我們的企業、產

品、服務、模式為什麼如此僵硬？為什麼不能也借用遊戲化思維來設計公司，運用開發遊戲的心態來經營企業、管理企業，讓自己「玩著就把錢賺了」，讓員工「玩著就把工作完成了」？

目前，已經有很多大型互聯網公司非常透澈地研究過遊戲化思維的邏輯，並且已經影響到我們的生活日常，甚至我們已經不知不覺地進入了遊戲中，成為角色，成為免費甚至不自覺消費的遊戲玩家。例如，在支付寶、淘寶、拼多多（見圖 3–13）等平臺中常常會看到各種遊戲行銷模式，利用遊戲吸引使用者、增加黏度和產生交易，可以讓使用者變得更加快樂。

所以，人生就是一場遊戲，比的是誰的設計水準高，到最後高手一定是贏家。

圖 3–13 拼多多平臺中的遊戲化行銷示例

▶ 別以為你很聰明，一切都是在設計之中

遊戲化行銷的本質是透過使用遊戲中的激勵元素刺激消費者，讓消費者在商家設計的行銷活動中逐漸由外部刺激轉換為內部需求，從而達到讓消費者沉浸在行銷活動中的目的。

那麼，在行銷中穿插遊戲的好處是什麼呢？就是要把產品或者消費提升到一種「玩」的境界，因為「玩」是人的天性，在玩遊戲時人們會感到身心愉悅，會暫時忘記自身的煩惱與困境，達到全身心放空的狀態。另外，透過沉浸式的心理及狀態上的滿足，可以幫助人們達到緩解情緒的效果。所以，人人都愛玩。遊戲化行銷正是抓住了人們愛玩的天性，讓消費者在玩的過程中了解產品，關注產品，進而產生購買行為。

那麼，什麼是遊戲化行銷？簡單來說，遊戲化行銷就是讓其他事情變得像遊戲一樣好玩，或者像遊戲一樣能吸引人。

遊戲化行銷模式不僅是用遊戲開發者的設計思維來思考設計行銷的模式，並且還要融入人性心理學，提煉出人性貪婪中對於「玩」的一面的欲望，而不是必須要把行銷活動做成遊戲一樣。所以，每一個行銷者都要向遊戲開發者們學習。

用遊戲化的思維做行銷，可以讓行銷潛移默化地融入到消費者的日常生活中，讓消費者的消費行為由外部動機轉化為內部動機，有助於企業樹立良好的品牌形象，也有利於企業實現更大的銷售額成長。

▶ 思考方式才是決定你是不是贏家的關鍵

玩遊戲為什麼會上癮？不知道大家有沒有思考過這個問題？把遊戲開發者比喻成企業老闆，他們開發的產品就是遊戲，他們的客戶就是玩家，遊戲開發者的初心就是開發一款讓遊戲玩家上癮的遊戲。這裡面的關鍵字是「上癮」，包含了讓玩家入迷、入戲、入神、入心這樣的設計邏輯。

假如我們在研發產品時也能像遊戲開發者一樣思考產品設計邏輯，會不

會也能有助於企業的產品解決行銷問題呢？筆者覺得這個問題值得大家深思。每一位企業家和創業者都要具備這樣的思維，只有擁有遊戲化思維，做產品行銷時才能真正解決行銷問題。同樣，要做個人商業模式，做「斜槓青年」，也可以用這種遊戲化思維，在賺錢的同時獲得更多快樂。

3.3.3
實現財務自由，開啟你的無邊界人生

財務自由的含義為持有能產生現金流的資產，而且產生的現金流大於日常支出。財務自由是很多人的夢想和一生的奮鬥目標。

若想實現財務自由，成為一名富人，首先要突破的就是自己的思考。很多窮人縱使終身忙碌，仍然處於貧困中。這是因為他們僅僅用時間來換金錢，而一個人的時間非常有限，所以賺到的錢也很有限。然而富人卻懂得使用別人的時間去為自己賺錢，用少量的薪水換取大量的工作成果，讓更多的人為自己賺錢，所以他們累積財富的速度遠遠超越窮人。

所以，我們要學會擺脫「窮人思維」，並利用「富人思維」來賺錢，幫助自己實現財務自由，讓自己的人生充滿無限可能，具體思路如圖 3–14 所示。

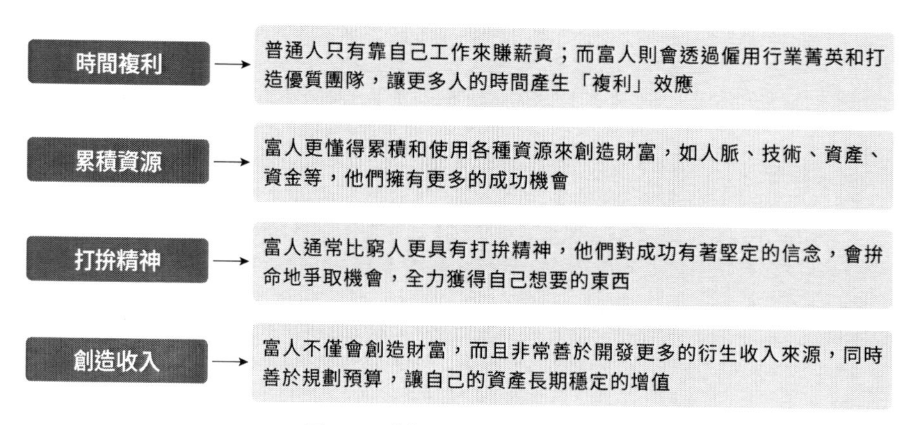

圖 3–14 「富人思維」的具體思路

- 因此，普通人若想獲得更多財富，就必須想辦法從「窮人思維」轉變為「富人思維」，而個人商業模式則是獲得更多收入的最佳方式。下面列舉了幾種常見的個人商業模式。
- **職場工作**。這是絕大部分的人選擇的賺錢方式，建議大家結合自身的能力資源，選擇有發展前途的行業和平臺，看重長期的利益，並且應徵專業的職位做專業的事，讓自己能夠在職場中獲得更好的發展。
- **重複出售時間**。在自媒體時代，讓更多行業的菁英有更多的變現機會。例如，可以將自己的工作經驗或者知識技能包裝成為產品，如寫成專業的文章或者錄製成影片等，放到各種新媒體平臺上不斷重複販售，提高時間的利用率，如圖 3–15 所示。

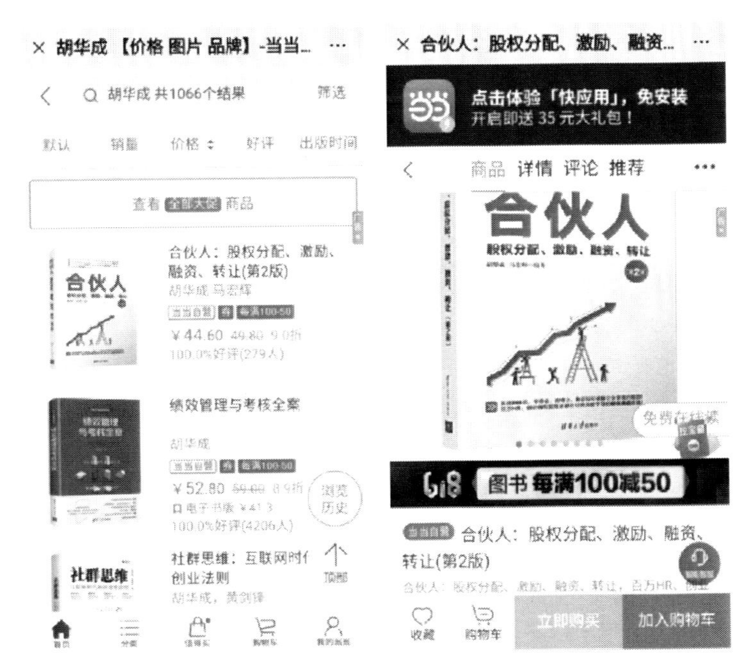

圖 3–15 將自己的知識技能包裝為電子書產品進行販售

總之，要實現財務自由的目標，必須研究自己的個人商業模式，並且不遺餘力地開發和進化個人商業模式，從而快速累積個人資產。

3.3.4
學會投資自己，成為興趣廣泛的通才

對於普通人來說，只有學會投資自己，才能快速提升個人能力。投資自己可以從以下幾個方面入手，如圖 3–16 所示。

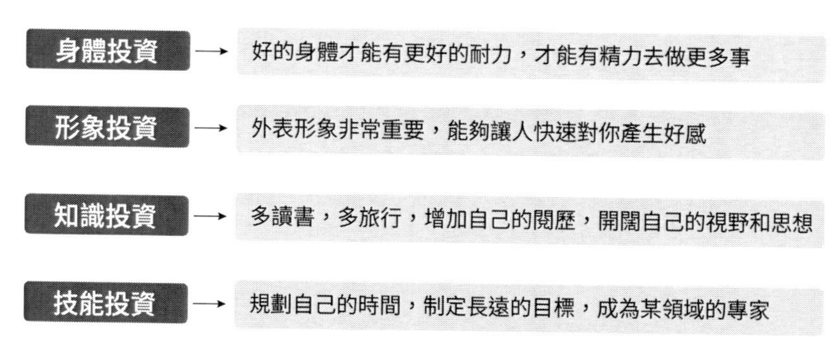

圖 3–16 投資自己的幾種方式

學會投資自己，當機會來臨之時，你才會更容易抓住。尤其在自媒體時代，對於敢創業、敢做的「斜槓青年」來說，打造高品質內容產品變得刻不容緩。其實我們完全可以利用業餘時間，從零開始掌握一些新的知識技能，相關技巧如圖 3–17 所示。

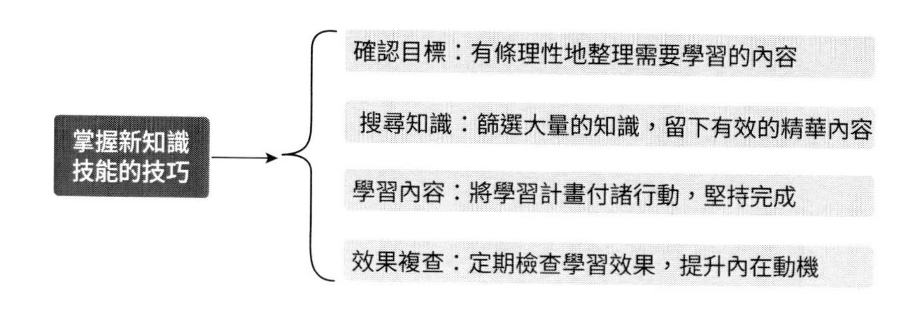

圖 3-17 掌握新知識技能的技巧

3.3.5
學會享受平凡，掌握極簡主義的邏輯

著名的當代詩人、書畫家汪國真先生曾說過：「生命中可以沒有燦爛，但不能失去平凡。」

每個人都要學會接納和享受平凡的生活，因為平凡才是真實。只有不疾不徐，才能將自己的本色活出來，才能以一個樂觀的心態去面對工作和生活中的各種事情。相信有這種心態的人，工作和生活也一定會回饋他很多美好。

不管是做一名「斜槓青年」，還是實踐自己的個人商業模式，都要有一顆平凡心，要用極簡主義來做事，這樣才會把事情做得更好。心浮氣躁的人，終將難以成大事。

第 4 章

興趣價值：不要讓自己的才華被埋沒

在自媒體時代，人們的學習願望日漸強烈。隨著各種行動支付工具和雲端運算等技術的發展，線上與實體相互交錯，讓興趣變現這種個人商業模式變得越發成熟，每個人的興趣價值都可以用來變現。

4.1 5 種路線：全面輸出你的興趣價值

興趣變現的關鍵在於使用者要有產品化的能力，將興趣價值轉化為高品質內容的產品。興趣變現其實人人都做得到，很多自媒體人都開始嘗試這種個人商業模式，紛紛輸出自己原創的高品質內容。興趣價值變現可以幫助使用者在大量資訊中，篩選出那些品質更高、價值更大的內容，成為新的商業流量入口。

當你有了足夠高品質的興趣價值內容後，就可以輸出這些內容。那麼，要去哪裡輸出內容呢？你可以在得到、喜馬拉雅等不同的內容平臺輸出合適的內容。如果你擅長寫作，可以寫專欄，如寫官方帳號或者在簡書連載文章；如果你的聲音不錯，可以在喜馬拉雅、荔枝微課等這些音訊平臺輸出內容；如果你的鏡頭感比較好，可以去抖音上傳一些短影音內容。透過在這些平臺不斷地輸出內容，即可在比較短的時間內成為這個領域的專家。

本節主要介紹一些幫助使用者輸出自己的興趣價值的管道，首先你要找到適合自己的價值輸出方式，才能將興趣價值更好地進行產品化包裝。

4.1.1
原創文章輸出

對個人而言，若想獲得別人的關注和讚賞，那麼擁有有別於其他人的興趣價值是必要條件。其實，自媒體個人商業模式的營運也是如此。如果想要獲得眾多使用者的關注，那麼必須透過輸出原創文章來表現出自己的個性特徵和所具有的興趣價值。下面介紹原創文章的標題、內容和圖片等創作技巧。

▶ 標題設計：如何命一個引人入勝的標題

在原創文章中，影響閱讀量的因素有很多，標題就是其中非常關鍵的因素之一。如果標題足夠吸引讀者，那麼文章的點閱率必然會高。下面來介紹一些高品質原創文章的標題設計重點。

- **重點 1**：標題與正文內容做到聯繫緊密。原創文章要做到標題和正文內容有所關聯，即標題要突出文章內容的重點，要讓讀者在看到標題時可以大致知道作者想要說的是什麼？
- **重點 2**：針對特定類型使用者做出篩選。作者在撰寫原創文章標題時，要能夠精準地定位自己的使用者族群。只有使用者定位準確，才能保證原創文章有更好的閱讀量。如圖 4-1 所示，這篇文章的標題就將使用者定位為「領導者」。

圖 4-1 用標題進行使用者定位的文章示例

圖 4-2 用標題突出獎賞的文章示例

- **重點** 3：提供益處或者獎賞給讀者。在文案的標題中就展示出能給讀者帶來什麼樣的益處或獎賞，這樣可以吸引讀者，留住讀者，進而使雙方獲益。標題中的益處或獎勵又分為兩種，一種是物質上的益處或獎勵，另一種則是技術或心靈上得到了啟發，相關示例如圖 4–2 所示。
- **重點** 4：成功勾起使用者的瀏覽好奇心。一個優秀的創作者一定是很了解讀者心理的人，他知道讀者喜歡什麼樣的標題和內容，也知道用什麼樣的標題來勾起讀者的閱讀興趣和好奇心，從而增加自己文章的點閱率。
- **重點** 5：主題的切入直接和簡潔。文章的標題要清楚直接，讓人一眼就能看見重點，語言也要盡量簡潔。
- **重點** 6：創意打造，做到資訊的鮮明表達。在講究創意的時代，原創文章的標題撰寫也要抓住這一趨勢，表達出獨特的創意，要想到別人所不能想的，或是別人想不到的，這樣才能在一瞬間抓住讀者的目光。同時，標題只具有創意還不夠，還應該把文案的資訊鮮明地表達出來，這樣才能打消讀者的疑慮，讓他們堅定地點選閱讀。
- **重點** 7：標題各元素要做到盡量具體化。盡量將標題中的重要構成部分描述具體，要精確到名稱或直觀的數據上。

▶ 正文創作：讓使用者產生黏性且自願保存再次閱讀

與作為文章門面之一的標題相比，正文的內容同樣重要。如果說標題是吸引點閱率的關鍵，那麼正文內容則是引導讀者持續閱讀和打造品牌形象的關鍵。下面介紹一些高品質原創文章的正文內容創作重點。

- **重點** 1：有情感支持才能抓住讀者。從情感的角度出發，對內用情感打動讀者，對外抓住讀者的情感弱點，建立起文章的情感支持。
- **重點** 2：「人格」與「魅力」不可或缺。一個人之所以能獲得大家的喜愛，其原因就在於他有著健全的人格。正是因為人的這種人格特徵，賦予了他無窮的魅力，進而產生令人愛戴和尊敬的凝聚力，創作文章也是如此。
- **重點** 3：兩大面向提升使用者的黏度。一篇文章能真正受到使用者關注的原因在於兩方面，即使用者關注的目標和「與我有關」的資訊。作者可以從長期興趣點和切身利益點兩方面著手，將文章的標題、內容與之綁定，這樣就極易引起讀者關注。如圖 4-3 所示，這就是一篇從切身利益點出發而創作的文章，內容緊扣「學習 HR」知識，幫助使用者實現升職加薪的夢想
- **重點** 4：三大角度打造吸睛的焦點話題。作者可以透過「人性化」、「熱點化」、「揭祕式」的內容，打造一個吸引人的話題，來獲得眾多使用者的關注。

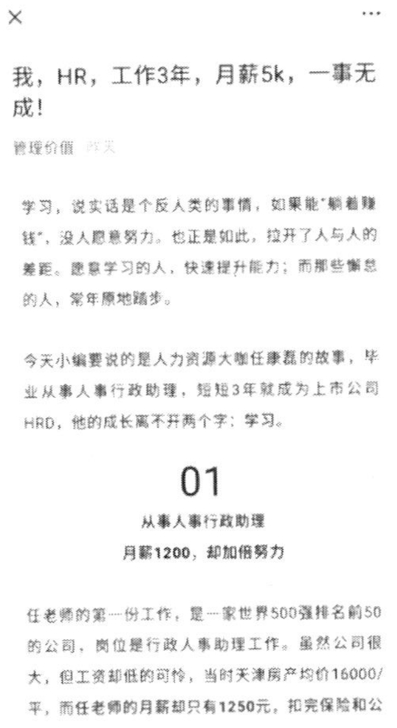

×　…

我，HR，工作3年，月薪5k，一事无成！

管理价值 昨天

学习，说实话是个反人类的事情，如果能"躺着赚钱"，没人愿意努力。也正是如此，拉开了人与人的差距。愿意学习的人，快速提升能力；而那些懈怠的人，常年原地踏步。

今天小编要说的是人力资源大咖任康磊的故事，毕业从事人事行政助理，短短3年就成为上市公司HRD，他的成长离不开两个字：学习。

01

从事人事行政助理

月薪1200，却加倍努力

任老师的第一份工作，是一家世界500强排名前50的公司，岗位是行政人事助理工作。虽然公司很大，但工资却低的可怜，当时天津房产均价16000/平，而任老师的月薪却只有1250元，扣完保险和公

圖 4-3 從切身利益點出發而創作的文章示例

▶ 配圖排版：提升版型視覺審美，增加閱讀按讚率

在新媒體時代的速食文化下，視覺體驗變得非常重要。因此，作者若想提高文章的按讚率，就有必要在視覺方面下工夫，即需要注意文章的配圖和排版，這樣才能讓文章更加吸睛，形成非常有力的引流力量。下面介紹一些高品質原創文章的配圖排版技巧。

- **圖片美觀，增加觀賞性：**圖片美觀是一個非常關鍵的要求，作者可以透過適當的圖文組合與色彩搭配來修飾新媒體頁面，增加文案的觀賞性，為使用者帶來更好的視覺感受，如圖 4-4 所示。
- **圖片實用，成為不可替代的存在：**在為創作文章配圖的過程中，作者一定要掌握實用性的重點，避免出現虛有其表的情況，否則非常容易讓讀者產生不專業或利用圖片湊內容的印象，從而很難留住讀者。
- **圖片感受，要讓讀者感覺真實：**因為大部分人願意相信自己所看見的，所以配上圖片能夠給讀者最直觀的視覺感受，增強真實感。

× 胡华成　…

胡华成　聚焦新商业　探索新价值

为什么创业成功率远远低于10%？因为路上的坑实在太多。

其中包括产品、价格、模式、合伙人等都可能成为影响公司失败的主要原因。

合伙人之间最主要的问题是利益分配不均，只要有人感觉不公平，那么团队的稳定程度就会下降很多。

圖 4-4 用美觀的圖片協助排版

- **文案封面，吸引目光是關鍵：**在選擇文章封面圖時，最好遵循三大原則，即高解析度、獨特及緊貼文章內容，只有這樣才能為文章增添光彩。漂亮、清晰的封面圖能瞬間吸引讀者的目光，從而讓讀者有興趣進一步閱讀。
- **圖片顏色，搭配和諧最重要：**合適的圖片色彩搭配能夠帶給讀者一種順眼、耐看的感覺，從而提升其閱讀體驗，得到美的享受。
- **圖片尺寸，大小適宜且清楚：**一張合格、優秀的圖片，不僅要協調、柔和，而且還要看得清楚，尺寸大小符合讀者的預期。
- **排版要符合使用者的視覺習慣：**把容易吸引目光的資訊放在顯眼的位置上；欄目設置最好安排在頁面的上部和左側；當資訊過多時，可在頁面上下方都設置分類欄目。
- **文配圖，要展現出整體舒適感：**在同一篇文章中所用到的圖片的版面格式要一致，這樣給讀者的感覺就會比較統一、有整體性。另外，圖文之間要有間距，不能太緊湊，這樣才能有一個好的視覺體驗。

4.1.2 原創影片輸出

短影音自媒體已經是發展正熱的一個趨勢，其影響力越來越大，使用者也越來越多。短影音這個聚集了大量流量的地方，是實現個人商業模式不可錯過的最佳流量池。

隨著時代的發展，商業模式也在不斷地發展中，不管你身處哪個行業，在面對火爆的短影音潮流時，都要積極做出改變，否則你會因為思考跟不上時代發展而被淘汰。尤其對於做個人商業模式的人來說，更要改變觀念，抓住這波短影音流量紅利，將「弱連接」打造成「強連接」，並學會利用原創影片來獲得更多的盈利。

▶ 內容策劃：形成獨特鮮明的人物設計標籤

標籤指的是短影音平臺分類使用者帳號的指標依據，平臺會根據使用者發布的短影音內容來為使用者打上對應的標籤，然後將使用者的內容推薦給對這類標籤作品感興趣的觀眾。這種千人千面的流量機制，不僅提升了拍攝者的積極性，而且也增強了觀眾的使用者體驗。

例如，某個平臺上有 100 個使用者，其中有 50 個人都對美食感興趣，而另外 50 個人則不喜歡美食類的短影音。此時，如果你剛好是拍美食的帳號，卻沒有做好帳號定位，平臺沒有為你的帳號打上「美食」這個標籤，此時系統會隨機將你的短影音推薦給平臺上的所有人。這種情況下，你的短影音作品被使用者按讚和關注的機率就只有 50%，而且由於按讚率過低會被系統認為內容不夠高品質，從而不再為你推薦流量。

相反的，如果你的帳號被平臺打上了「美食」標籤，此時系統就不再隨機推薦流量，而是精準地推薦給喜歡看美食內容的那 50 個人。這樣，你的短影音獲得的按讚和關注率就會非常高，從而系統就會給予更多的推薦流量，讓更多人看到你的作品，並喜歡上你的內容。

在策劃短影音內容時，使用者需要注意以下幾個規則。

- **選題有創意**：短影音的選題要盡量獨特且有創意，同時要建立自己的主題庫和標準的工作流程。這樣不僅能夠提高創作效率，而且還可以刺激觀眾持續觀看的欲望。例如，使用者可以多收集一些熱點加入主題庫中，然後結合這些熱點來創作短影音。
- **劇情有落差**：短影音通常需要在短短 15 秒內將大量的資訊清晰地敘述出來，因此內容通常都比較緊湊。儘管如此，使用者還是要「腦洞大開」，合理地編排劇情，以吸引觀眾的目光。
- **內容有價值**：不管是哪種內容，都要盡量為觀眾帶來價值，讓使用者值得付出時間成本來看完影片。例如，如果做搞笑類的短影音，就需要能夠帶給使用者快樂；如果做美食類的短影音，就需要讓使用者產生食慾。

- **情感有對比**：短影音的劇情可以源於生活，採用一些簡單的拍攝手法來展現生活中的真情實感，同時加入一些情感的對比。這種內容更容易打動觀眾，能主動帶動使用者的情緒氣氛。

專家提醒

爆紅短影音通常都是大眾關注的焦點事件，這樣等於讓你的作品在無形之中產生了流量。使用者可以在抖音或快手平臺上多看一些同領域的爆紅短影音，研究他們的拍攝內容，然後試著也自己拍攝。

另外，使用者在模仿爆紅短影音時還可以加入自己的創意，對劇情、臺詞、場景和道具等進行創新，帶來新的亮點。很多時候，模仿拍攝的短影音甚至比原影片更加火紅，這種情況屢見不鮮。

- **時間有控制**：拍攝者需要合理地安排短影音的時間節奏，以抖音為例，其默認為拍攝 15 秒的短影音，這是因為這個時長的短影音是最受觀眾喜歡的，而短於 7 秒的短影音則不會得到系統推薦，高於 30 秒的短影音觀眾則很難堅持看完。

拍攝技巧：輕鬆拍出百萬按讚量作品

要想成為短影音領域的超級 IP，我們首先要想辦法讓自己的作品有人氣起來，這是成為 IP 的一條捷徑。如果創作者沒有那種一夜爆紅的好運氣，就需要一步步腳踏實地地做好自己的短影音內容。只有做好短影音的原創內容，才能在觀眾心中形成某種特定的印象。下面來介紹一些原創短影音的拍攝技巧。

- **根據實際需求選擇拍攝設備**：短影音的主要拍攝設備包括手機、單眼相機、微單眼相機、微型攝影機和專業攝影機等，使用者可以根據自己的資金狀況來選擇。首先，使用者需要定位自己的拍攝需求，到底是用來進行藝術創作，還是純粹記錄生活。對於後者，筆者建議選購一般的單眼相機、微單眼相機或者較好的拍照手機即可。只要使用者掌握了正確的技巧和拍攝思路，即使是普通的攝影設備，也可以創作出優秀的短影音作品。

- **選擇 CP 值高的錄音設備品牌**：普通的短影音直接使用手機錄音即可。採訪類、教學類、主持類、情感類或者劇情類的短影音則對聲音的要求比較高，推薦大家選擇 TASCAM、ZOOM、SONY 等品牌的 CP 值較高的錄音設備。
- **用燈光設備增強光線美感度**：在室內或專業攝影棚內拍攝短影音時，通常需要保證光感清晰，環境敞亮，可視物品整潔，因此需要明亮的燈光和乾淨的背景。

  光線是獲得清晰的影片畫面的保障，其不僅能夠增強畫面美感，而且使用者還可以利用光線來創作更多有藝術感的短影音作品。
- **精準聚焦，保證影片畫面解析度**：如果使用者在拍攝短影音時主體對焦不夠準確，很容易造成畫面模糊的現象。為了避免出現這種情況，最好的方法就是使用支架、手持穩定器、自拍桿或其他物體來固定手機，防止鏡頭在拍攝時抖動。
- **合理構圖，讓觀眾目光聚焦主體**：短影音若想獲得系統推薦，快速登上熱門影片，高品質的內容是基本要求，而構圖則是拍好短影音必須掌握的基礎技能。拍攝者可以用合理的構圖方式來突出主體、聚集視線和美化畫面，從而突出影片中的人物或景物的吸睛之點，以及掩蓋瑕疵，讓短影音的內容更加優質。

短影音畫面構圖主要由主體、陪體和環境三大要素組成，主體包括人物、動物和各種物體，是畫面的主要表達對象；陪體是用來襯托主體的元素；環境則是主體或陪體所處的場景，通常包括前景、中景和背景等。

專家提醒

例如，中心構圖就是將影片拍攝主體放置在相機或手機畫面的中心進行拍攝，這種影片拍攝方法能夠很好地突出影片拍攝的主體，讓人很容易就能看見影片重點，從而將目光鎖定，了解想要傳遞的訊息。中心構圖拍攝影片最大的優點在於主體突出、明確，而且畫面容易達到左右平衡的效果，構圖簡練。

- **後期處理，讓影片畫面更加漂亮**：使用者可以直接使用各種「道具」和控制拍攝速度的快慢等功能，然後再選擇合適的特效、背景音樂、封面和濾鏡等，來實現一些簡單的特效。對於較為專業的使用者來說，則可以使用巧影、剪映、Adobe Photoshop、Adobe After Effects 等軟體來製作各種特效。

4.1.3 專業解答輸出

專業解答模式可以累積大量的新知識，並且能夠聚集高度活躍的使用者，是可行度較高的個人商業模式變現路徑，它的長期可行度甚至不亞於廣告變現模式。

使用者要輸出專業解答的內容，首先要成為這個專業領域的專家，當對某一個行業或者自己所在的領域掌握了足夠多的資訊時，即可對這個行業有比較透澈的理解。

各種問答平臺上聚集了大量的資訊專家、行業領袖和專業媒體人，他們提供了大量的高品質問答內容。提供專業解答內容輸出的問答平臺是自媒體個人商業模式變現的重要方式，其引流效果是眾多推廣方式中較好的，能為企業帶來直接的流量和有效的外部連結。尤其對於企業領導者和創業者來說，藉由問答平臺而產生的專業解答內容是一種新型的網路互動行銷方式，它既能為商家植入軟性廣告，同時也能透過問答來引流潛在使用者，其具體優勢如圖 4-5 所示。

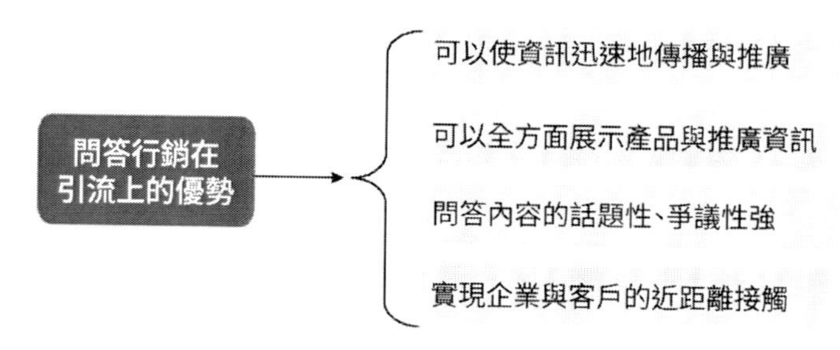

圖 4-5 問答行銷在引流上的優勢

專業解答的內容包括提問和作答兩個部分，其引流優勢主要是基於這種方式在互動性、針對性、廣泛性、媒介性和可控性等方面的特點。專業解答內容的營運與行銷的操作方式是多樣化的，有著很多不同種類，如開放式問答、事件問答、娛樂評論、促銷評論和內容營運等。

同時，專業解答內容在行銷推廣上具有兩大優勢：精準度高和可信度高，如圖 4-6 所示。這兩種優勢能形成口碑效應，對於網路行銷推廣來說顯得尤為珍貴。

圖 4-6 專業解答內容的行銷推廣優勢

透過問答平臺來詢問或作答的使用者，通常對問題所涉及的內容會有很大的興趣。例如，有的使用者想要了解「有哪些新上映的電影比較好看」，如果問的是愛看電影的使用者，他們大多會積極地推薦自己看過的滿意影片，提問方通常也會接受推薦而去觀看影片。

提問方和回答方之間的交流很少涉及利益，使用者通常是根據自己的直觀感受來問答。這就使得問答的可信度很高，這對企業而言則意味著轉化潛力，能幫助產品形成較好的口碑效應。

例如，在今日頭條的「悟空問答」平臺中，回答問題是一種相對來說更加容易吸引使用者關注的方法——它把眾多頭條號的高品質回答匯集在一起，以團體的力量吸引使用者關注。如果想要透過回答問題來實現內容變現，你可以進入今日頭條後臺的「悟空問答」頁面。在該頁面可以看到，每一個問題下方都會有「寫回答」按鈕，點選該按鈕，即可進入回答內容編輯頁面，包含圖文和影片兩種內容形式，在該頁面即可編輯回答的內容和對內容進行排版。

如果你選擇的問題很熱門，而且回答內容的品質夠好，即在文字和情感方面能打動讀者，在排版上也賞心悅目，那麼這樣的內容是極有可能被推薦到首頁上的。

在「悟空問答」中選擇回答問題時，如果選擇的不是自己擅長的領域，那麼即使透過各種管道找到了一些答案並進行了整合，那也只是一些比較表面化的理論內容，而不是自己切身的體驗和經驗，難以形成觸動人心的內容，也就無法打造超人氣問答內容。

例如，你擅長的領域是創業，那麼選擇回答的問題最好也與之相關，這樣才能在回答內容中寫出真實的心得體會，讀者在閱讀時才會被吸引和說服；否則就純粹只是單純的概念和理論，而沒有自己的思考和靈魂，這樣的內容顯然是無法打動讀者的。

「悟空問答」是一個有著共同內容需求和愛好的今日頭條媒體平臺創作者和粉絲聚集的平臺。在該平臺上，眾多參與者積極互動，分享自己的經驗和見解，因此這是一個可以實現精準引流的內容平臺。對於今日頭條媒體平臺來說，是透過四大途徑來實現利用「悟空問答」內容引流的，具體內容介紹如下。

- **高品質內容的「首頁」推薦**：一些經常在行動裝置用戶端或 PC 端（PC 是「Personal Computer」的英文縮寫，中文意思是「個人計算機、個人電腦」的含義）瀏覽今日頭條媒體平臺的使用者會發現，在選單內容中會顯示一些標註有「悟空問答」的內容。一般來說，當今日頭條平臺的創作者在「悟空問答」內容中提供了高品質內容和有價值的回答後，就會被更多的人所關注，這是有助於吸引粉絲的。

- **增加引導和關注途徑**：在今日頭條平臺上，當使用者進入「悟空問答」頁面，點選相應問題進入具體的問題問答頁面時會發現，每一條回答都會顯示回答者的今日頭條帳號，並在帳號右側顯示一個「關注」按鈕。這樣的設置不僅增加了今日頭條媒體平臺的曝光度，同時，當使用者覺得哪一條回答是有著獨特見解、有著實用內容時，就會獲得關注該問題的使用者的認可，自然而然地，也就會點選「關注」按鈕。
- **利用熱門事件增加曝光度**：蹭熱度是經營過程中經常會用到的方法，其實，在利用「悟空問答」引流的方法中，這個經典方式筆者也認為是適用的。「悟空問答」推出每日「熱門問題榜」，這些問題都擁有幾十萬上百萬的熱度，創作者可以參考回答這些熱門問題，提高自己的回答曝光度。今日頭條媒體平臺創作者則可以找到與自身內容領域相關的熱門事件，並在「悟空問答」選擇合適的問題進行回答，這同樣是蹭熱度的表現，同時也能實現增加今日頭條媒體平臺的曝光度和為平臺增加粉絲的目的。
- **利用問答資料分析**：「悟空問答」是今日頭條媒體平臺的一個重要產品，它是有針對性地獲得精準目標使用者的最佳途徑之一，因此創作者有必要了解問答資訊，且對各個問答的具體資料進行查看並對比，在得出結論的前提下有利於問答問題的選擇和回答內容技巧運用。

專家提醒

創作者不僅可以透過比較問題的數據，選擇那些回答比較多、關注度比較高的問題，還可以透過比較每條問答內容的資料，查看各項按讚數比較高的問答內容是如何回答的，而各項按讚數的問答內容又是如何回答的，截長補短，打造更好的人氣問答內容。

4.1.4 網路電臺輸出

如今，很多人不喜歡看書，更不喜歡在手機上看電子書，因為不僅對眼睛不好，而且看久了手和脖子都會很累。此時，聽書就是一種不錯的解決方式。

對於有聲音優勢的使用者來說，可以將自己的興趣價值內容包裝成音訊產品，透過各種網路電臺平臺和應用來輸出內容。使用者要強迫自己去使用這些網路的工具，在其中發展自己的興趣愛好。

透過發展自己的興趣愛好，開發「斜槓身分」，不僅可以訓練自己的技能，而且還可以打造更多可變現的個人商業模式。例如，如果你對黃金、保險或者理財產品等領域比較感興趣，並且有深入的研究的話，即可做一個金融類的自媒體帳號，然後輸出相關的內容。

▶ 音訊內容的輸出流程

透過網路電臺輸出音訊內容，其實也是在行動網路上傳遞內容和傳播價值，這同樣要掌握一定的流程和方法，如圖 4-7 所示。

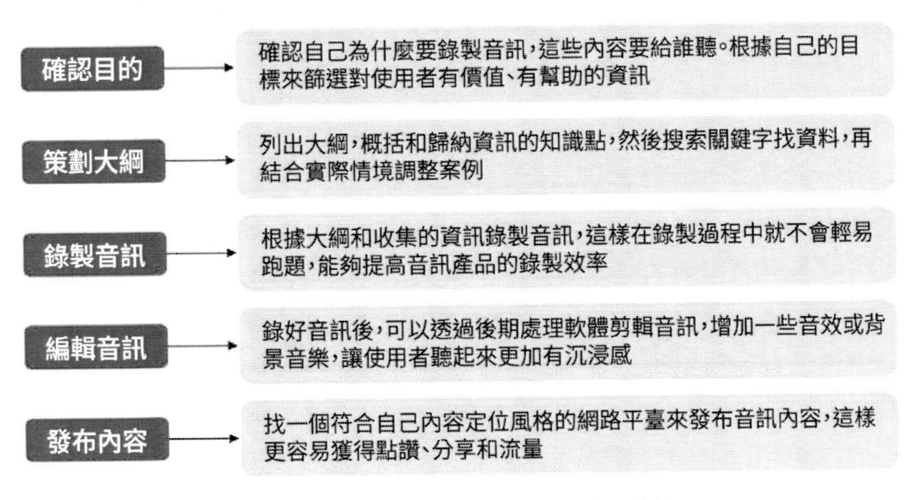

圖 4-7 透過網路電臺輸出音訊內容的相關流程

▶ 音訊內容的經營技巧

透過網路電臺輸出音訊內容時，使用者還需要掌握一些基本的營運技巧，讓自己的內容能快速被使用者關注。

- **選擇行業**：聲音好聽是輸出音訊內容的關鍵元素，如果聲音不夠好聽，則應找一些相對熱門的內容領域，並且鎖定某個垂直細分類目，選對了行業才可能有市場。
- **封面設計**：音訊專輯的封面圖片要表現出主要內容，可以將自己的照片放上去，增加使用者的記憶，如圖 4-8 所示。但要注意，封面不要出現暗示性的內容，否則會被平臺判定為違規，導致內容被下架或被封號。同時，還要注意封面圖片的長寬比例，圖片不要變形。
- **專輯標題**：標題的字數建議控制在 10 個字左右，同時，其中的關鍵字要和使用者的搜尋習慣相符，這樣更容易讓使用者搜到你的音訊專輯。如圖 4-9 所示，這個音訊專輯的標題不僅突出了「個人品牌打造」的關鍵字，而且還採用數字的方式展現學習成果，在表達上造成了讓聽眾產生視覺和心理上的衝擊力的作用。

圖 4-8 音訊專輯產品的封面設計示例

圖 4-9 音訊專輯產品的標題設計示例

- **提升播放量**：一般情況下，音訊的播放量越高，獲得的搜尋排名也會越上位，這樣就能夠被更多的人看到和點擊。因此，主播需要提高音訊內容的品質，增加完整播放率，降低跳出率，提升使用者對內容的興趣，獲得更多人的關注和訂閱。下面介紹一些提高音訊內容完播率的方法，如圖 4-10 所示。
- **評論互動**：其實，在網路電臺平臺中做自我行銷和內容推廣和實體經營的道理是一樣的，都是基於互動的原則。例如，使用者評論或者按讚後，你也會回覆他的評論，這樣你來我往就會產生互動。因此，主播要透過積極互動使使用者能夠有參與感，讓大家覺得你的內容是非常受歡迎的。

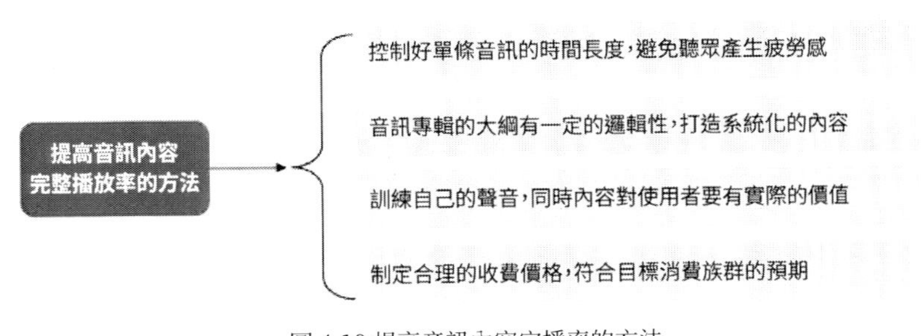

圖 4-10 提高音訊內容完播率的方法

4.1.5
直播分享輸出

隨著資訊技術和行銷環境的進一步發展，一種新的商業模式出現了，那就是直播。在直播這一模式的影響下，人們的社交方式發生了改變，更重要的是，隨著「直播＋」這一形式的影響力加深，個人商業模式也實現了創新。

在直播火熱的發展趨勢下，直播格局發生了巨大的變化，形成了直播與影片網站相融合的新格局。在這樣的格局影響下，直播使得眾多的行業和企業改變了傳統的商業模式，並透過這一新的商業模式創造了巨大效益。

▶ 內容傳播：真實性和稀缺性特點

直播不僅是一種新穎的資訊傳播方式，而且還是一種可以實現即時互動的社交模式，具有極強的互動性。隨著直播平臺不斷地趨向專業化和實用化，各種符合使用者興趣的內容直播將會進一步搶奪市場占有率。就直播內容而言，它有著兩個明顯的特性，即時效性和互動性。

- **時效性**：在直播過程中，主播與觀眾之間的所有活動都是即時的，在時間上是同步的。
- **互動性**：直播的主體，即主播和觀眾可以即時互動，就猶如面談，只是中間隔著螢幕而已。

上述兩個特性決定了直播具有其他內容形式所沒有的優勢，具體來說，它主要表現在兩個方面，如圖 4-11 所示。

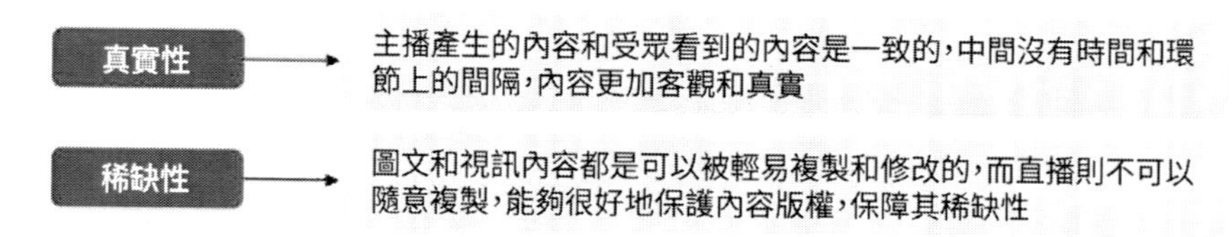

圖 4-11 直播內容的特點分析

▶ 直播技巧：鍛鍊主播的直播能力

除了創造各種直播變現方式外，主播還需要注重自身的直播能力培養，只有這樣才能在直播市場中獲得更多盈利。下面重點介紹直播前的預熱準備和開場的方式，幫助大家帶動直播間的氛圍，提升自己的直播變現能力。

(1) 預熱：做好直播的準備

網路直播和傳統直播的時間長度有很大的區別，網路直播的時間長度更自由，一個小時或半個小時都可以。但是，對於傳統的媒體直播來說，必須分秒不差，從幾點開始到幾點結束這些時間都是固定的。網路直播的收聽人數是隨著直播時間的增加而增加的，即播得越久人數會越多。所以，大家一定要多去做直播，這樣粉絲的黏度和數量都會增加，而且也可以增加自己的直播經驗。

那麼，在直播前應該做什麼準備？第一個準備就是要做預告，什麼時候開播、播的是什麼內容、注重的是哪個領域、主題是什麼，這些都是非常關鍵的預告內容。做預告等於提前告訴粉絲，你要開始直播了。

主播可以提前一天做預告，如果提前太早或者是太晚都不是最佳時機。提前太早，如提前一週做直播預告，除非是「忠實聽眾」，否則聽眾會忘了你下週要直播；如果預告的太晚，如直播前半個小時才預告，則大家可能還沒有準備好，時間上可能有衝突。

另外，直播還要進行預熱，如果預定 8 點直播，則主播要提前 10 分鐘進行預熱。為什麼要進行預熱？這個過程其實是在等待聽眾進場，此時有的聽眾可能暫時有事，無法馬上進入直播間看直播。所以，千萬不要小看這 10 分鐘的預熱，它可以幫助主播累積更多人氣。

在預熱時，主播可以營造直播氛圍，具體方法如下。

- 放一首合適的音樂，提升直播間的氛圍感。
- 預告直播的話題和內容，讓觀眾為接下來的互動中做一些準備。
- 主動介紹自己的直播間和其他人的直播間有哪些差異，說出你的優勢。
- 主動要求觀眾分享你的直播間，同時提醒新進來的觀眾關注你。

(2) 開場：直播開場的 5 個技巧

很多主播在開場時會手足無措，導致進來的人非常少，或者剛進來的人馬上就退出了。而優秀的主播都有自己的開場方式。下面筆者總結了一些優秀主播的開場經驗，希望可以幫助大家提升直播間的使用者黏度。

- **以固定的模式開場**：每次開場時都說同樣一句話，來突出自己的特色或者定位。同時，經常重複這句話，可以讓觀眾更好地記住你的直播間。因此，主播可以根據直播節目定位來為自己設計一個固定的開場模式。

- **以新聞或者熱門事件開場**：在生活中，幾乎每天都會發生一些熱門事件或新聞，這些都是有價值的題材。主播可以用新聞或者熱門事件來開場，讓大家產生話題共鳴，讓直播間迅速凝聚人氣。
- **講一個開場小故事**：主播可以根據自己直播節目的特點，講一個與之相關的小故事作為開場。聽故事是人的天性，也可以吸引大家的關注度。
- **放一首歌曲或者是純音樂**：當然，這些歌曲和音樂要和自己的直播主題、內容相符，這樣可以營造直播間的氛圍。例如，在春節時可以放《春節序曲》，這樣就能夠得到類似於節目片頭或花絮的效果，形成畫龍點睛的作用。
- **用語音互動的方式來開場**：這種開場方式適合一些有直播經驗的主播，因為現在很多直播平臺都有語音互動的功能，所以主播可以跟一個觀眾語音聊天，用這種方式來開場，然後帶入直播主題。

(3) 互動：建立直播的觀眾社群

每個主播都有各自的優勢，如網路主播有一定的主持經驗，在互動形式上是有優勢的。主播可以在遵守平臺規則的前提下，結合官方帳號、微博或者臉書等其他社群媒體的資源，來建立直播觀眾社群。

▶ 行銷轉換：更加順暢地實現變現

對於直播內容而言，不僅其在真實性和稀缺性方面比傳統內容更勝一籌，更重要的是，在內容的行銷轉換上，直播內容的變現能力也遠遠優於其他傳統內容形式。具體來說，高品質直播內容在變現方面的優勢主要展現在三方面，如圖 4-12 所示。

「流量＋內容」的變現模式是如今的直播變現中最有潛力的一種，它既符合經濟發展的趨勢，同時又為使用者提供了服務體驗。

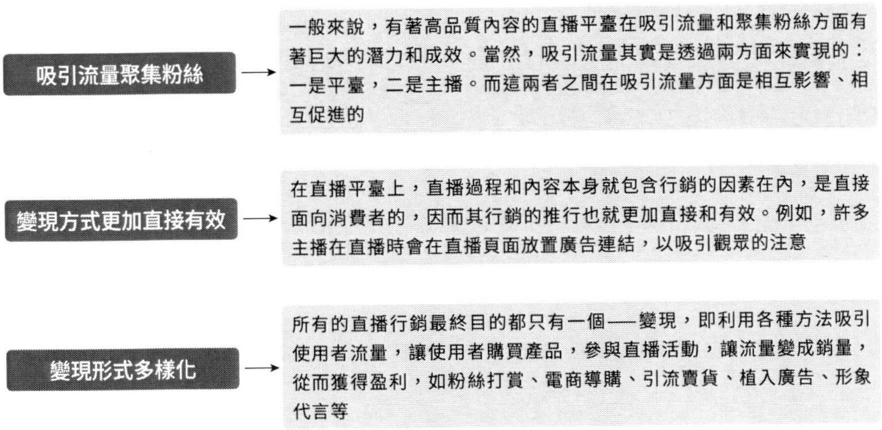

吸引流量聚集粉絲	一般來說，有著高品質內容的直播平臺在吸引流量和聚集粉絲方面有著巨大的潛力和成效。當然，吸引流量其實是透過兩方面來實現的：一是平臺，二是主播。而這兩者之間在吸引流量方面是相互影響、相互促進的
變現方式更加直接有效	在直播平臺上，直播過程和內容本身就包含行銷的因素在內，是直接面向消費者的，因而其行銷的推行也就更加直接和有效。例如，許多主播在直播時會在直播頁面放置廣告連結，以吸引觀眾的注意
變現形式多樣化	所有的直播行銷最終目的都只有一個——變現，即利用各種方法吸引使用者流量，讓使用者購買產品，參與直播活動，讓流量變成銷量，從而獲得盈利，如粉絲打賞、電商導購、引流賣貨、植入廣告、形象代言等

圖 4-12 高品質直播內容的變現優勢

4.2 自我修練：快速提升你的軟實力

一項成功的事業需要不懈的堅持，並且在堅持中不斷地升級。為了適應社會動向和行業局勢的發展，我們每個人都需要進行自我修練，透過不斷地學習和累積經驗來提升自己的軟實力，這樣才能讓個人商業模式有更好的發展前途。

4.2.1 堅持學習的不斷累積

事物的發展總是呈拋物線形狀的，從低谷走向高峰，再從高峰走向低谷，這是一個必然趨勢。人們在某一階段學習到的東西可能是最先進的，但隨著時代的進步、科技文化的進一步發展，如果不堅持同步學習和更新知識，那麼就會從「先進」淪為「落後」。下面我們來介紹知識學習、技能學習、經驗學習的不斷累積。

知識學習的不斷累積

知識是個人商業模式成功的核心資源，也是一切文化事業的泉源。在自媒體時代，如果缺少知識的儲備，內容創作將缺少基礎，即使勉強創作出來，也很難做到有說服力和吸引力。

在自媒體內容行銷的創作中，知識的重要性包含以下兩方面。

- 第一，知識能夠讓自媒體人擁有創作的靈感，保證內容的吸引力。
- 第二，知識能夠讓自媒體人擁有創作的能力，保證內容的說服力。

自媒體的內容創作是一項高強度的腦力輸出，並且是硬性的定期、持續輸出，這經常困擾著自媒體創作者，感覺自己 20 ～ 30 年的學習累積和人生感悟寫十幾篇文章就被掏空了，然後就失去了後續創作的靈感和動力了。所以，在從事自媒體創作這條路上，不只是開頭難，而是越做越難。

因此，學習新知識是非常重要的，不僅可以保證充足的創作靈感，獲得粉絲的肯定和信任，而且還可以保證充足的創作題材，進而吸引使用者的關注和支持。

堅持知識的學習和提升還有一個重要的原因，那就是現在的知識更新頻率非常快。例如，今天是「探測器從木星拍照回來了」，明天就是「重力波被發現了」。資訊更新速度之快及範圍之廣，人們稍不留神就會感覺自己與世界不同步。尤其是自媒體內容創作者，首先自己就是一個傳播者的身分，必須比普通使用者要更先獲得資訊，所以對知識的學習必須保持一個高強度的更新狀態，從而不斷提高創作才華。

保持高強度知識學習的原因有以下兩方面。

- 內容創作不僅需要有靈感的激發和思想的感悟，更需要有深厚的文化基礎，才能讓文化基礎昇華成才華。
- 因為資訊來自社會話題、新聞時事、科學發現及書籍記載，所以必須不斷保持資訊更新，才能讓自己不被時代淘汰。

▶ 技能學習的不斷累積

在職場和生活中，我們需要不斷地學習各種自己感興趣的技能，盡量拓展和豐富自己的專業技能，這樣才能很好地累積核心資源，提高個人商業模式的效率。下面就介紹一些學習和提升技能的方法，如圖 4-13 所示。

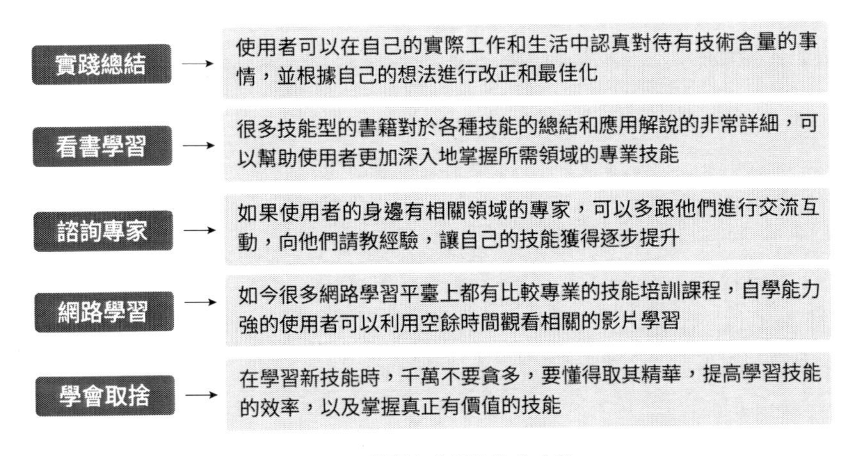

圖 4-13 學習和升級技能的方法

▶ 經驗學習的不斷累積

經驗是最好的老師，是巨人的肩膀，從他人的經驗或自己的經驗中學習方法、吸取智慧，所達到的效果至少能讓自己避免做許多無用功，古人說的「聽君一席話，勝讀十年書」就是這個意思。

經驗學習的重要性表現在兩方面：第一，發現常見錯誤，避免被錯誤認知誤導；第二，發現解決方案，能夠盡快解決問題。

專家提醒

使用者首先要確定的是自己的知識、技能和經驗會不會有人買單，可以站在使用者的角度去思考，自己能幫助他們解決什麼問題，然後再確定主題。就像在設計文章標題時，需要確定這個主題會不會有人點閱，這是必要的步驟。

筆者認為，不管是碎片化知識還是系統化知識，都需要合理安排時間學習，這樣才能掌握完整的知識體系。更重要的是，我們要提升自己的學習能力，善於將碎片化知識變成系統化知識。同時，在自己的生活、工作中去實踐檢驗這些知識，這樣才會讓學習的知識或累積的經驗更加系統化。

4.2.2 堅持眼界的不斷累積

學習可以提升自己的眼界，進而提升世界觀、人生觀、價值觀，使我們能以更好的態度去面對世界、面對生命、面對生活。堅持眼界的不斷提升包括以下 3 個方面，如圖 4-14 所示。

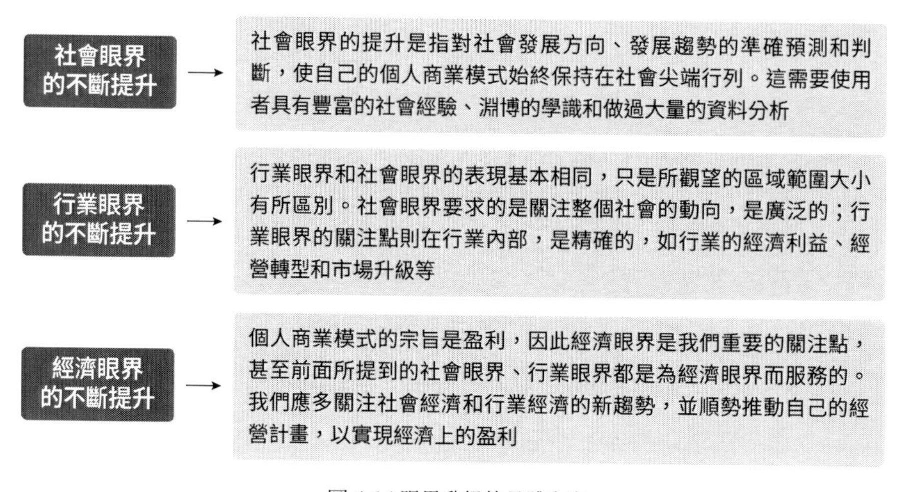

圖 4-14 眼界升級的具體內容

經濟眼界以實現經濟計畫為目的，而實現經濟計畫一般會有以下兩種方法。

- 關注社會經濟動向，掌握社會經濟發展趨勢，其中包括關注社會經濟變革、社會經濟轉型及社會經濟起落。
- 關注行業經濟動向，掌握行業產業發展趨勢，其中包括關注行業產業變革、行業產業轉型及行業產業興衰。

4.2.3 堅持執行力的不斷累積

執行力可以單純地看作人的行動力，是人們處理事物時的一個評價標準。在個人商業模式中，執行力不僅能夠衡量使用者處理任務的能力，還能夠衡量使用者對任務的完成程度。也就是說，即使一個人的能力再好，只要完成任務時不用心，任務完成的品質不能合乎標準，那麼他的執行力依然是不夠的。因此，我們都需要堅持自我執行力的不斷升級，其主要方法如圖 4-15 所示。

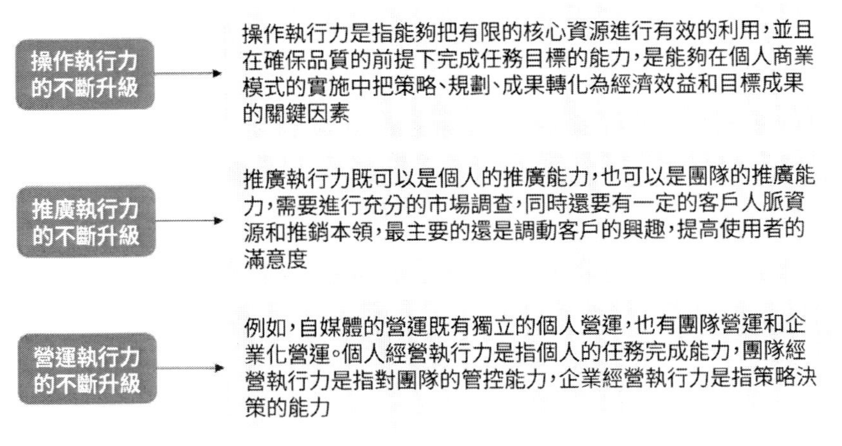

圖 4-15 執行力不斷升級的具體方法

專家提醒

推廣執行力的升級有以下 3 個重點。

- 需要充分的市場調查，獲得準確的市場資料。
- 需要足夠大的人脈圈，獲得大量的客戶資源。
- 需要獲得客戶的支持，搶占大量的市場占有率。

4.3 精準引流：輕鬆尋找粉絲聚集地

要實現興趣價值變現這種個人商業模式，需要大量的粉絲為你的興趣買單，此時精準引流就是一個必要的步驟。經營者可以透過各種線上或實體管道來吸引大量粉絲，構築自己的私域流量池，透過這種打造私域流量的方式，不僅不用花錢去其他平臺推廣，同時也會更容易「吸引到粉絲」（流量更精準）。

流量的來源主要是各個公域流量平臺，如淘寶、蝦皮、拼多多等電商平臺，以及微博、今日頭條、抖音、喜馬拉雅、快手等自媒體平臺，還包括一些傳統的論壇社群、影片網站、入口網站和社群媒體等，以及實體通路等。本節筆者將介紹一些常用的精準引流技巧。

4.3.1 微信朋友圈引流

朋友圈引流以話術內容為基礎，需要大家「先找到對的人，再說對的話。」下面講述朋友圈引流的具體方法。

▶ 活動引流：福利吸引

在朋友圈使用活動引流時，經營者可以借助 H5 小工具 (H5 是中國常用的說法，指的是適合在手機上瀏覽的動態頁面。) 做一些社群裂變引流活動，透過給予粉絲朋友一定的福利，吸引他們轉發到自己的朋友圈，讓活動形成裂變傳播效應，如圖 4-16 所示。

圖 4-16 朋友圈中常用的 H5 引流活動

若想讓粉絲轉發分享，就必須有能夠激發他們分享傳播的動力，這些動力來源有很多方面，可以是微信紅包、活動優惠、按讚送禮，也可以是非常優秀的能夠打動使用者的內容。不論如何，只有能夠為使用者提供有價值的內容，才會引起使用者的關注。

▶ 互動引流：趣味遊戲

好玩的遊戲從來都不缺參與者，在朋友圈也可以建立互動式遊戲，從而獲取流量。使用者可以透過一些互聯網 H5 頁面製作工具來製作朋友圈小遊戲，不僅能夠在微信個人號、官方帳號吸引粉絲，而且還能提升線上商城的轉換率，增加品牌的傳播率。

另外，經營者可以在網上搜尋一些互動性強又有趣的遊戲，稍微修改後在朋友圈分享。例如，猜謎、看圖猜成語、腦筋急轉彎與成語接龍等有趣味、不俗套的遊戲，就可以吸引其他人參與。在朋友圈開展互動型遊戲，同時要引導好友進行轉發，因為只有這樣才能讓發布的動態突破自己的微信社交圈，獲得更大的流量。

▶ 被動引流：內容行銷

朋友圈引流的內容形式包括文字、圖片和小影片，經營者可以發布一些對使用者有價值的內容，來調動大家參與的熱情，把瀏覽量轉換為成交量。

- 行業的相關經驗分享、產品的相關專業知識，如圖 4-17 所示。

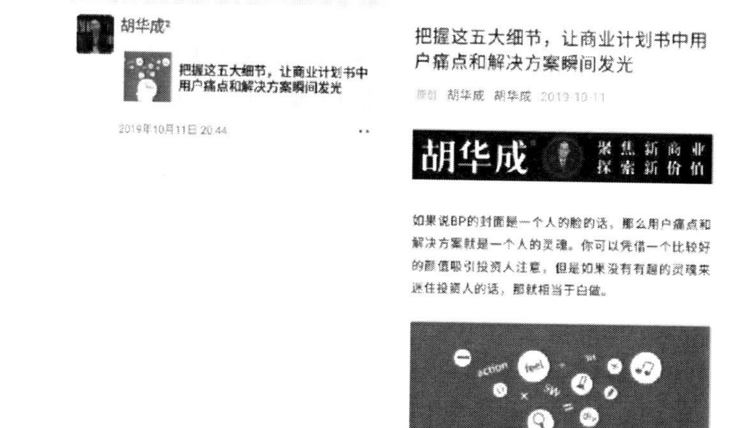

圖 4-17 在朋友圈中發布有價值的內容

- 產品的最新動態，以及已購買客戶的回饋資訊。
- 充分利用社會熱門事件，吸引好友評價和發表看法。
- 腦筋急轉彎、小問卷、小測驗，活躍朋友圈氣氛。
- 用 10 秒短影音的方式來表達自己和宣傳自己。

總之，經營者需要在朋友圈中發布有實用價值的內容，這樣才能吸引更多目標使用者，取得他們的信任，也會有更多的人願意加你為好友，為以後的成交打下基礎。

4.3.2 微信群等社群引流

如今是一個以人為本的時代，「人」占領了所有商業模式的主導地位，沒有「人」就沒有「流量」。社群行銷是一種比較貼近「人」的行銷模式，可以幫助經營者獲得更具精準的「忠實粉絲」，打造更加穩固的私域流量池，抓住未來的商業核心動力。

比較常見的社群有微信群、LINE 群組等。其中，微信群是比較私密的，社群的概念比較內斂，更多的是一些好朋友、小圈子，人數不多。

▶ 尋找社群：找到目標客戶群

傳統的微信加好友方法有一個非常明顯的弊端，那就是效率非常低，而且加入的使用者也不一定是自己需要的，因此流量的精準性並不強。因此，經營者需要找到精準的使用者社群，這樣不僅效率高，而且流量非常精準。

雖然微信社群比較私密，不能像 LINE 群組那樣直接搜尋，但是經營者還是可以借助一些管道來找社群，包括微信搜尋、官方帳號、微博、豆瓣小組、搜狗搜尋、騰訊課堂、百度搜尋及透過其他非媒體的形式進行的宣傳活動等方式。

例如，經營者可以透過微信搜尋功能來找社群，進社群後再逐一添加群友，將其轉化為自己的私域流量。如果你的目標客群是職場人士，可在微信搜尋框中輸入「職場群聊」或者「HR 群聊」等關鍵字，即可出現相關的文章結果，文章中通常會有群主的微信號或是 QR Code，經營者可以加他們好友並請其拉自己進社群。

▶ 換粉引流：相似社群聯誼

相似的社群換粉引流（互換粉絲／好友）主要是找同行業、同類型的社群經營者，雙方的社群使用者有一定的共通性，可以結合做一些社群聯誼活動，換粉引流可以快速獲得更加精準的使用者族群。不過，選擇大於努力，換粉引流通常要尋找一些人數比較多的社群，可以優先選擇下面這些族群，如圖 4-18 所示。

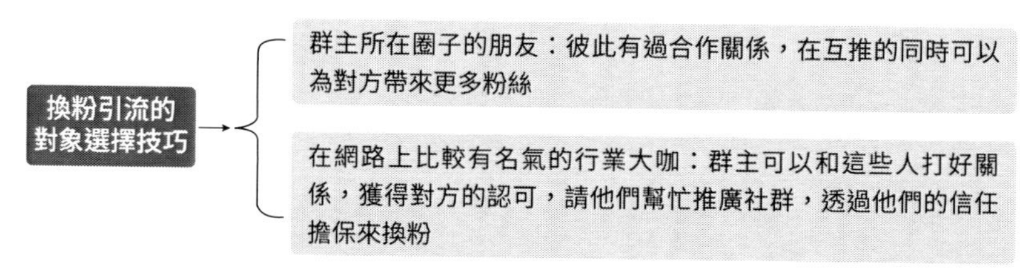

圖 4-18 換粉引流的對象選擇技巧

例如，專賣女裝的社群和專賣化妝品的社群成員都是女性使用者，而且消費品項會有很高的重疊度，因此換粉後的轉換效果也非常高。當然，在進行社群換粉引流的過程中，還需要掌握一定的營運技巧。

- 寫好引流文案，放上社群 QR Code 和「誘餌」。
- 選擇朋友圈閱讀量最高的時段進行互相推薦，如中午或晚上。
- 使用標籤對粉絲的推薦來源進行分類，以便於管理社群成員。
- 多與互相推薦獲得的粉絲進行互動，將其轉換為熟客。
- 堅持互相推薦，每天至少找一個朋友進行一次互相推薦。

▶ 價值引流：高品質內容吸引粉絲

與朋友圈一樣，社群也是傳播高品質內容的極佳社交管道之一，而被你的內容吸引，主動加你微信的人，這種使用者的品質也是最高的。例如，筆者就經常在社群中分享自己的經驗心得，大家的活躍度也非常高，因為這些內容都是他們眼下急需的，能夠給他們帶來收穫的東西。

我們可以將這些高品質內容發布到網路上，盡量去那些同類型的網路平臺發布，這樣吸引粉絲效果會更好。例如，經營嬰兒用品的使用者可以去辣媽幫、媽媽圈、寶寶樹等平臺發布內容，這樣吸引的都是精準的「寶媽」族群，因此社群的轉換率相對來說會更高，這種精準流量更具價值。

專家提醒

提高添加群內成員為好友通過率的技巧如下。

- 挑選目標群，如門檻較高的群、付費群等，這些群中的使用者信任度更強。
- 設置好自己的社群暱稱，在群內主動介紹自己。
- 了解群規，觀察其他人的發言內容，打好關係。
- 進社群後要多發有價值的內容，提高社群成員對你的好感度。

▶ KOL 引流：社群大咖分享

如果你本身的流量不足，也做不了高品質的內容，則可以找一些同行業的大咖合作，請他們幫你推薦社群。KOL（Key Opinion Leader，關鍵意見領袖）不僅有強大的流量，而且他們創作的內容往往能夠切中使用者的痛點，粉絲的忠誠度非常高，可以快速為社群聚集流量。KOL 的流量和關注度不容小覷，其引流優勢如下。

- 強大的粉絲流量，能夠密集覆蓋某一類型的使用者。
- KOL 的粉絲黏度很強，具有持久的粉絲關注度。
- 強大的話語權和影響力，對粉絲產生輿論引導作用。
- 在垂直領域具有號召力，擁有更深更廣的專業度。
- KOL 具有極強的購買推動力，粉絲轉換率非常高。

專家提醒

社群經營者可以利用 KOL 屬性來吸引粉絲，增加品牌曝光量，聯合 KOL 將高品質的經驗分享內容打造為「洗版現象」。

▶ 活動引流：高效裂變工具

社群引流活動可以跨越線上與實體等不同管道，包括娛樂或學習性質等方面的活動。與朋友圈活動相比，社群活動的內容更為豐富，而且經營者需要認真地考慮從策劃到宣傳活動的每一個環節，包括活動目的、品牌形象、執行能力及活動創意等。通常，透過辦一場活動，可以吸引很多使用者進入社群。

經營者可以使用進群寶、WeTool 等社群管理工具來輔助活動引流，提高使用者聚集度和社群營運效率。另外，在策劃社群引流活動時，經營者還需要為使用者提供一些小福利，增加活動的吸引力。

4.3.3　抖音短影音引流

我們在打造自己的專屬私域流量池時，首先可以從自己已有的平臺入手，這也是見效最快的流量來源管道。例如，抖音就是筆者最常用的一個短影音內容營運平臺，其是一個適合年輕人發布 15 秒短影音的社群。使用者可以透過抖音選擇歌曲，拍攝 15 秒的短影音，形成自己的作品並發布。

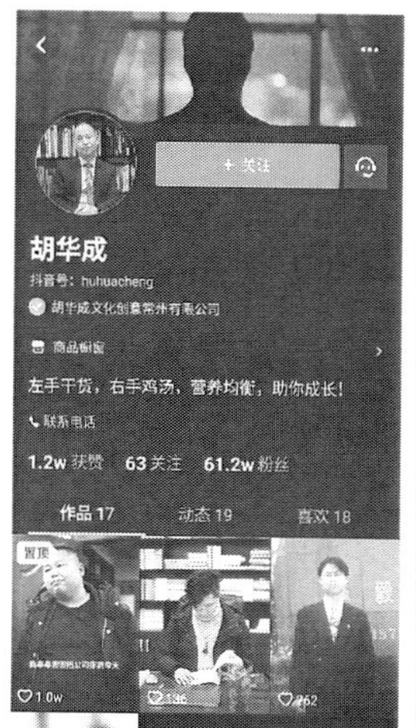

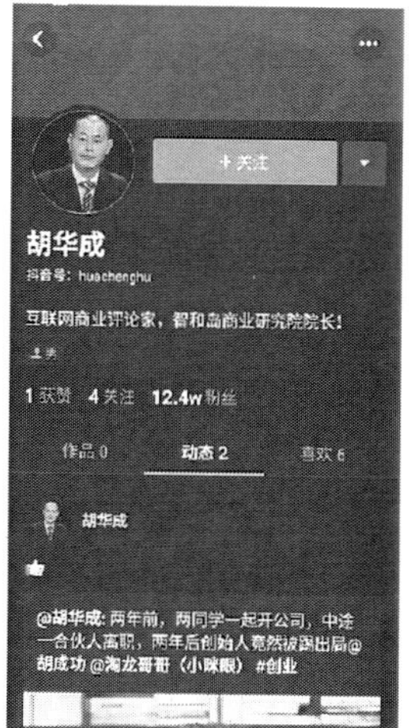

圖 4-19 筆者創建和經營的抖音帳號

圖 4-19 所示為筆者創建和營運的抖音帳號，累計粉絲超過了 70 萬名。這些粉絲都是筆者從抖音平臺引流過來的，當然這只是很小的一部分而已，可見抖音的引流潛力非常巨大。

面對那些越來越有個性、愛好越來越不同、媒體接觸習慣越來越碎片化的消費者，經營者只有抓住這種流量的風潮，才能更高效率、更低成本地精準接觸到使用者族群。下面介紹一些抖音導流微信的技巧。

- 在抖音帳號簡介中展示自己的微信號。
- 在抖音的個人暱稱裡展示微信號。
- 在短影音內容中露出微信號，如透過背景展現出來。
- 在抖音號中設置微信號，盡量設置為官方帳號。
- 在背景圖片中設置微信號，導流效果會非常明顯。
- 在個人大頭貼上設置微信號，注意大頭貼一定要清晰。
- 在上傳的背景音樂中設置微信號。

專家提醒

需要注意的是，不要在抖音中直接標註「微信」，可以用拼音簡寫、同音字或其他相關符號來代替。使用者的原創短影音的播放量越大，曝光率越大，引流的效果也就會越好。

另外，抖音的評論區和私訊也是一個引流的好地方。

- **評論區引流**：抖音短影音的評論區基本上是抖音的精準受眾，而且都是活躍使用者。使用者可以先編輯好一些引流話術，在話術中帶有微信等聯絡方式，在自己發布的影片的評論區回覆其他人的評論，評論的內容可以直接複製貼上引流話術。另外，經營者還可以關注同行業或同領域的相關帳號，評論他們的熱門作品，並在評論中打廣告，為自己的帳號或產品引流。
- **私訊消息引流**：抖音提供「發訊息」功能，一些粉絲可能會透過該功能給使用者發訊息，使用者可以經常查看，並利用私訊回覆來進行引流。

4.3.4
專業論壇引流

論壇的人氣是行銷的基礎，經營者可以透過圖片和文字等貼文與論壇使用者交流互動，這也是輔助搜尋引擎行銷的重要手段。在論壇中塑造經營者的影響力，能在很大程度上帶動其他使用者的參與，從而進一步引導潛在使用者關注經營者。

例如，百度貼吧就是一個以興趣主題及起來志同道合者的互動平臺，讓擁有共同興趣的網友聚集起來交流和互動。同時，這種聚集方式也讓百度貼吧成為自媒體經營者引流常用的平臺之一。下面筆者介紹一些透過百度貼吧為微信引流的技巧和注意事項。

- 用自己的微信號註冊貼吧使用者名稱。
- 透過業配文引流，內容要盡量真實，語氣接地氣。分段發布業配內容，這樣反應會更加熱烈。業配文最後加上「感興趣的請加我微信（見暱稱）」。
- 有重點地選擇貼吧，單純引流則可以選擇冷門貼吧。
- 善於結合當下熱聞，吸引更多使用者點閱。
- 不要在不同的貼吧中重複發同樣內容的貼文。在多個貼吧發文時，需要修改標題和內容。
- 標題要有吸引力，可以善加利用人的好奇心。

4.3.5 電商平臺引流

電商是獲得流量及利用流量推廣和行銷的主要通路之一。

▶ 較安全的引流方式

以淘寶為例，平臺內可以觸達使用者的管道包括阿里旺旺、簡訊、包裹卡片及通訊錄等，經營者可以透過這些相對比較安全的方法主動增加使用者，如圖 4-20 所示。

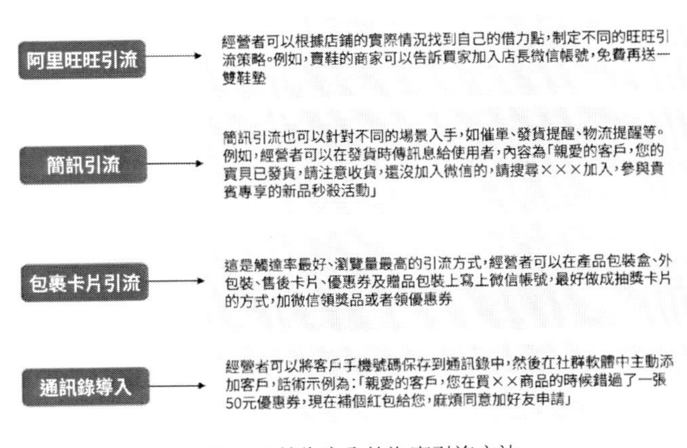

圖 4-20 較為安全的淘寶引流方法

▶ 有風險的引流方式

除了前面這些比較安全的淘寶引流方法外，還有一些高風險的淘寶引流微信方式，如圖 4-21 所示。建議經營者將微信號編輯到廣告圖片中，這種方式適合銷量好、經營時間長的老店，新店則要慎用。

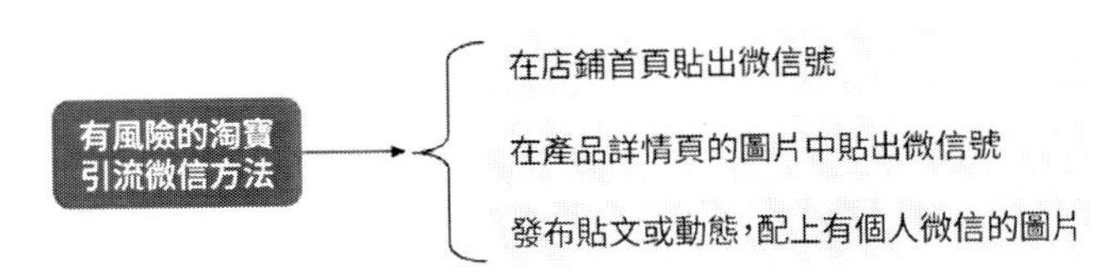

圖 4-21 有風險的淘寶引流微信的方式

4.3.6 實體活動引流

實體活動的種類眾多，如俱樂部活動、大型社交活動、旅遊活動、聚會活動及課程培訓等，這些都是人流集中的活動場合，經營者可以透過這些活動實現行銷引流，擴大自己的社交圈。

▶ 參加各種俱樂部活動引流

參加各種俱樂部活動是經營者獲得流量的一種好方法。俱樂部是一群志趣相投的人在一起交流的社交場所，這些人聚在一起時，可以針對共同的興趣愛好發表自己的看法，參與者之間的氛圍會比較融洽。

參加實體俱樂部活動還有一些小技巧，具體如下。

- **簽到處放置 QR Code**：經營者在參加俱樂部活動時，可以在俱樂部簽到處放上自己的 QR Code，方便別人快速地掃描添加微信。
- **為俱樂部活動提供贈品支援**：經營者在參加俱樂部活動時，可以為俱樂部提供一些帶有自己微信或者其他聯繫方式的產品，讓俱樂部送給每個活動參與者作為紀念品。

▶ 開設線下培訓活動引流

經營者可以針對自己掌握的技能開設相關的實體培訓課程活動，這些參與培訓的使用者就可以成為自己的人脈資源。

注意：每個人一定都是「先生存後發展」，因此前期的培訓課程要盡量免費或者低價，同時還要為使用者帶來一些實際價值和驚喜感，讓他有所收穫，這樣他才會更積極地去幫你分享，擴大你的影響力。

▶ 參加各種比賽活動引流

經營者若想獲得更多流量，還可以去參加領域內的各種比賽活動，如創業大賽、攝影大賽、演講比賽等。

經營者在參加各種比賽時需要清楚活動的規模，要盡量選擇那些規模大的，這樣參與人員才會多，關注的人也會更多，對提升經營者自身的知名度和影響力都會有幫助。

▶ 參加社會公益活動引流

在我們的生活中會有各式各樣的公益活動，經營者也可以積極地去參加這些社會公益活動。

參加社會公益活動不僅能讓自己對社會做出貢獻，在粉絲中樹立好形象，傳播正能量，還能在活動中拓寬人脈圈，獲得流量。另外，如果經營者被媒體關注到，那麼所獲得的關注度會迅速增加，獲得意想不到的好處。

多參加公益活動，不僅能真正地幫助別人，也能幫助自己的事業，對樹立自己的團隊形象、樹立品牌形象都很有幫助。

4.3.7 百度陣營引流

百度是人們獲取資訊、查詢資料的重要網路平臺，利用得好，引流吸引粉絲會更有效率。百度陣營引流有以下幾個主要途徑。

▶ 百度百科

在百度上搜尋某一個關鍵字時，排在首頁裡的一定少不了一個詞條，即和你搜尋的關鍵字相關的百度百科。經營者可以將自己的名字、官方帳號或者產品等資訊編輯到百度百科中，進行吸引粉絲引流，如圖 4-22 所示。運用百度百科引流具有 4 個特點，即成本低、轉換率高、品質高、具有一定的權威性。

圖 4-22 利用百度百科進行引流

▶ 百度知道

「百度知道」是一個分享提問與答案的平臺，百度知道引流法是指在百度知道上透過回答問題的方式，把自己的廣告有效地嵌入回覆中的一種方式，它是問答式引流方法中的一種。

▶ 百度文庫

百度文庫是一個網路分享學習的開放式平臺，利用百度文庫進行引流的關鍵點共有 2 個。

- **設置帶長尾關鍵字的標題**：百度文庫的標題中最好包含想要推廣的長尾字，如果關鍵字在百度文庫的排名較靠前，就能吸引不少的流量。
- **選擇的內容品質要高**：在百度文庫內容方面，推廣時應盡量撰寫、整理一些原創內容，如把一些精華內容做成 PPT 上傳到文庫。

▶ 百度經驗

百度經驗的權重雖然沒有百度百科、百度知道和百度貼吧那麼大，但是百度經驗作為一個高品質的外部連結，效果是非常好的。百度經驗引流的方法如圖 4-23 所示。

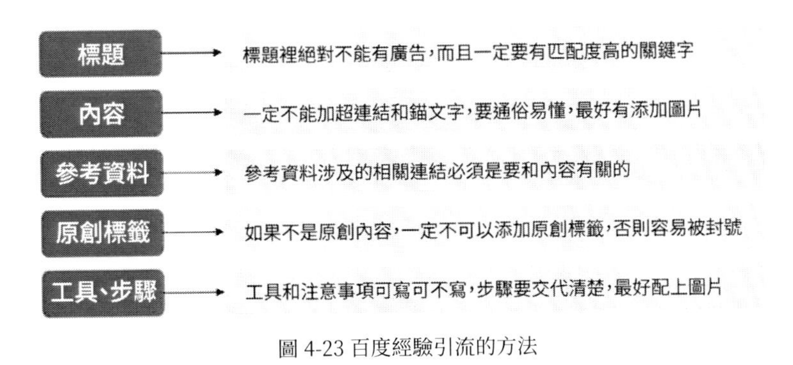

圖 4-23 百度經驗引流的方法

▶ 百度搜尋風雲榜

如何利用百度熱門關鍵字來進行引流呢？首先在電腦上打開「百度搜索風雲榜」，尋找熱門關鍵字，從熱搜榜、即時脈搏就能夠知道哪些關鍵字在百度上被搜尋的次數較多，這些被搜尋次數較多的關鍵字就稱為「熱門字」。經營者可以結合「熱門字」發布業配文，將自己的產品與關鍵字融合，在各大入口網站、論壇等發表這些融合了關鍵字的業配文。這樣只要使用者搜尋關鍵字，就能看到相關的內容。

4.3.8
自媒體管道引流

常見的自媒體引流管道包括今日頭條媒體平臺（頭條號）、一點資訊（一點號）、搜狐公眾平臺、簡書、騰訊內容開放平臺（企鵝號）、百度自媒體平臺（百家號）、阿里大文娛平臺（大魚號）及網易新聞（網易號）等。

例如，今日頭條自媒體平臺可以幫助經營者擴大自身的影響力，增加個人的曝光率和關注度。如今，很多已經成為超級 IP 的網路紅人都開通了今日頭條媒體平臺來傳播自己的品牌，以及實現個人商業模式的變現目標。

自媒體平臺為個人微信號引流的主要方式也是業配的形式。圖 4-24 所示為筆者的官方帳號發布的自媒體文章，在文章底部順勢放入「關注公眾號」按鈕，以進行引流。即使粉絲數量不多，只要內容好就能獲得推薦，甚至會被推薦給更廣泛的族群。

圖 4-24 透過內容引流示例

另外，除了內容引流外，使用者也可以在今日頭條媒體平臺的簡介區放上微信帳號進行引流，但要盡量提供給使用者一些利益，以吸引他們主動加入好友。

第 5 章
百萬 IP：打造屬於你自己的個人品牌

當我們有了自己的人生規劃和興趣價值，同時也成為一名優秀的「單槓青年」或「斜槓青年」時，會慢慢累積起自己的私域流量，這也許可以收割一批流量紅利，但是長久下去往往會涸澤而漁。因此，我們需要同時打造自己的個人 IP（智慧財產權），結合個人商業模式和個人 IP 來實現更加長久的變現營運。

5.1 形象包裝：宣傳的本質是包裝升級

個人 IP 的品牌建設是個人商業模式的階段性目標，同時個人 IP 打造成功之後也還有下一步的發展目標，即是擴大 IP 的商業化和實現品牌的企業化。

本節主要向讀者介紹在自媒體時代打造高級個人 IP 品牌的 6 項素養修練，幫助大家進行形象包裝，贏得使用者的好感，增加信任感，也提升自己的存在感。

5.1.1 帳號名稱：你是誰？你是做什麼的？

在自媒體平臺中，擁有一個得體又很有特色的帳號名稱是非常重要的。對普通人來說這個名稱可能無關緊要，只要自己高興便好；但對於自媒體的經營者來說，就要仔細斟酌，再三考慮。因為每個經營者都有著自己不同的目標，要為好友們呈現出獨特的理念才行，所以帳號名稱一定要有很高的識別度，要打造出一個「網紅」名字，把經營者變成「網紅」。

帳號名稱的整體要求是：告訴大家你是誰，以及你是做什麼的。同時，帳號名稱還要考慮兩點：易記、易傳播。只有掌握好重點才能取一個滿意的名稱，如圖 5–1 所示。

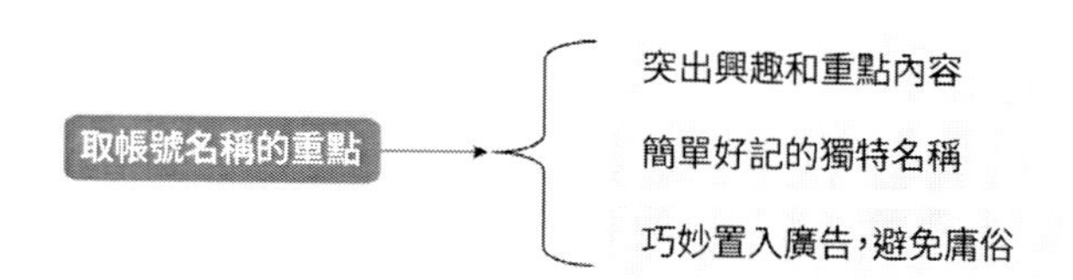

圖 5–1 起帳號名稱的要點

在取名時還要避免以下這些錯誤。

- 沒有漢字，全是符號。
- 使用負能量字眼。
- 名字前面加很多 A。
- 名字太長，沒有重點。

說了這麼多，其實還是在建議取一個簡單好記的帳號名稱，如筆者大部分自媒體平臺的帳號名稱就是自己的名字，這樣做主要有以下兩點好處。

- 增加信任感：讓使用者有一種親近的感覺。
- 方便使用者記憶：讓人難以忘記。

其實使用自己的真名對於增加粉絲信任度是很有幫助的，因為自己的金融卡等重要資料都是實名制，使用者看到是真實名字，會產生好感。但如果不想讓自己的名字變得眾人皆知，使用網名也不失為一個好方法。

專家提醒

需要注意的是，如果直接使用廣告作為帳號名稱，其實是很危險的，要慎用。因為使用者的眼睛是雪亮的，一旦看到廣告就會產生一種排斥情緒。

5.1.2
個人大頭貼：用哪種類型的大頭貼最好？

除了帳號名稱以外，自媒體的個人大頭貼應該是最引人注意的內容。在微信好友列表中可以看到朋友們的大頭貼通常是各式各樣的，而不同的大頭貼有著不同的心理活動。擁有一個別出心裁的大頭貼，能夠得到使用者的好感和信任感。

- **用生活照做大頭貼**：對自己的接納度較高。
- **用證件照做大頭貼**：中規中矩。
- **用藝術照做大頭貼**：有較強的自我中心傾向。
- **用童年照做大頭貼**：較感性，覺得過去美好。
- **用家人照片做大頭貼**：有很強的依賴性。
- **用卡通圖片做大頭貼**：思想較開闊。
- **不用大頭貼**：性格較粗獷。

個人大頭貼的設置也是有技巧的，要根據自己的風格定位來設置，主要從以下幾個方面著手，如圖 5–2 所示。

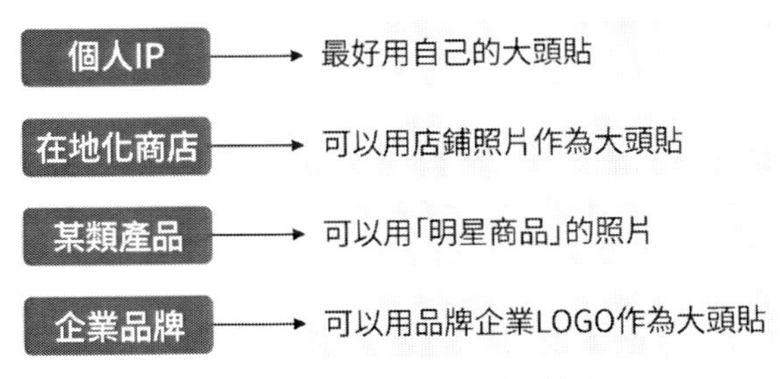

圖 5–2 自媒體大頭貼設置的技巧

大部分經營者通常會選擇使用自己的照片作為大頭貼，如筆者採用的就是這種方式，如圖 5–3 所示。這樣做更加地具有真實性，會增強好友的信任感，因為自媒體個人商業模式的核心是人與人的關係，要建立起彼此之間的信任，用自己的照片是最合適的。

圖 5–3 筆者的官方帳號和微博大頭貼都是本人照片

5.1.3
個性簽名：粉絲關注你能得到什麼？

個性簽名即是能充分表現自己的話語（簽名），是在自媒體平臺上展現經營者資訊的重要內容，如圖 5–4 所示。

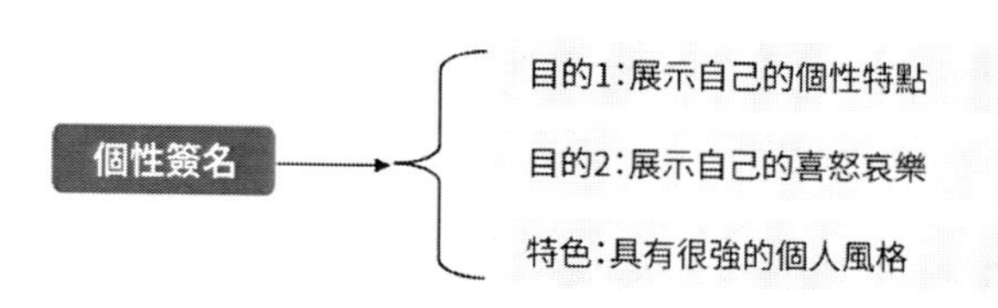

圖 5–4 個性簽名簡介

個性簽名會給使用者留下第一印象，所以要特別注意自己的個性簽名。例如，在微信中，個性簽名會顯示在通訊錄中，在好友搜尋到你並且將要添加你時，肯定會查看你的個人資訊，這時個性簽名就是一個加分項目。

在個性簽名中最好不要直接出現產品資訊，個性簽名的內容就好比現實生活中的名片文字介紹，在很大程度上決定了你能夠獲得的粉絲數量。只有那些自然、有格調的文字介紹，才會吸引他人的注意，讓別人產生繼續溝通的興趣。

5.1.4 封面背景：充分展示你的背景和頭銜

在微信朋友圈、微博、抖音、快手等自媒體平臺中都需要設置背景牆封面照片，這是一個與暱稱和大頭貼不一樣的個性設置場所，其特點如圖 5-5 所示。

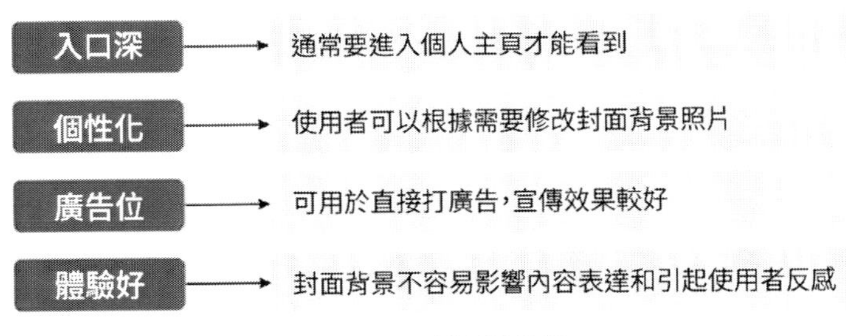

圖 5-5 封面背景的特點

從位置展示的出場順序來看，大頭貼是自媒體人的第一廣告版位；但如果就效果展示的充分程度而言，背景牆圖片的廣告欄位價值更大，因為其可以放大圖和更多的文字內容，更全面充分地展示個性、特色、產品等。

例如，微信朋友圈中的背景牆照片其實就是用大頭貼上背景的全景照片當成封面，如圖 5-6 所示。這張背景牆照片的尺寸比例為 48mm×30mm 左右，因此大家可以透過「圖片 + 文字」的方式，盡可能地將自己的產品、業務、特色、成就等內容在此處充分展示出來。

圖 5-6 微信朋友圈中的背景牆照片示例

5.1.5
地理位置：打造獨特的個人「定位語」

在抖音、微信朋友圈、微博等平臺發布內容時，都可以添加自己的地理位置。更特別的是，經營者可以透過該功能為自媒體營運帶來更多的突破點，如果利用得當，甚至可以說是給自己又免費開了一個宣傳廣告欄位。

下面以朋友圈為例，介紹在動態內容中添加地址資訊的操作方法。

1. 編輯一條朋友圈資訊，並點擊「所在位置」按鈕，進入「所在位置」界面。點擊「搜尋附近位置」按鈕，輸入一個地理位置進行搜尋，在彈出的搜尋結果中點擊「沒有找到你的位置？創建新的位置：」按鈕，如圖 5-7 所示。
2. 執行上述操作後，彈出「創建位置」界面，就可以填寫地點等資訊，下面還可以填上電話號碼方便對方聯絡商家，如圖 5-8 所示。點擊「完成」按鈕，這樣就設置完畢了。

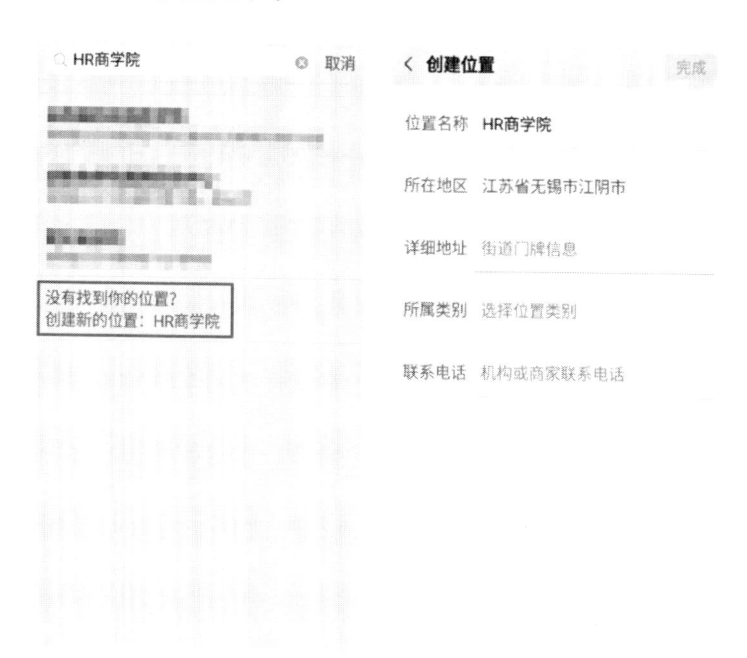

圖 5-7 點擊相應按鈕　　圖 5-8 填寫「創建位置」資訊

專家提醒

一個真正成功的自媒體個人商業模式經營者應該能夠合理地利用每一個小細節來進行自我宣傳。地理位置資訊這個小細節的設置難度並不大，僅僅是利用微信中的自定義位置的功能就能夠成功設置。

5.1.6 招牌動作：在粉絲腦海形成「視覺錘」

無論是哪個時代，一個具有遠大理想、勇於奮鬥的人都更容易引起人們的關注和鼓勵。因此，經營者在自媒體平臺上一定要形成自己的獨特標籤，除了大頭貼、名稱和背景等帳號設置外，還可以養成自己的「招牌動作」，來加深使用者對經營者的記憶。

例如，前美國職業籃球運動員俠客．歐尼爾（Shaquille Rashaun O'Neal）在每次進球後都喜歡走「霸王步」，給人留下了鯊魚般兇猛有力的形象，於是大家給他取了一個綽號——「鯊魚」。

經營者一旦設計了自己的招牌動作，就需要在每次有曝光機會時都使用這個招牌動作。因為招牌動作如果只出現一次，是不會被使用者記住的，想要讓自己的招牌動作深入人心，就必須增加它的曝光次數。

例如，短影音創作者「多餘和毛毛姐」因為一句「好嗨哦」的背景音樂而廣為人知，其短影音風格能夠帶給觀眾一種「熱熱鬧鬧」的即視感。有趣的內容不僅能讓人捧腹大笑，而且還可以讓人的心情瞬間變好起來。

當你的招牌動作出現次數比較多時，就會很容易在使用者腦海中造成「視覺錘」的作用，以後使用者只要看到這個動作，就會聯想到你。但是經營者要注意，招牌動作要盡量設計得簡單、有特點比較好，太複雜的動作在拍照時也會很麻煩。

專家提醒

經營者要讓人覺得自己積極向上，有很強的上進心，努力奮鬥，讓人感受到妳個人的熱情與溫暖。這樣不僅能夠激勵使用者，並且還能提高他人的評價與看法，吸引人們的關注，讓大家更加信任並支持你。

5.2 打造個人品牌：你就是超級 IP

全民創業時代，「得 IP 者得天下」，你有自己的 IP（智慧財產權）了嗎？

網際網路就像是一個放大鏡，它不僅拓寬了我們的視野，也放大了我們每個人的欲望。由於現在問答形式的流行，我們發現網上都是月入過萬的使用者，月入幾十萬元的使用者也多如牛毛。看到這些使用者之後，我們常常會自問一番，憑什麼我現在還在拿著幾萬元的薪水？

我不想繼續這樣下去了，我要創業，可是我手頭只有十幾萬元怎麼創業呢？

現在隨便租個店面，進貨都是幾十萬元的成本，十幾萬元恐怕只夠交房租。

難道我們的創業之路將就此終結嗎？

誰說創業就一定需要很大的資金？現在已經是自媒體時代了，只需一條網路線，一臺電腦就可以創業。自媒體時代為我們每個人打開了低成本創業的大門。

但是門檻越低的創業，就意味著競爭越激烈，那麼我們如何讓自己在這個時代分一杯羹呢？最重要的就是打造自己的強 IP，讓別人一下就能想到你。

道理我們都懂，可是如何打造自己的 IP 呢？本節將告訴你答案。

5.2.1
揚長避短：專注自己擅長的領域

每個人都有自己的優點，只是自己有時很難發現。

在自媒體時代，我們最主要的任務就是做自己擅長的事情，因為在這個「時間就是金錢」的時代裡，沒有太多時間和機會去學習太多的技能。

如果你唱歌特別好，那就把自己唱歌的影片錄好，發送到多個平臺即可；如果你會跳舞，那就只發給粉絲跳得最好的舞蹈即可；如果你別的都不會，但是養豬特別在行，也可以在網上分享養豬的心得或者影片。

因此，要打造個人品牌和超級 IP，就必須去做自己擅長的事情，切忌盲目地模仿別人。例如，當你看到李佳琦分享的口紅很熱門，就去模仿他拍攝塗口紅的影片。最後，費了一番工夫下來，不僅沒有多少粉絲，而且還會讓你變成一個「四不像」。

一個真正的個人 IP（智慧財產權）都有自己鮮明的風格，因為只有這樣才能被大眾記住。所以，經營者只有在自己的專業領域突破、創新，在這個過程中打造屬於自己的風格特色，才能吸引使用者關注。

5.2.2
精準定位：在某個領域垂直深耕

如今，由於平臺的相似性越來越高，因此使用者對於平臺的依賴性正在逐漸降低，轉而更加關注經營者和產品本身。在這種情況下，各個細分領域的行家擁有更多的粉絲和流量，這代表著他們的主動性更強，更有能力實現變現。

普通人若想打造個人 IP（智慧財產權），首先需要一個明確的核心價值觀，即平常我們所說的定位，也就是你能為使用者帶來什麼價值。因此，在確知自己特長的前提下，經營者需要找好自己的定位。例如，你目前做的是職場領域還是職業教育，或是 NBA 新聞等，一定要專注在某個領域，然後進行內容的深耕。

選擇好領域後，就要定位自己的目標族群。因為我們盡心盡力地做了這麼多內容，不僅僅是給自己看的，而是要進行商業變現。例如，經營者對母嬰產品及產業鏈很清楚，則可以圍繞母嬰話題展開內容，那麼目標使用者毫無疑問就是「寶媽寶爸」；如果經營者的內容定位為「養生」，那麼則要瞄準中老年市場。

個人 IP 需要找到自己的精準目標客戶族群及其痛點需求，這是因為弄清楚了這一問題，可以有以下兩方面的好處。

- 可以幫助自己生產出更符合使用者需求的內容或產品，這樣的產品自然能夠成為最受使用者歡迎的產品，同時這樣的產品也是最具市場競爭力的產品。
- 可以幫助自己在後期的商業宣傳、推廣過程中更有針對性地進行推廣，減少宣傳、推廣過程中的一些不必要事項，從而達到更好的推廣效果。

經營者首先要辨認清楚使用者的全部需求，然後針對需求決定產品的主要功能，接下來根據目標使用者的族群偏好選擇優先打造的內容或產品，最後再確認使用者對產品形成的核心需求。精準定位的相關技巧如圖 5-9 所示。

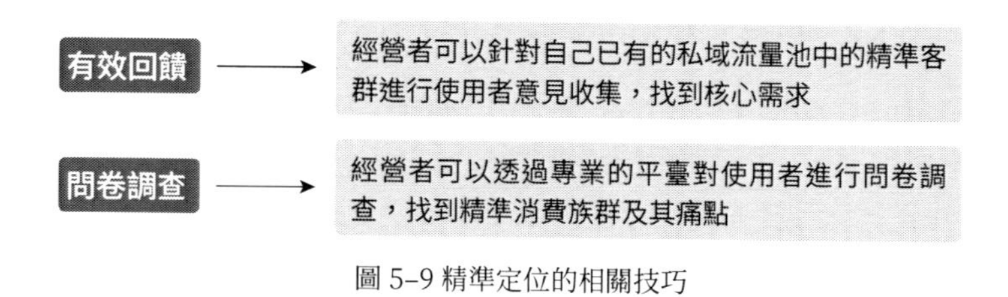

圖 5-9 精準定位的相關技巧

當價值觀釐清了以後，經營者才能更輕鬆地做出決定，對內容和產品進行定位，然後朝著一個方向努力，突出自身獨特的魅力，從而得到使用者的關注和認可。個人 IP 經營者要明白一個道理：你是一個怎樣的人並不是最重要的，重點在於在別人眼中的你是個怎樣的人。因此，精準定位是為了形成精準的使用者畫像，找出個人標籤，從而告訴別人你是誰，對他有什麼作用和價值。

5.2.3
加強記憶：打造有辨識度的特色

在有了較好的定位之後，接下來要做的就是如何讓別人徹底記住你，最好是達到讓大家看到口紅就能想到李佳琦的效果。

我們可以針對抖音、快手等自媒體平臺上的一些極具辨識力的「網紅」進行研究，你會發現他們都有自己專屬的口頭禪或者固定開場語。這是多餘的嗎？當然不是，因為這都是他們團隊早就設計好的。

之所以一遍又一遍地重複，就是為了加強自己的 IP 獨特性。例如，「白癡公主」慣用的開場語為：「哇洗北七，北七洗哇」再或者李佳琦經常說的：「Oh my god，這也太美了吧？」他那誇張的表情，目的就是強化自己的 IP。

這樣做有什麼好處？人們只要聽到這句話，就會立刻想到那個對應的人。如果說這句話的不是對應的人，人們立刻就能想到他是在模仿哪個「網紅」。這就是 IP 的辨識度，可以讓你在無形之中產生影響力，這也是自媒體成功的基礎。

當然，如果你只想做一個「小網紅」，則只需要每天去網上露個臉，刷一下存在感即可。但是，如果你想打造成個人 IP，還需要學會推廣和經營自己，培養有辨識度的人格化 IP 氣質，具體如圖 5-10 所示。

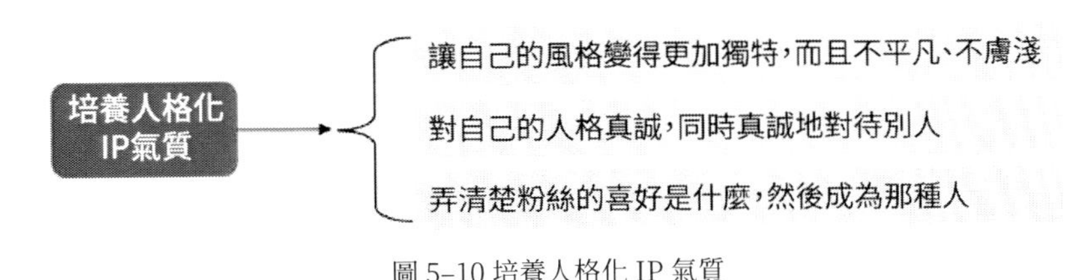

圖 5-10 培養人格化 IP 氣質

俗話說「小勝在於技巧，中勝在於實力，大勝在於人格」，在網路上這句話同樣有分量。那些已經成名的個人 IP 之所以能受到大家的歡迎、容納，其實也從側面說明了他具備一定的人格。

5.2.4 打破認知：快速增加你的知名度

如果經營者都是中規中矩地出現在各行各業中，則容易掩蓋了自己的閃光點。如何才能快速增加自己的知名度？那就是需要打破人們的認知。

以口紅為例，人們一般會以為擦口紅肯定是女生的專利，其實不然，李佳琦就專門從這個角度出發，打破了人們傳統的認知，因此被人們快速記住。

打破認知，其實就是故意造成人們認知的反差，從而讓你更具有話題性。例如，一般賣豬肉的都是特別彪悍、特別強壯的人，而如果一個穿著制服的美女揮著大刀去賣肉，也很容易讓人們記住，這就是顛覆認知。

5.2.5 粉絲變現：持續輸出優質的內容

在有了以上 4 個個人 IP 的屬性之後，經營者還需要最後一個屬性，即具備持續輸出高品質內容的能力，快速實現內容的變現，打造自媒體個人商業模式的閉環。經營者要提升流量，吸引使用者的關注，提升使用者的留存率，都必須要有足夠優質的內容，這是實現這些目標的基礎，如此才能讓個人 IP 持續獲得使用者的認可。因此，經營者必須定期更新內容，內容最好與熱門事件接軌，但是要注意尺度。否則，徒有如此多的粉絲而不能變現，還會讓你的個人商業模式陷入僵局。

個人 IP 的內容多以文字、圖片、語音、影片等形式來表現主題，如果想要自己的內容脫穎而出，就必須打造符合使用者需求的內容，做好內容經營，用高價值的內容來吸引使用者，提高閱讀量，帶來更多流量和商機。

專家提醒

作為普通人打造個人 IP 的重要條件，創作內容如今也出現年輕化、個性化等趨勢。要創作出與眾不同的內容，雖然並不要求有多高的學歷，但至少要能展現一些有價值的東西出來。從某種方面來看，學識和閱歷的多少直接決定了內容創作水準的高低。

5.3 個體崛起：垂直領域 IP 的修練攻略

IP 的價值越來越被人們所重視，個人 IP 是未來的商業模式。不管是誰，只要有一技之長，或者有特別之處，都可以透過自己的努力來打造個人 IP，探索更多人生的可能，抓住更多的商業機會。即使是普普通通的人，在自媒體時代也有很多成名的機會。

當你在羨慕那些爆紅 IP 時，是否也曾思考過自己要怎樣從無到有去打造個人 IP 呢？本節從企業執行長、垂直電商、微商、職場人士及自媒體人等多個領域介紹從無到有打造垂直領域個人 IP 的方法。

5.3.1 企業執行長如何打造個人品牌？

企業執行長要做個人 IP 首先要清楚自己的定位，而且這個定位應該是某個領域的專家。因為企業執行長做個人 IP 的主要目的通常是擴大品牌的知名度，如果連自己都不夠專業，那使用者很難去信任你，更不會信任你的品牌。

確認好專業的定位之後，企業執行長要建立一套自己的思想理論，這套理論應該主要針對企業的產品，如產品的含義、功效等。有了自己的思想理論之後，企業執行長可以創作一些與產品相關的專業性內容，發布在各個自媒體平臺上。

企業執行長也可以出版與產品相關的專業圖書。例如，公司的產品是玉石首飾，那麼企業執行長就可以出版一本如何分辨及鑑定玉石的書，建立自己的專家形象。另外，做公開演講也是很好的選擇，演講具有很好的感染力，能將個人的思想清楚地傳達給大眾。

企業執行長的個人 IP 通常是與自己的事業或品牌共同進退的，打造個人 IP 後，可以極大程度地降低引流成本。例如，格力電器董事長董明珠曾經說過：「請成龍做廣告要花 1,000 多萬元，自己做廣告則一毛錢都不用花。」這就是企業執行長個人 IP 價值的很好證明。

董明珠透過為自己的產品代言，不僅節省了大量的廣告費用，更大的好處在於將自己打造成了一個大 IP。同時，她成功的創業經歷也具有很好的勵志效應，很容易引發使用者的共鳴。在大家看來，董明珠是一個非常能幹的人，從而間接提升了人們對於其產品的信任度。

另一個創業者 IP 的經典案例便是與董明珠有過 10 億元賭約的雷軍。早在 2013 年，雷軍和董明珠在「中國經濟年度人物」頒獎典禮上立下一個「賭局」。雷軍表示：「五年內小米營業額將超過格力。如果超過的話，希望董明珠能賠償自己一元。」此時的小米剛成立 3 年，就達到了 300 多億元的年營收。而此時的格力已創立了 20 多個年頭，年營收是小米的 4 倍左右，達到了 1,200 多億元，因此董明珠也非常有骨氣地說：「要賭就賭 10 億。」此後的幾年裡雷軍帶著小米拚命追趕，雖然最終沒能追上格力，但在 2018 年的全年總營收也達到了 1,749 億元，淨利潤超過市場預期。

小米看似失敗了，但在競爭非常激烈的手機市場中卻是非常成功的創業了企業，這自然離不開雷軍的功勞，他也成為名副其實的「網紅」企業家，其微博上的粉絲已達到了 2,000 多萬名，今日頭條媒體平臺的粉絲也有 400 多萬名。

雷軍的創業故事彷彿小說一樣，非常精采，甚至連一句隨意說出的「Are you ok？」也被網友們加上了魔性的旋律，製作為一首「神曲」，一度占領網易雲音樂的 TOP 榜。據悉，這首網路神曲在平臺上的點閱量接近 2,000 萬次，使用者留言接近 15 萬條。

那些企業「大老闆」往往都是非常神祕的人物，很少有人知道他們的動態，但雷軍卻反其道而行之，放下了富商的架子，給大家留下了極為親民的形象。雷軍經常在各種媒體通路上推廣自己的產品，甚至透過直播這種新媒體的管道積極與粉絲互動，首場直播秀就收獲了 8 萬名粉絲。

雖然雷軍從來沒有正式代言過小米，但他卻是小米實際上最大的代言人，他不遺餘力地宣傳自己的品牌，甚至還親自出演產品的宣傳影片。美國《財富》雜誌發布的「2019 世界 500 強排行榜」中，剛成立 9 年的小米排在第 468 位，成為世界 500 強中最年輕的公司。

從上面兩個案例中我們可以非常清楚地看到，當企業執行長將自己包裝成個人 IP 後，帶來的流量價值是不可估量的。因此，即使你的事業再渺小，即使你的起點非常低，也要打造個人 IP，展示個人形象價值，占領人們的心，提升愉悅體驗。企業執行長打造個人 IP 的主要價值如下。

- 更容易與周圍的人、使用者、粉絲產生連結。
- 個人 IP（具有更強的鮮活度和立體感，易於建立信任。
- 可以呈現更真實的自己，容易引起使用者的情感共鳴。
- 個人 IP 用人格化演繹，會帶來更多情感溢價空間。
- 個人 IP 能夠衍生周邊產品，帶來無形資產的增值。

5.3.2
垂直電商如何打造個人品牌？

現在電商平臺的競爭非常激烈，所以很多電商賣家都開始轉型，去微信、微博、抖音、今日頭條、快手、小紅書等平臺上銷售產品。但是，按照現在的發展趨勢，垂直電子商務和個人 IP 的結合才是最好的銷售產品的方式。那麼垂直電商要轉型為個人 IP 該怎麼做呢？主要有以下幾點。

- 只有將產品、服務和消費者需求都做到統一，才是真正的垂直電子商務；而垂直電商轉型為個人 IP 也需要樹立在自己垂直領域的專業形象，才能吸引忠實顧客。
- 定期推出新產品，即每個月都要設置一個新的產品主題，該主題要與電商的垂直領域有關，以便於建立電商的品牌理念。
- 在內容中結合熱門事件、節日行銷等方式，不斷地推廣自己的品牌和品牌的理念，擴大影響力。

對於垂直電商來說，打造個人 IP 有利於提升自己的議價能力。例如，被稱為「帶貨女王」的薇婭，，就是透過強大的直播帶貨能力讓自己成為一個超級 IP。

在薇婭直播帶貨過程中，她的語言樸實，這樣會讓使用者覺得該主播可靠，為人實在，能使人產生信任感。同時，薇婭直播帶貨的產品都是她親自體驗過的，在態度上可以給使用者很誠懇的感覺。除此之外，最讓人佩服的是薇婭曾在直播間成功賣過總價 4,000 萬元的「火箭」（買到的是火箭發射與品牌服務），不得不讓人佩服薇婭的帶貨能力。

當然，若想成為個人 IP，首先需要有明確的核心價值觀，即平常所說的產品定位，也就是能為使用者帶來什麼價值。我們在打造個人 IP 的過程中，只有在確認價值觀以後，才能輕鬆地做出決定，對內容和產品進行定位，才能突出自身獨特的魅力，從而快速吸引人們的關注。

在打造個人 IP 的過程中，我們還需要培養自身的正能量和親和力，可以將一些正面、時尚的內容以溫暖的形式第一時間傳遞給粉絲，讓他們產生信任，在他們心中形成一種具備人格化的偶像氣質。

有人說，在過分追求「顏值」的年代，想達到氣質偶像的級別，首先還是要培養人格化的魅力：① 個性上獨特、不平凡、不膚淺；② 保持和維護好人物設定；③ 人設設定符合自身外在形象氣質。

5.3.3 微商如何打造個人品牌？

現在的微商被封鎖的情形很多，大部分人總是不太信任微商的產品，所以微商最重要的就是獲得使用者的信任。其實，將自己打造成個人 IP，有了知名度以後，微商也可以獲得使用者的信任。

微商要打造個人 IP 需要注意以下幾點。

- 不要天天洗版賣產品，並且在賣產品之前要維護好和使用者之間的關係，如多幫使用者解決一些生活中的問題，以此獲得使用者的信任。
- 不要為使用者推薦不適合他的產品。例如，商家賣的是滋潤型的護膚品，那麼皮膚總是出油的使用者就不適合這個產品，這時商家千萬不要為了賣出產品而進行推銷，那只會失去使用者的信任。
- 當使用者向商家諮詢產品方面的問題時，商家要能夠給出合適的解決方法，並引導使用者購買合適的產品。

5.3.4 職場人士如何打造個人品牌？

職場人士做自明星的好處有兩個：一是提高知名度，晉升會更快；二是有了知名度以後，獲得的薪水會更高。如今，對於職場人士來說，並不是埋頭苦幹就能被上司賞識的，上司每天思考的是公司的未來和發展，並不會從公司那麼多人中看到一個埋頭苦幹的下屬。所以，職場人士需要主動讓上司看到自己的價值，而獲得上司關注最好的辦法就是將自己打造成個人 IP。

那麼職場人士將自己打造成自明星需要怎麼做呢？具體有以下幾個步驟。

1. 職場人士要先清楚現在市場上需要什麼樣的人才，你必須要有一個符合市場的定位，即某個領域的專業人士。
2. 借助自媒體平臺發布自己的內容，影片和文章都可以，總之要將自己的專業技能都展現出來。

3. 在公司的網站或論壇裡發布自己的內容，讓公司的人都知道你是某個領域的專家。

對於職場人士來說，個人 IP 就是自己的招牌，可以透過這種招牌形成一定力量和範圍的傳播，讓自己在激烈的市場競爭中脫穎而出，成為企業中不可替代的人，掌握更多職場話語權。

在通常的情況下，職場人士的個人 IP 適合走專業路線，即擁有精湛的職場技能，成為某個垂直領域的專家。例如，播音專業人士有三級播音員、二級播音員、一級播音員、主任播音員、播音指導等職稱，那麼想在播音領域發展的人就要不斷提升自己的播音能力，努力成為一名播音指導，成為這個行業的「領頭羊」。

要成為職場人 IP，樹立個人的形象和代表性，職場人士還需要掌握一些職場攻略和成功技巧。

- 成為職場領袖，不僅要有威信，還要有影響力和號召力。
- 能夠幫助同事解決各種職場問題，得到尊重和信任。
- 做好本職工作，待人真誠、平等，贏得大家的認可。
- 為客戶創造價值，如幫助客戶解決困難或者幫助客戶獲得成功。
- 處理好上下級的關係，並能夠創建和管理好一支優秀的團隊。
- 透過各種管道學習，上下求索，提升自我。
- 保持一如既往、堅持不懈的心態，只求耕耘，不問收穫。

5.3.5 自媒體人如何打造個人品牌？

做自媒體必須走個人 IP 之路。如今，自媒體的概念得到了很好的擴展，很多成功打造個人 IP 的自媒體人都能夠憑藉自己的吸引力擺脫單一平臺的束縛，在多個平臺、區域獲得流量和好評。

▶ 內容為王：做有價值的內容

做自媒體有一個基本原則，那就是「內容為王」，經營者必須要投入大量的時間創作某個細分領域有價值的內容，這才是「王道」。

那麼什麼是有價值的內容呢？例如，對於「悟空問答」平臺上使用者提出的問題，你能用獨特的觀點闡述並做出被採納的答案。這裡面「被採納」最為重要，一定要給出會被採納的內容，而不是僅給出簡單回覆的內容，這兩者的區別很大。舉一個筆者身邊的案例，筆者在今日頭條上認識了兩位大咖，一位叫「老鬼歸來」，另一位叫「管理那點事」，他們兩位做自媒體給我的感覺就是專注、用心、持續這 3 個標籤。

- 專注是什麼？專注就是他們能夠專注於自己最擅長的領域，持續輸出有價值的內容。
- 用心是什麼？用心就是對待使用者提出的每一個問題，都能花費 30 ～ 60 分鐘去思考而做出解答，並且持續自我閱讀思考、修改更新，呈現出最具有採納價值的內容，分享給提問者。
- 持續是什麼？持續就是每天都能貢獻 3 ～ 8 篇有價值、有營養和讓使用者有收穫的內容。

在這 3 個標籤中，持續最為可貴。「老鬼歸來」說過，每個人都會有忙的時候，但是不能因為忙而放棄更新創作。他會在不忙的時候多創作，建立強大的內容庫，在忙的時候就可以透過內容庫來提取、調用和分享內容。這種精神才是持續的最大保障。

而「管理那點事」更是有計畫、有條理地在運作自媒體。筆者和他交流時得知，他每天都雷打不動地大概用 3 小時來反覆修改創作一篇原創文章，同時每天還會回覆 6 ～ 8 個問題，每個問題都會投入 30 ～ 40 分鐘來思考解答。

「管理那點事」表示，他從來不考慮粉絲和閱讀量，因為他相信任何一件事，只要做到「有計畫、夠持續、能堅持」，就會得到一個意想不到的結果。「管理那點事」的話真的沒錯，不到一年時間，他的今日頭條媒體平臺就有了 65 萬名粉絲，而且總閱讀量超過 7 億次。

透過這兩個真實的案例分享，筆者相信每個自媒體經營者只要夠專注、肯用心、能持續，要經營出一個成功的自媒體，成為領域大咖，打造個人 IP，都是很有可能的。

專家提醒

自媒體在打造個人 IP 的內容時，建議要創作出有自己的獨特見解、獨特視角、獨特態度的內容，嚴禁抄襲。在內容創作和品牌經營中，只有「個性」的定義是相通的，都是要做出自己的獨特感和辨識度。

個人 IP 對於獨特感和辨識度的追求已經強化到了連個人 IP 的 LOGO 也要做到獨一無二，甚至對於商標被侵權的保護已經被明確立法。所以，自媒體人在打造個人 IP 時一定要有自己的風格。

▶ 使用者為王：用個人 IP 做信任背書

對於自媒體人的變現來說，最關鍵的一點就是信任，因為自媒體不像職場人士那樣是大家身邊的人，也不像執行長那樣有實實在在的企業和產品，他們大部分是普通人出身，因此信任度是最難突破的瓶頸。自媒體人可以透過打造個人 IP，讓越來越多的人關注和了解真實的自己，來形成自己的信任背書。

信任是所有商業活動的基礎所在，沒有信任，別人就很難相信你說的話和你賣的產品。自媒體人打造個人 IP 後，不僅可以產生品牌價值，而且還能夠解決自己與粉絲間的信任危機。因為在大家看來，個人 IP 不是冰冷冷的商業廣告，而是一個活生生的具有特殊魅力的人。

如今，市場經濟已經從「得通路者得天下」轉變為「得使用者得天下」的時代，這一切都是網路發展帶來的結果，它徹底打破了以往封閉的經濟模式，形成了一個新的、開放的、「使用者為王」的經濟時代。

在網路時代，很多自媒體人都擁有自己的顧客，優秀的自媒體人擁有的是使用者，而有個人 IP 的自媒體人則擁有眾多「會為自己說話的粉絲」，這些粉絲就是個人 IP 的衍生產品或品牌最好的代言人。因此，要想打造個人 IP，自媒體經營者還需要掌握強大的粉絲運用能力。

在自媒體個人 IP 的粉絲經營中，如何提升粉絲活躍性，讓粉絲參與內容互動是粉絲運用的重中之重，下面就介紹一些技巧，如圖 5-11 所示。

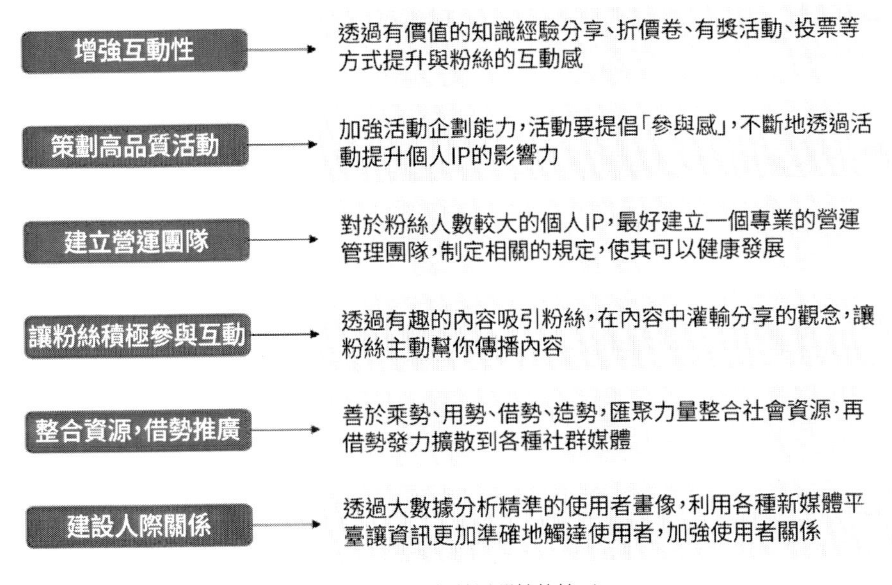

圖 5-11 提升粉絲活躍性的技巧

最後，自媒體個人 IP 還需要有個性化的標籤，打造自己的多重「斜槓身分」，以極強的獨特性和辨識度在使用者的心中形成個人印象，並和競爭對手形成顯著的差別，從而讓目標使用者一想到某一領域時，便會馬上想到有「斜槓標籤」的自媒體人。

自媒體個人 IP 的打造，關鍵在於營造出有別於同行的形象，具體表現在品牌的獨特性和辨識度，從而透過「斜槓身分」特徵的營造，在目標使用者心中留下印象，強化個人 IP 的地位。

下篇　商業模式

第 6 章

15 種微信變現方法：放大粉絲經濟的終身價值

如今，微信的發展速度和發展規模都非常驚人，而且月活躍帳戶數高達 11.5 億名，從而也誕生了更多利用微信做生意的人。在自媒體時代，微信是使用者手機中必不可少的社群軟體，更是使用者實施個人商業模式不可或缺的好幫手。

15 種微信變現方法：廣告變現、業配變現、粉絲打賞、付費訂閱、養號賣號、電商賣貨、微商代理、社群經濟、微信創業、第三方支援服務、賣實物產品、賣培訓產品、賣生活服務、賣好的專案、賣個人影響力。

6.1 微信平臺的變現技巧

如今，很多人選擇利用微信來形成自己的個人商業模式，在微信上創業或做生意，有成功的也有失敗的，關鍵是要看自己怎麼去做。本節將給大家分享微信平臺的常用變現技巧，希望對想利用微信實施個人商業模式的人有所幫助。

6.1.1 廣告變現：獲得「流量租金」收益

▶ 模式含義

商業廣告是很多微信經營者的主要獲利途徑，經營者透過將自己的私域流量出租給個人、平臺或品牌商家，讓他們在自己的官方帳號、文章或朋友圈中投放廣告，同時收取一定的「流量租金」收益。

▶ 適用族群

微信廣告變現適合有一定粉絲基礎的經營者，以及開通了流量主廣告的官方帳號。

▶ 具體做法

流量主是騰訊為微信官方帳號量身定做的一個展示推廣服務。因此，流量廣告主要是指微信官方帳號管理者將平臺中的指定位置拿出來給廣告商打廣告，以收取一定費用的一種推廣服務。圖 6–1 所示為微信官方帳號「人力資本」中所投放的「學而思網校」的流量廣告。

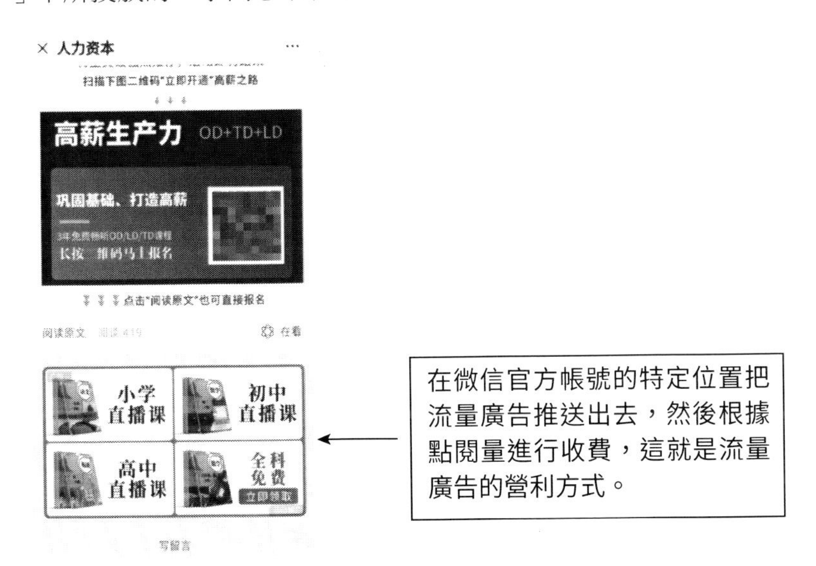

圖 6–1 流量廣告

想要做流量廣告，微信官方帳號經營者首先要開通「流量主」功能。方法是：進入微信官方帳號後臺，在左側的導航欄中選擇「推廣」→「流量主」選項，如圖 6–2 所示。

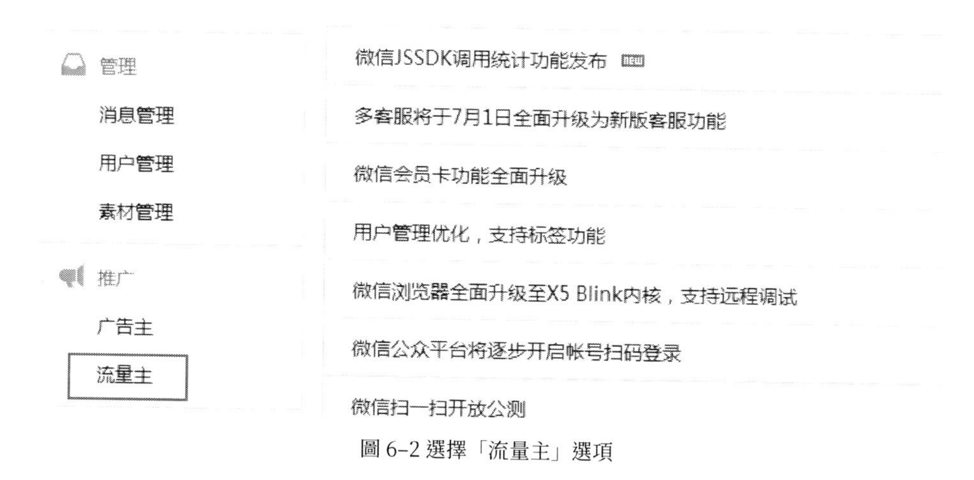

圖 6-2 選擇「流量主」選項

點選後，就進入「流量主」的界面，再點選「申請開通」按鈕即可，如圖 6-3 所示。對於想要透過流量廣告盈利的商家而言，首先要做的就是提高自己的使用者關注量，如此才能開通「流量主」功能，獲得盈利。

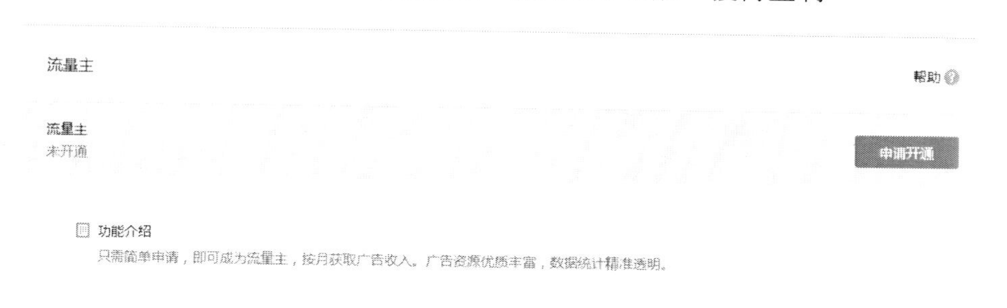

圖 6-3 點選「申請開通」按鈕

6.1.2 業配變現：內容與品牌廣告互相結合

▶ 模式含義

業配變現是指在官方帳號、朋友圈、微信群或小程式的內容中植入業配廣告，透過文章或影片等內容形式很好地與品牌廣告的理念融合在一起，不露痕跡地進行宣傳和推廣，讓使用者不容易察覺。

▶ 適用族群

微信業配變現適合有一定業配文創作能力的經營者，能夠將宣傳內容和文章內容完美地結合在一起。

▶ 具體做法

業配廣告一般不會直白地讚美產品有多好的使用效果，而是選擇將產品融入到文章情節中去，達到在無聲無息中將產品的資訊傳遞給消費者的目的，從而使消費者能夠更容易接受該產品。

業配廣告的形式是微信變現模式中使用得比較多的盈利方式，同時其獲得的效果也是非常可觀的。圖 6–4 所示為微信官方帳號「管理價值」所推送的一篇介紹 HR 管理類的業配，文中就適時地插入了與內容主題相關的課程廣告。

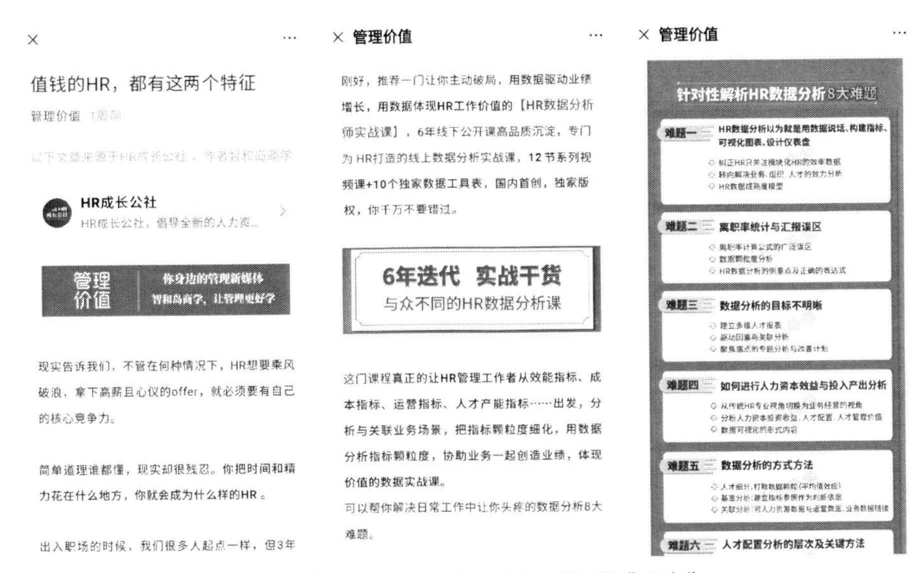

圖 6–4 微信官方帳號「管理價值」推送的業配廣告

6.1.3 粉絲打賞：開通微信「讚賞」功能

▶ 模式含義

粉絲打賞的變現模式是指粉絲給喜歡的經營者或文章內容送出的金錢支持，表示其對經營者或者文章內容的認可，以激勵他們繼續創作的行為。在瀏覽官方帳號中的原創文章時，經常可以在底部看到一個「喜歡作者」的按鈕，點選後即可給作者打賞，如圖 6–5 所示。

圖 6–5 給喜歡的作者打賞

專家提醒

目前，微信已經淡化了「打賞」二字，而將其改為「喜歡作者」，這也展現出了微信平臺對高品質內容創作者的重視。

▶ 適用族群

粉絲打賞變現模式適合能夠創作對於使用者來說有高價值內容的創作者，以及能夠給粉絲提供幫助、積極和粉絲進行互動的經營者。

▶ 具體做法

為了鼓勵大家創作優質的新媒體內容，很多平臺推出了「讚賞」功能，如大家熟悉的微信官方帳號就有這一功能。而開通「讚賞」功能的微信官方帳號必須滿足以下條件。

- 必須開通原創保護功能，這是一個極為重要的條件。
- 除了個人類型的微信官方帳號外，其他帳號必須先開通微信認證與微信支付。

經營者如果符合開通要求，那麼只需要在官方帳號後臺進入「讚賞」功能開通頁面，點選「開通」按鈕，即可申請開通「讚賞」功能，如圖 6–6 所示。

添加功能插件

插件库　授权管理

添加功能插件 / 功能详情

赞赏功能
未开通
开通

申请条件
- 必须开通原创保护
- 除了个人类型的公众号，必须先开通微信认证
- 除了个人类型的公众号，必须先开通微信支付

功能介绍
- 已进行原创声明的文章，可以为文章附上赞赏入口。用户阅读完文章后，可通过该入口自愿向公众号赠予赏金。

圖 6–6 「讚賞」功能的開通頁面

6.1.4
付費訂閱：內容收費，供使用者購買

▶ 模式含義

付費訂閱也是微信經營者用來獲取盈利的一種方式，即微信經營者在平臺上發布一篇文章，訂閱者需要支付一定的費用才能閱讀該文章。這種變現模式還能夠幫經營者找到忠實粉絲。

▶ 適用族群

微信經營者如果要實施付費訂閱變現模式，就必須要確保發布的文章有價值，否則就會失去粉絲的信任。因此，這種變現模式比較適合那些有圖文、影片和音訊等原創能力的內容創作者。

▶ 具體做法

經營者可以在微信中開通「付費圖文」功能，注意付費圖文必須為原創文章，而且不支援轉載、打賞和插入廣告。圖 6-7 所示為「三表龍門陣」所發布的微信官方帳號付費閱讀文章，定價為 1 元，同時免費提供 14%的試讀內容。

經營者發布付費圖文內容時，可以設置文章價格、試讀比例、前言等，一旦發布文章後，這些參數就不能再修改了。未付費使用者可以免費閱讀前言和試讀部分，以及查看其他使用者的評論，但不能留言。使用者只有付費後才可以閱讀全部文章內容，以及寫評論。

圖 6-7 「三表龍門陣」發布的微信官方帳號付費閱讀文章

注意：使用者支付的金額有一定的結算日期和平臺抽成，而且支付平臺不同，結算日和抽成也不同。另外，平臺後續也可能會收取一定的技術服務費用。

6.1.5 養號賣號：培養並轉讓帳號來獲利

▶ 模式含義

在生活中，無論是線上還是實體，都存在著轉讓費。轉讓費是一個線上商店的經營者或一個實體商店的經營者向下一個經營者轉讓經營權時所獲得的轉讓費用。

隨著時代的發展，逐漸有了「帳號轉讓」這個概念。同樣地，帳號轉讓也需要接收者向轉讓者支付一定的費用，因此使得帳號轉讓也成為獲利變現的方式之一。

▶ 適用族群

養號賣號這種微信變現方式適合有大量粉絲的垂直領域型官方帳號，在購買時盡量選擇與自己所在領域相同、定位和風格一致的帳號，這樣獲得的使用者族群也會更加精準。透過直接購買這些「大 V（代表的是在微博上十分活躍，又有著大量粉絲的公眾人物，通常把粉絲數量在 50 萬以上的稱為網路大 V）」帳號，他們的流量就會轉變成自己的。

▶ 具體做法

如今，網路上關於帳號轉讓的資訊非常多，有意向的帳號接收者一定要慎重地分析這些資訊，不能輕信，而且一定要到比較正規的網站上操作，否則很容易上當受騙。例如，魚爪新媒體平臺可以轉讓的帳號有很多種，如頭條號、微信官方帳號、微博號、百家號、抖音號和快手號等，而且還提供了轉讓價格參考。

6.2 微信衍生的商業模式

自媒體經營者想要利用微信平臺來賺錢，還必須要了解微信中衍生出來的各種商業模式。獲得收益是每一個經營者的最終目的，也是經營者工作付出辛苦的汗水後應該得到的回報。本節將為大家介紹微信中的五大衍生商業模式，幫助大家收獲自己的個人商業模式成果。

6.2.1 電商賣貨：利用微信小商店賣產品

▶ 模式含義

電商賣貨是指透過微信來販賣各種產品，商家首先可以透過在微信官方帳號上發布文章、圖片等形式吸引關注者的點閱，獲得流量；然後再將這些流量引導到微信或者產品店鋪內，進而促成商品的交易。

圖 6-8 所示為官方帳號為「千惠便利」的微商城，實體店商家可以把自己的生意「搬」到微信上，粉絲可以直接在微信中下單購買商品。

圖 6-8 官方帳號「千惠便利」的微商城

▶ 適用族群

微信非常適合累積各個電商平臺上獲得的流量，為電商商店、實體店老闆和品牌企業提供了一個全新的銷售管道，拓寬了產品的銷售範圍。同時，微信官方帳號也為廣大商店使用者提供了資訊管理、客戶管理等功能，讓客戶管理變得更簡單，交流性、互動性也變得更強，極大地增加了客戶的黏度。

▶ 具體做法

經營者可以利用微信小商店或者第三方插件來建立自己的微信電商頁面。例如，微信小商店的功能包括新增商品、商品管理、訂單管理、貨架管理、維權等，開發者可以批量添加商品，快速開店，開發私域流量的購買力，透過微信小商店銷售產品來實現盈利。

已接入微信支付的官方帳號可以在服務中心申請開通微信小商店功能。要開通微信小商店，必須有幾個先決條件：第一，必須是服務號；第二，必須開通微信支付；第三，必須繳納微信支付介面的 2 萬元押金。其中，服務號和微信支付都需要企業認證，再加上較高的押金，整體來看，微信小商店的門檻其實比較高。如果你的企業沒有這麼多預算，建議做微信網站即可，並且效果也不比微信小商店差。

對於微信官方而言，微信小商店可以豐富平臺的應用場景。經營者在微信中搭建自己的電商平臺，還有助於其擴展微信官方帳號的業務範圍。

6.2.2
微商代理：徵代理商和賣貨雙管齊下

▶ 模式含義

微商代理通常是指透過微信朋友圈、公眾平臺或微信群徵代理，是一種比較「反常規」的商業模式。因為微商代理既能夠讓代理交錢，還能夠讓代理專注地為公司做事。通常，微商招代理在入門時都要繳納一定的入門費用，但這筆費用並不是無償的 —— 代理繳納費用後，公司會為代理提供相應的產品、培訓及操作方法。

▶ 適用族群

微商代理對使用者的門檻要求比較低，有一定人脈資源的使用者都可以嘗試。其中，代理是指某家企業與經營者之間相互合作的行銷策略，在此之間已經形成了完整的線上與實體購買平臺，為顧客提供一系列的銷售服務。

▶ 具體做法

朋友圈賺錢通常有兩種方式：一種是做代理商賺差價；另一種就是自己直接賣貨。但代理並沒有那麼容易做。

代理商不需要專門為一家企業而服務，只要他們想，並且有足夠的空閒時間，就可以接無數個品牌的銷售代理，不受任何限制。所以，代理商相對來說是比較自由的，經營者在進行微商代理變現的過程中，其實可以從老客戶或是大客戶中開發出一些代理商。他們不對企業負責，只對經營者本人負責；另外他們的工作強度並不大，不會耽誤休息或上班時間，還能利用閒暇時間賺一些外快。

想要吸引代理商，建立自己的銷售團隊，除了好的產品口碑外，還需要有產品的品牌。在這個時代，消費者的品牌意識都非常強，都覺得品牌的東西有品質保障，可以放心購買。因此，經營者還可以透過打造自己的品牌來吸引代理商。

- **發布授權書消息**：代理的產品如果有授權書，可以在朋友圈發布消息讓朋友們都看到。授權書相當於一個品牌的憑證，有了授權書，朋友對你所代理產品的信任度會有所提高，也嗅出秀出更容易接受。
- **秀出買家回饋及訂單**：多秀出代理產品的買家評價和使用照片，這樣的宣傳形式比發產品資訊更好。用小影片的方式在朋友圈秀出訂單情況，可使有代理意向的客戶更快地加入代理行列。
- **傳達相關的專業知識**：在朋友圈裡除了發布產品資訊外，還應該傳達一些與產品相關的專業知識，如產品的使用方法、成分、功效等，這樣才會讓代理認為你是專業的，才會來找你。

6.2.3
社群經濟：社群盈利思維讓業績暴漲

▶ 模式含義

微信的社群經濟是指透過微信社群來聚集一些有相同愛好和需求的使用者，透過電商零售、廣告推廣、會員收費、實體活動、群眾募資、代理分銷、加值服務、內部創業及專案投資等方式來進行變現。

「物以類聚，人以群分」，社群經濟這種變現模式並不僅僅是建立社群、加好友和賣貨，而是要讓有相同興趣的人形成強連接，打造一個能夠自動運轉的「去中心化」生態圈，從而創造更多的商業機會。

▶ 適用族群

在自媒體時代，每一個經營者都需要有社群的加持，沒有使用者基礎的經營者注定做不長久。同時，所有的創作型經營者也都要做好社群管理，透過社群來為使用者創造價值，滿足使用者需求。

▶ 具體做法

下面介紹幾種社群經濟常用的變現方式。

(1) 社群電商

經營者可以透過自建線上電商平臺來提升使用者體驗，砍掉更多的中間環節，透過社群把產品與消費者直接綁定在一起。社群電商平臺主要包括 APP、小程式、微商城和 H5 網站等，其中「小程式 +H5 網站」是目前的主流形式，可以輕鬆實現商品、行銷、使用者、導購和交易等全面數位化。

透過「小程式＋H5網站」打造雙線上平臺，企業和商家可以在線上商城、門市、收銀、物流、行銷、會員、數據等核心商業要素上下工夫，建立自身的電商生態，對接社群的私域流量，打造「去中心化」的社群電商變現模式。

除了自建電商平臺外，經營者也可以依靠有影響力有流量的第三方平臺，在上面推出直營網路商店，或者發展網路分銷商，來進行私域流量變現。

(2) 社群廣告

在社群經濟時代，我們一定要記住一個公式：使用者＝流量＝金錢。與官方帳號和朋友圈一樣，有流量價值的社群也可以用來投放廣告，而且效果會更加精準，轉換率也相當高，同時群主能夠透過廣告的散布實現快速營收。

社群是精準客戶的聚集地，將廣告投放到社群的宣傳效果會更好，群主可以多找一些同類型的商家合作。當然，廣告商對於社群也非常挑剔，他們更傾向於流量大、轉換率高的社群，這些都離不開群主的精心營運。

(3) 會員收費

招收付費會員也是社群經營者變現的方法之一。通常來說，付費會員一般會享有一些普通會員不能享有的特權。

- 能夠獲得高品質的、完整的培訓課程。
- 能夠和經營者進行一對一的交流。
- 能夠參加微信社群發起的實體活動。
- 能夠擁有微信社群高級身分標識。

除了以上的一些特權之外，付費會員還可以參與群內部的一些專案籌劃、營運工作，能夠與社群的領頭人物成為好友，達成長遠的合作關係，還能共享各自的高品質資源。

(4) 社群活動

對於擁有一定數量的粉絲，同時是在地的社群而言，可以透過實體聚會的活動形式進行盈利。常見的幾種社群活動的變現形式如下。

- 找商家為社群活動冠名贊助。
- 與商家合作舉辦活動實現盈利。
- 舉辦收費活動實現盈利，如舉辦實體培訓活動，收取培訓費用。

6.2.4
微信創業：抓牢 5 個小範圍創業的機會

▶ 模式含義

微信經營者可以透過與企業合作，針對企業的相關業務或產品進行小範圍的創業，來實現微信流量的變現。

▶ 適用族群

微信小範圍創業的變現模式適合那些沒有團隊和資金的使用者，可以在一個固定的小範圍區域或者垂直細分領域進行創業。

▶ 具體做法

下面列舉了一些微信小範圍創業的基本變現形式。

- **增值服務變現**：透過免費試用的方式吸引粉絲，為他們提供一些工作、生活、技能等方面的幫助或相關服務。當累積了一定的粉絲後，可以針對有深入需求的使用者進行收費。
- **諮詢服務變現**：各垂直領域的專家可以為使用者提供長期和精準的諮詢服務，增強信任度。隨著關係的不斷加深，這些使用者就會為你的產品或服務買單。
- **跨界合作變現**：經營者可以找一些定位和類型不同的微信官方帳號或社群，和他們進行跨界合作，互換彼此的資源，以及相互引流，幫助這些經營者增加流量，提升變現的能力，自己也從中賺取收益。

- **做供應商變現**：這種方式適合工廠或代理商，如果是個人的話則可以採用預售的形式，和一些微信「大 V」、官方帳號或社群合作進行分銷，先報單再拿貨。這樣不僅可以緩解資金壓力，而且也能解決配送問題，但要注意產品品質。
- **拍賣行銷變現**：拍賣是一種競爭買賣行為，是指商家將一件有價值的物品以公開競價的方式讓買家各自喊價，最終喊價最高者獲得這件物品。

採用這種變現方式的前提是自己擁有內容、技能、店鋪或產品等資源，或者和其他企業或資源提供方達成合作，在自己的平臺上為合作方提供一個連結入口。當微信號擁有一定的私域流量和變現能力後，即可形成一個商業閉環，進而最大程度發揮商業的價值。

6.2.5 第三方支援：利用 SaaS 型工具變現

▶ 模式含義

隨著新媒體平臺的快速發展，微信經營者若想快速實現個人商業模式變現，除了自身需要努力外，還可以求助於「第三方支援」。這裡的「第三方支援」主要是指微信平臺衍伸的 SaaS 型工具產品（Software as a Service，軟體即服務，是一種軟體交付模式，讓使用者可以單純地透過網路連接至雲端應用程式，省去了以往傳統軟體繁瑣的安裝步驟），其作用就在於能為經營者提供變現方面的技術支援。這一類產品主要有短書和小鵝通等。

▶ 適用族群

在這些產品的技術支援和營運方案指導之下，致力於在新媒體領域進行內容創業的自媒體人可以在平臺上輸出內容，創建一個專注於高品質內容變現的「知識小店」。

▶ 具體做法

在這一變現模式中，付費使用者將會更便捷地從平臺上獲取內容——只需掃描 QR Code，就可以完成訂閱、收聽、購買等一系列操作。而在這一過程中，內容創業者可以輕鬆獲得收益。

例如，小鵝通是大陸最成功的線上課程平臺之一，主要是為自媒體上的內容創業者提供付費支援、內容傳遞、營運管理與社群營運等服務。小鵝通的內容載體的形式各式各樣，包括音訊、影片、圖文和付費問答，可以幫助使用者打造實現內容承載、使用者營運和商業變現的生態閉環。圖 6–9 所示為小鵝通知識付費的基本解決方案。

使用者可以按需求選擇相應的小鵝通版本，以全面滿足內容創業行業的多場景應用需求。目前，小鵝通已和吳曉波頻道、十點讀書、張德芬空間、印象筆記、樊登讀書、知乎、豆瓣時間等多個自媒體和內容平臺合作，為其提供客製化的內容變現方案，如圖 6–10 所示。

圖 6–9 小鵝通知識付費的基本解決方案

圖 6-10 小鵝通的客戶案例

專家提醒

對內容創業者來說，第三方支援這一類型的工具型產品之所以成為變現的一種重要方式，除了其使用者使用便捷之外，其原因還在於平臺能提供包含圖文、音訊、語音直播、影片直播等在內的多樣化的知識形態，以及營運方面的指導，特別是在使用者、付費轉換和社群營運等方面，更是為內容付費的變現提供了強大支援。

6.3 微商賣貨變現技巧

微商主要依靠微信來經營自己的商業模式，其購物導向性非常強，而對朋友關係則比較淡漠。因此，在個人商業模式時代，微商必須改變以往的營運方式，學會經營自己的私域流量，將自己打造成使用者心中的「專家＋好友」，打造長期的使用者關係，這樣才能讓自己的生意做得更長久。

6.3.1
賣實物產品：成本更低，提成更高

▶ 模式含義

賣實物產品是指透過微信管道出售各種商品，並從中賺取佣金差價或銷售提成。微商的銷售是直接面向消費者的，省去了很多中間環節，產品不需要複雜的流通過程。

微商主要透過朋友圈和微信社群來發布產品資訊（見圖 6–11），買家看中商品後，可以直接買下付款，然後再透過快遞員送到他們手中。或是微商可以選擇親自送貨上門。

圖 6–11 微商透過朋友圈和微信社群發布產品資訊

▶ 適用族群

微商的主要使用者族群包括以下兩類。

- **個人微商**：主要透過微信朋友圈出售各種實物產品，商品主要包括化妝品、服裝、母嬰用品、保健品、圖書等。

- **企業微商**：主要透過微信官方帳號推送消費者需求相關的行業和品牌內容，同時以促銷、試用等方式推廣企業產品，吸引潛在的目標消費族群。

▶ 具體做法

透過朋友圈賣產品是大部分微商和自媒體經營者的變現方式，經營者透過入駐各種電商平臺開店，在朋友圈轉發相關的產品連結，吸引微信好友下單，從而實現變現。例如，賣電腦書籍的商家可以在朋友圈裡分享一些電腦相關的技巧和資訊，中間再自然而然地介紹自己的書籍產品，這樣朋友就很容易接受產品。

個人微商借用的平臺包括微信小商店、微盟、口袋購物、淘小鋪、淘寶客及拼多多的「多多進寶」等，這些平臺都擁有去中心化和去流量化的特點。

- 零成本開店門檻低，沒有經營壓力。
- 由平臺提供貨源，無須囤貨，平臺代為發貨。
- 平臺有完善的交易機制，買賣更方便。
- 平臺有消費者保障制度，信任度更強。
- 商品更加多元化，滿足消費者的需求。
- 從推廣分享到購買取得收入提成都有完整的生態鏈。
- 銷售資料全面互通，可以系統化管理客戶。

另外，企業微商則更依賴官方帳號的營運，在操作難度上比個人微商更高。企業微商不僅需要做內容引流，還需要做產品的行銷推廣。透過微信賣實物產品變現，可以讓經營者不再以電商平臺為中心，拋棄以往那種透過簡單粗暴的付費流量來獲得銷量的方式，轉而透過微信這個強大的社交通路直接聯絡到客戶，從而帶來銷量。此外，經營者還需要更加重視產品的口碑相傳，在買家的社交圈上（微信朋友圈、微博等）形成廣泛的二次傳播，吸引更多的客戶。

6.3.2
賣培訓產品：內容好，躺著也可以賺錢

▶ 模式含義

培訓產品通常是一種虛擬的知識或技能產品，微商透過賣這種培訓產品變現，不僅不需要實物產品，而且不用徵代理，只需要掌握一門專業的技能，然後入駐一些微課平臺，將自己的技能轉化為圖文、音訊或者影片等課程內容，轉發到朋友圈、微信社群或者官方帳號，吸引有學習需求的使用者下單即可。

▶ 適用族群

在行動網路時代，人們的生活節奏變得越來越快，消費者的行為習慣也發生了翻天覆地的變化，他們需要有效地利用大量的碎片化時間來獲取高品質資訊，因此網路和智慧型手機的課程培訓產品變得更加符合他們的消費習慣。培訓產品本質上是一種精神產品，需求層次明顯地高於其他產品。同時，培訓產品的主要消費族群是一些支付能力較強的族群，而且他們對於高品質課程產品的需求非常強烈。

然而，市場上的免費課程產品水準良莠不齊，品質沒有保障，因此反而推動消費者透過付費來獲得優質的培訓內容。當然，如果經營者要開發培訓產品的話，首先自己要在某一領域比較有實力和影響力，這樣才能確保教給付費者的內容是有價值的。

▶ 具體做法

如今，透過賣培訓產品變現的平臺非常多，如微博、微信、今日頭條、喜馬拉雅、得到、知乎 Live、分答、優酷、秒拍、一直播等平臺紛紛推出相應的培訓產品。同時，這些平臺也為使用者提供了內容發布管道，使用者可

以將自己的課程產品一鍵轉發至微信好友、朋友圈、社群等地方，簡化培訓產品變現的過程，縮短內容生產者的盈利週期，提升利潤率。

微商賣培訓產品的這種個人變現模式的基本解決方案如下。

- **知識變現**：包括付費音訊、付費影片、付費圖文、付費專欄、付費問答和付費諮詢等多種內容形式，經營者可以自由編輯內容，直接同步微信小程式等學習管道。同時，經營者可以自由地組合單品販售、系列專欄和付費會員等多種變現模式，滿足使用者的長期或短期課程培訓的需求。
- **分銷代理**：經營者可以招募一些微信好友作為分銷者或代理者，請他們協助推廣自己的培訓產品。好友在成功推廣後，能獲得相應的分銷利潤，以此實現裂變吸引粉絲，讓變現更輕鬆。

6.3.3 賣生活服務：搭建本地生活服務平臺

▶ 模式含義

很多經營者透過微信官方帳號向自己的粉絲售賣各種服務，來達到私域流量變現的目的。這種變現方式與內容電商的區別在於，服務電商出售的是各種服務，而不是實體商品，如搭車、住酒店、買機票等。

▶ 適用族群

賣生活服務這種變現方式適合一些傳統的 O2O 類型（Online to offline，離線商務模式，指借由網路，將客流從線上引到實體通路）的商家，在自己的業務範圍或技能領域下，可以透過微信為周邊的使用者提供一些生活上的幫助或服務。

▶ 具體做法

建議經營者透過微信「官方帳號＋小程式」的方式向使用者提供一些有償服務。例如，官方帳號「木鳥民宿」就是一個典型的服務電商平臺，可以提供使用者民宿預訂服務，在官方帳號內容頁面中透過精美的圖文展現風景區遊玩攻略、民宿房源和價格等資訊，使用者可以直接點選圖片跳轉到小程式下單，如圖 6–12 所示。

圖 6–12 官方帳號「木鳥民宿」提供的相關收費服務

6.3.4
賣好的專案：讓專業的人做專業的事

▶ 模式含義

賣好的專案這種變現模式，主要是研發、包裝各種各樣的專案，透過微信中的人脈資源出售這些專案來賺錢，讓專案設計方和實施方都能各取所需。

▶ 適用族群

賣好的專案這種變現模式適合那些經手了很多專案，但因為個人原因沒有賺到錢的人，或是個別失敗的專案。經營者可以將這些專案出售給那些擁有更多專案資源的人，讓「專業的人做專業的事」，不僅自己能夠獲得收益，而且可以幫助別人進行創業。

▶ 具體做法

賣專案變現最常見的方式就是加盟招商和社群群眾募資。經營者可以透過朋友圈和微信社群發布自己的專案加盟資訊，這種方式適合餐飲連鎖、汽車養護、家居建材、美容健身、酒店 KTV、首飾加工等行業。

社群群眾募資則是一種透過社群網路傳播而進行的籌資專案，作為必不可少的一種專案融資方式，它從商業模式逐漸向生活和思維模式過渡。在個人商業模式的變現過程中，社群群眾募資也變得越來越重要，它為每一個創業者的創業夢提供了更多的資金支援。當然，這種社群群眾募資模式同樣需要強大的流量支援，沒有流量入口，也就沒有使用者導入，後面的事情更是無從說起。

社交是人類發展、進步的基礎，人類無時無刻不在進行著社交。隨著行動網路時代的到來，社交的需求也慢慢轉移到了手機等行動設備上。對於經營者來說，社群群眾募資還有一個新管道，即自己的微信號。

在微信進行社群群眾募資可能聽起來不太可行，但由於經營者自身人脈資源的優勢，在微信進行群眾募資活動可能會有意想不到的收穫。群眾募資本身就是一種面向大眾進行募集的活動，主要價值在於人，而微信恰巧是人脈力量的一個聚集地。將群眾募資和微信兩者相結合，將使群眾募資專案釋放更大的能量。

例如，一位作家打算推出一部新的微電影，但由於個人資金有限，需要外界資金的投入，那麼他就可以在群眾募資平臺上發布一個關於微電影的群眾募資專案，同時還可以將專案分享到自己的微信朋友圈來為專案引流，吸引微信好友參與。如果有人看好這個專案的未來前景，有興趣參與到這個微電影看好的製作中的話，那他就可以投入相應的資金幫助這個看好成功啟動。

6.3.5 賣個人影響力：價值千萬的信任變現

▶ 模式含義

在網路時代，個人影響力可以簡單地理解為使用者的關注度，有影響力就說明有人關注你、信任你。因此，影響力是一種非標準化的商品，也可以成為微商出售的對象。影響力成交就是透過流量交易的方式進行變現，尤其對於微商行業來說，流量是「生死存亡」的命脈，流量越多，銷量才會越多。

▶ 適用族群

自媒體行業變現的本質其實就是「用人脈換錢」，即利用擴散人脈來變現，從而賺錢。其中，透過熟人的人脈來進行的信任程度最高，引流成本最低，引流效果最好。人脈可以幫助我們少走彎路，多走捷徑，擁有更多機會。

自媒體變現的過程就是打造個人影響力，這仍然是一種「網紅」經濟，因此使用這種商業模式變現的經營者還需要具備一些基本特質。

- 使用者持續給予其發自內心的信任感。
- 堅實的核心技術支援，作為立身之本。
- 有價值和內涵的知識產品，形成使用者體驗。

▶ 具體做法

個人影響力變現的關鍵在於打造良好的個人形象，連結精準的人際關係資源，增加自己人際關係的黏度，從而讓個人價值實現全方位的精準變現。下面總結了 3 個打造個人影響力的技巧，如圖 6–13 所示。只有當你的產品、內容和技能可以滿足使用者的需求，獲得他們的認可時，他們才有可能為你的影響力買單。

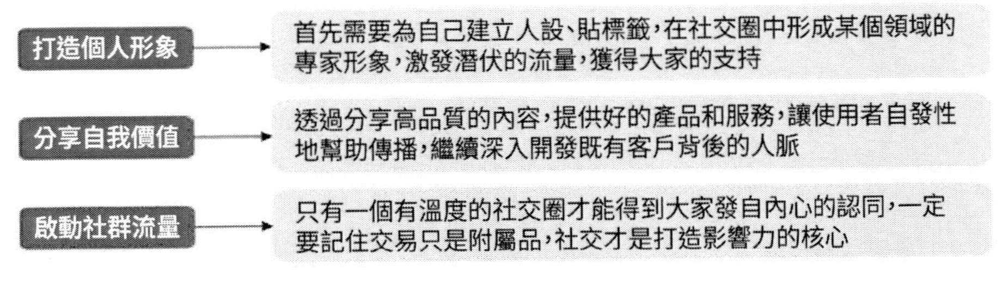

圖 6–13 打造個人影響力的技巧

影響力變現這種個人商業模式的本質，是以「人」為中心，而不是傳統商業的以「貨」為中心。因此，經營者在使用影響力變現時也必須以「人」為核心，做好「人」的經營，透過人與人之間的信任關係來實現新增使用者數和轉換。

當經營者獲得了高品質的社交人脈資源後，即可更加容易地獲得成功和財富。當你有了足夠大的影響力之後，財富就會找上門來，如產品代言、形象代言、商業廣告等，這些方式都能夠快速的為你帶來更大的收益。

第 7 章

17 種電商變現方法：活躍粉絲，推動產品的銷量

如今，大部分消費者已經形成了網購習慣，這也導致傳統電商遭遇客流量天花板，流量紅利已經蕩然無存，使用者的增加速度大幅放緩，甚至一些平臺出現負成長的狀況。不管是做淘寶電商還是自媒體「網紅」，都需要打造個人商業模式，讓自己能夠突破流量瓶頸，開拓更廣闊的市場。

17 種電商變現方法：淘寶 C2C 電商模式、天貓 B2C 電商模式、拼多多社群電商 C2B 模式、京東自營式電商模式、微店雲銷售電商模式、阿里巴巴 B2B 電商模式、唯品會特賣電商模式、亞馬遜跨境電商模式、貝貝網母嬰電商模式、盒馬鮮生生鮮電商模式、珍品網奢侈品電商模式、樂村淘農村電商模式、淘寶客推廣模式、內容電商變現模式、淘寶直播邊看邊買、阿里 V 任務、網店裝修變現。

7.1 電商商業模式的變現途徑

隨著網際網路的發展，電子商務這種商業模式迅速崛起，開網路商店創業成為一種時尚。

廣大的企業和個人商家該如何抓住新電商的機遇呢？如何進行新電商模式的轉型升級？本節將介紹幾家有代表性電商的商業模式的常用變現途徑，這些平臺在近幾年不僅發展迅猛，而且商業價值也越來越大，同時這些變現途徑和商業模式還可以同時進發、結合合作，創造巨大的利潤。

7.1.1
淘寶：C2C 電商模式

▶ 模式含義

C2C（Customer to Customer）是一種個人與個人之間的電子商務模式。

例如，某個消費者有一部手機，透過網路把它賣給另一個消費者，這就是一個簡單的 C2C 電商交易過程。毫無疑問，淘寶是 C2C 電商領域中的佼佼者，已經在潛移默化地改變著人們的生活方式。

▶ 適用族群

C2C 電商模式的使用者數量最多，而且產品種類齊全，商家的利益能夠得到充分保證，同時還可以為買家帶來實惠和便利，適合各行各業的創業者。淘寶透過豐富的商品吸引大量使用者，年度活躍消費者達到了 8 億名。

▶ 具體做法

在淘寶開店首先需要一個準確的市場定位，因為只有對市場和產品定位心中有數，才能在激烈的競爭中占據一席之地。

俗話說，「隔行如隔山」，這是因為每一行都有自己的門道和特點，因此創業者需要不斷累積經驗，選擇最適合自己從業的種類。那麼，創業者要如何選擇自己的從業種類呢？可以遵從以下幾項原則。

- **資源廣**：有廣泛的貨源，如開服裝店，自己家附近有大型衣帽批發市場。
- **行業前景好**：產品的前景好，賣家看中該行業的前景，知道一定會賺錢。
- **賣家個人興趣**：根據自己的興趣來決定，這種情況一定要堅持下去，哪怕一開始不容易，後面也會越來越好。

選擇了適合自己的商品種類後，創業者即可透過手機開店。進入手機淘寶的「我的淘寶」界面，在「必備工具」選項區中點選「查看全部工具」按鈕，進入「更多」界面，在「第三方提供服務」選項區中點選「我要開店」按鈕，如圖 7–1 所示。執行操作後，進入「無線開店」界面，根據要求設置店鋪大頭貼、店鋪名稱和描述，再點選「立即開通」按鈕即可，如圖 7–2 所示。

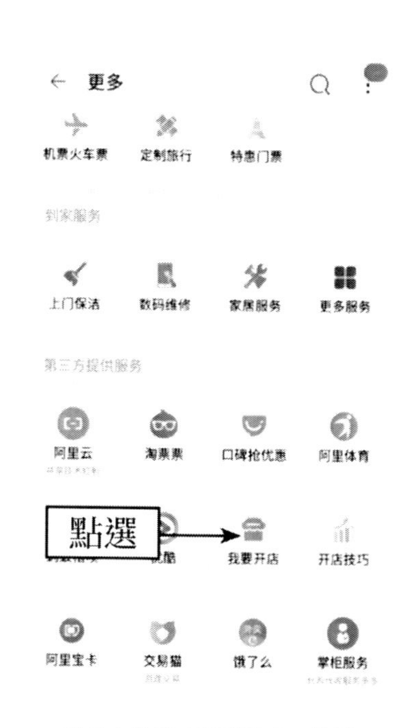

圖 7–1 點選「我要開店」按鈕

當創業者成功開店，正式成為一名淘寶商家後，還需要做好後續的店鋪營運工作，降低行銷成本，讓投資報酬率實現最大化。

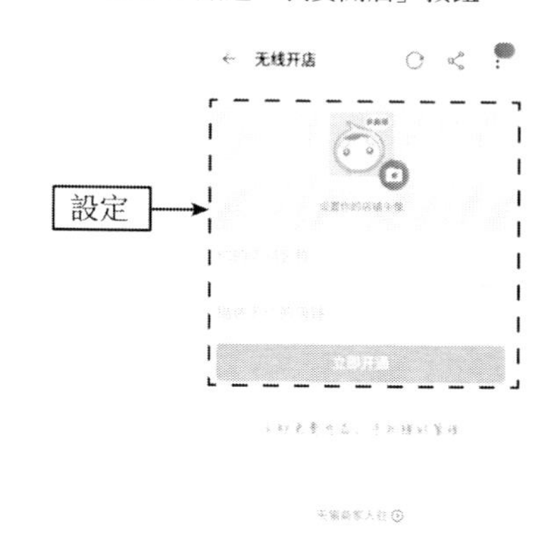

圖 7–2 「無線開店」界面

下面介紹一些基本的淘寶店鋪營運技巧。

- **做好店鋪的裝修設計**：店鋪裝修包括店標、店商標、活動頁、店鋪公告、店鋪首頁、產品詳情頁等。好的店鋪裝修既能推廣品牌，還能讓你的店鋪與其他店鋪有所區分，加深消費者對店鋪的印象、認知度和心理接受度。
- SEO（Search Engine Optimization，**搜尋引擎最佳化）提升店鋪排名**：淘寶店鋪的 SEO 就是利用淘寶搜尋排名規則，精準地展示商家的產品給搜尋族群。簡單地說，就是當商家的目標客戶搜尋賣家的產品時，利用一些方法將自己的產品展示在搜尋結果頁面的前排。

- **店鋪和產品的引流推廣**：淘寶引流包括付費引流和免費引流兩種管道，商家可以結合使用，獲得更多的引流資源。其中，付費引流包括鑽石展位、直通車、淘寶客等方式；免費引流包括標題關鍵字最佳化、建立新品標籤、引導使用者收藏／加購／好評、參加免費試用、微淘引流、櫥窗推薦引流、聚划算引流，以及利用微博、微信、抖音、今日頭條媒體平臺等站外自媒體管道引流。

7.1.2 天貓：B2C 電商模式

▶ 模式含義

B2C（Business to Consumer）是一種企業對個人的電子商務模式，包括各種商務活動、交易活動、金融活動和綜合服務活動等。

其中，天貓平臺就是一個第三方交易型的 B2C 電商平臺。淘寶是針對個人使用者開店的平臺，而天貓則是針對品牌企業開店的平臺。

▶ 適用族群

入駐天貓的門檻較高，商家和商品都必須滿足一定的入駐標準，而且該標準會適時進行修訂。商家可以進入「天貓商家／天貓規則」頁面中查看相關的招商入駐要求，包括天貓店鋪類型及相關要求、店鋪保證金／軟體服務年費／費率標準、入駐限制等規則，如圖 7–3 所示。

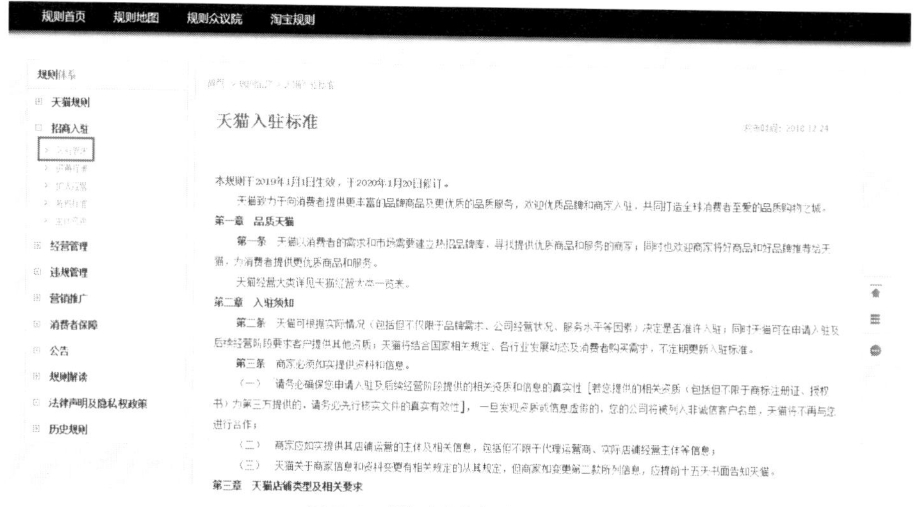

圖 7–3 天貓平臺的招商入駐要求

天貓平臺的入駐商家主要包括以下兩類。

- **品牌商家**：天貓發布的熱招品牌。商家也可以推薦優質品牌給天貓，部分類目不限定品牌入駐。
- **企業商家**：合法登記的企業使用者，並且能夠提供天貓入駐要求的所有相關文件，不接受個體工商戶和非中國大陸企業。

▶ 具體做法

當商家符合天貓的入駐要求後，可以根據自己的店鋪類目開始準備並提交相關的入駐資料，系統審核通過後需要完善店鋪資訊，具體的入駐流程如圖 7–4 所示。

使用者可以在電腦端打開天貓官網，在商家服務中選擇「商家入駐」選項，進入其頁面，點選「立即入駐」按鈕，如圖 7–5 所示。根據提示填寫相關資料和設置店鋪資訊，即可完成天貓店鋪的入駐流程。

圖 7-4 天貓平臺入駐流程

圖 7-5 天貓平臺「商家入駐」頁面

專家提醒

當品牌商家創建好天貓店鋪後，在店鋪上線前還需要發布規定數量的商品，以及進行網店裝修，設計出屬於自己的店鋪風格。

7.1.3
拼多多：社群電商（C2B）模式

▶ 模式含義

對於商家來說，社群電商主要是指運用各種社群工具、社群媒體和新媒體平臺來實現商品的銷售和推廣等目的。另外，在該過程中，商家還會聚集更多的粉絲族群，同時這些粉絲也會相互傳導，幫助商家帶來更多的顧客。

社群電商即「社群元素＋電子商務」，其中社群元素包括關注、分享、交流、評論及互動等行為，將這些行為應用到電商中，可以實現流量的快速裂變。例如，拼多多就是一個專注於 C2B（Customer to Business，消費者到企業）團購的第三方社群電商平臺，使用者透過發起和朋友、家人或者鄰居等的團購，可以以更低的價格購買優質商品。拼多多平臺上包含各種社群互動元素，刺激使用者進行分享。

▶ 適用族群

拼多多不僅平臺流量大，而且開店門檻非常低，只要有一定的供貨能力，就可以在拼多多上開店。在產品類型方面，盡量選擇低價的且銷量大的產品，因為低價能夠快速獲得客戶，量大能夠製造出漂亮的數據，這些都非常符合平臺偏好。

因此，作為商家，必須考慮自己能否做出低價位的產品，並且還能盈利，產品成本、薪資成本和物流成本都是需要商家慎重考慮的因素。

▶ 具體做法

拼多多的開店管道較多，主要包括 PC 端和行動端，具體的開店管道和基本流程如圖 7–6 所示。

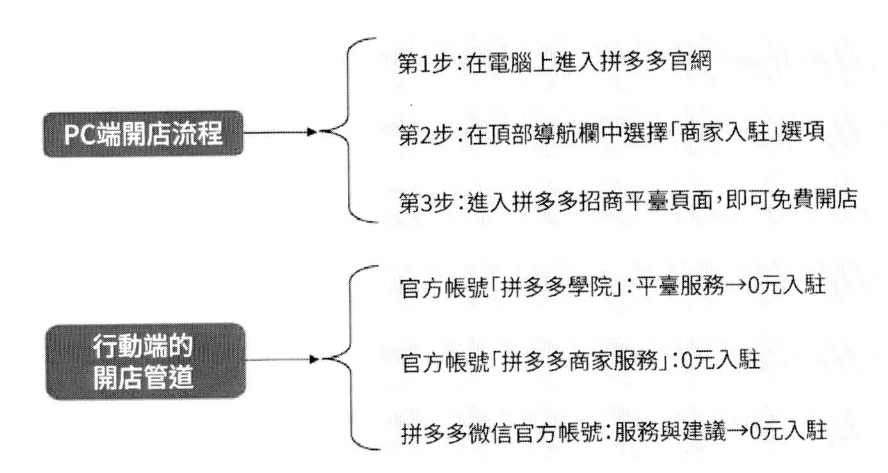

圖 7-6 拼多多的開店管道和基本流程

例如，商家可以透過拼多多微信官方帳號的方式入駐，在底部選單中選擇「服務與建議」→「0 元入駐」選項，進入「我的店鋪」界面，即可在此填寫完善資料。點擊「完善資料」按鈕，設置相應的個人店鋪資訊，包括店鋪類型、店鋪名稱、主營業務項目、手機號碼和登入密碼等。等資料完善後，即可透過官方帳號平臺快速地發布商品，以及進行商品管理、客服聊天、訂單管理、電子面單、多多進寶推廣及商家採購站等操作。

賣家還需要分析店鋪產品的自身特點和使用者的真實需求，做好店鋪的相關推薦產品，讓顧客購買更多的產品，從而提升客單價，獲得更多盈利。

- TOP 級賣家的主要升級方向在於團隊的精細化經營能力，從而讓自己獲得更多的曝光量，爭取更多的競爭資源，做出更多的爆紅產品。
- 對於中型賣家來說，主要升級方向在於差異化的產品策略，從而避開與 TOP 級大賣家的直接競爭。因此，中型賣家需要多研究產品款式的布局，打造高附加值的產品來提高自己的利潤，最好能夠讓付費流量直接實現盈利。

總之，拼多多的核心在於「團購」，要「團購」成功就需要找人，也就必須透過微信（見圖 7-7）、朋友圈及 LINE 等社群工具去分享，形成大範圍的交流與互動。同時，大家在購買後還會產生消費評價及購物分享等，此時就能夠吸引更多的人關注該商品。

圖 7–7 透過微信分享拼多多商品

7.1.4 京東：自營式電商模式

▶ 模式含義

京東採用的也是 B2C 模式，不過它與天貓的區別在於高度自營，是一種企業級的 B2C 電商模式，類似於大商場。因此，京東是一個自營電商模式的綜合入口網站，這種電商模式的主要特徵和優勢如圖 7–8 所示。

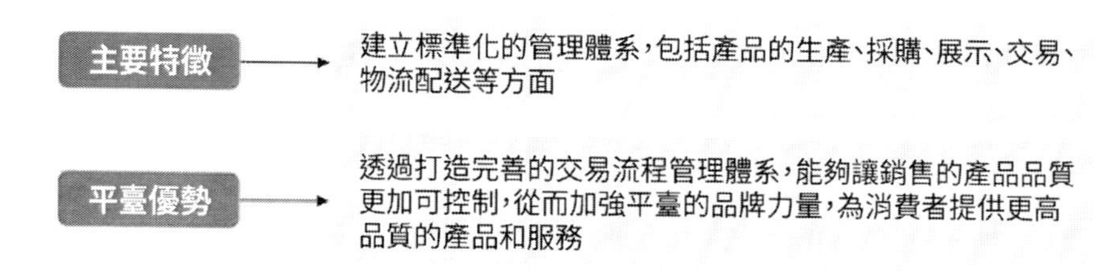

圖 7–8 自營式電商模式的主要特徵和平臺優勢

專家提醒

自營是指由供應商提供商品及頁面資訊，京東負責銷售及發貨給顧客，是一種為自有品牌代工的 OEM（Original EquIPment Manufacturer，原始設備製造商，也稱為委託製造，俗稱代工生產）模式。

▶ 適用族群

京東平臺的重點招商對象包括三類，具體的要求可以在京東的「平臺規則」頁面查看「招商合作」中的《京東開放平臺招商標準》，如圖 7–9 所示。

圖 7–9 《京東開放平臺招商標準》中對於招商對象的說明

▶ 具體做法

滿足京東平臺開店要求的商家可以準備相關的資料，並開通京東錢包，提交入駐申請，相關流程如圖 7–10 所示。

提交入駐申請後，平臺會對商家的資格進行審核，具體流程如圖 7–11 所示。

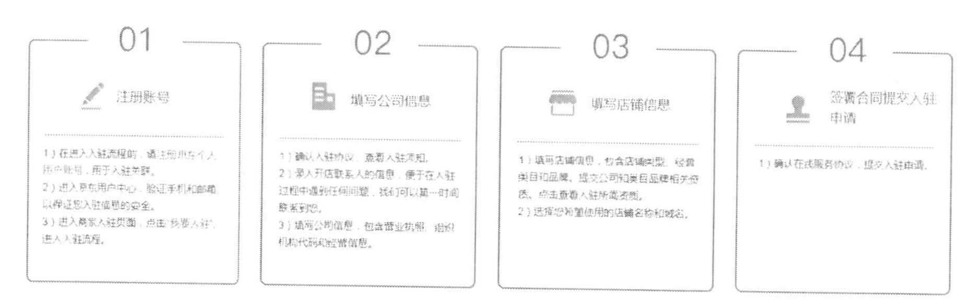

圖 7-10 京東開店的入駐流程

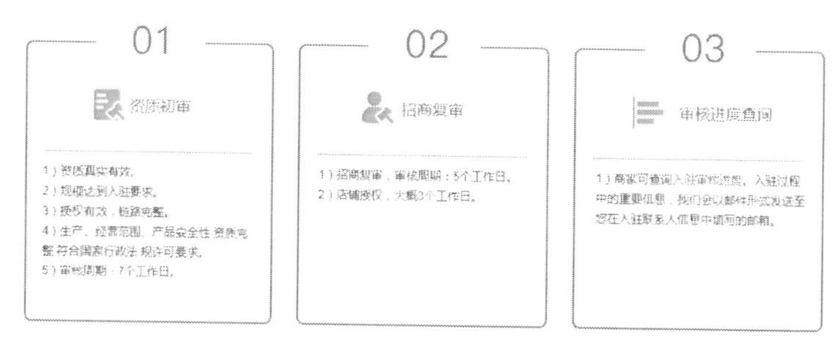

圖 7-11 平臺對入駐商家的資格審核流程

商家通過審核後，還需要完成一些開店任務。

- **聯絡人和地址資訊維護**：完善不同管理角色聯絡人資訊，以及做好退換貨等常用地址資訊的維護。
- **帳號安全驗證**：設定帳號綁定手機、電子信箱（可用於重設找回密碼）。
- **繳費開店**：首先要線上支付平臺使用費、質保金，完成繳費。京東在確認繳費無誤後，店鋪狀態將變為開通，商家即可登入商家後臺開始正常經營。

成功在京東開店後，商家一定要注意遵守平臺規則，經營好店鋪的付費流量和免費流量，以及透過內容行銷、資料分析工具、店鋪裝修等方式提升店鋪權重和轉換率，讓自己的產品慢慢人氣起來。

7.1.5 微店：雲銷售電商模式

▶ 模式含義

雲銷售電商（Cloud E-commerce）模式是一種以雲端運算為技術基礎的商業模式，將電子商務所涉及的各方方面都匯集到雲端平臺上，形成一個「雲端儲存資源池」，包括供應商、代理商、服務商、生產商、行業協會、管理機構、媒體機構及法律機構等。

雲銷售電商模式的主要優勢在於能夠讓各種商業資源之間相互協調和互動，根據市場需求來分配，從而降低各個環節的成本，提高商業的運轉效率。例如，微店就是採用雲銷售電商模式的經典平臺，從工具到流量，幫助商家一站式解決社群網路開店的所有問題。

▶ 適用族群

微店的主要入駐對象包括經過認證的「品牌旗艦店」、「品牌授權」、「微店全球購」、「微店手藝人」、「微店私廚」、「微店烘焙師」、「微店新農人」、「微店咖啡師」、「微店品酒師」、「微店設計控」、「微店創想家」等類型的賣家。

同時，微店平臺上還有大量的分銷商和供應商。分銷商是指在微店透過代理銷售供應商商品，獲取佣金的賣家；供應商是指入住微店分銷市場，並向分銷商提供代理商品的賣家。

▶ 具體做法

微店擁有千萬級的活躍使用者，DAU（Daily Active User，日活躍使用者）數量也達到百萬級別。微店的開店門檻較低，商家可以透過手機或電腦一分鐘免費開店，適用於個人和企業的不同場景。微店還為商家提供了百餘種行銷工具，涵蓋了新增使用者數、轉換率、裂變等推廣需求，幫商家拓展銷路，大幅提高店鋪營業額。

微店的獲取客戶管道也非常多，包括微信小程式、朋友圈、官方帳號、直播、短影音、實體門市等，讓多管道使用者流量能夠快速直達店鋪，吸引高回購客戶族群。同時，平臺還提供流量扶持，包括千萬線上平臺流量和實體微店商圈門市，讓商家可以用更低的成本獲得更多生意機會。

值得一提的是，商家還可以透過微店平臺的「分銷」模式，把生意放到「雲端」，打造線上的銷售團隊，告別高昂的推銷成本。微店平臺擁有一件代發、二級分銷、分成推廣、粉絲推廣等多種分銷模式，幫助商家選擇適合自己的生意模式。平臺還會在百萬商家中尋找優質代理，並讓銷量頂尖的大咖全程指導，定製個性化的代理分銷模式。小代理無須下載 APP，透過小程式轉發即可完成分帳訂單等操作。

另外，微店還為品牌企業提供行動零售的一站式解決方案，來定製開發 VIP 客戶，建立優質的口碑和鮮明的品牌形象，具體功能如下。

- **品牌定製商城：**個性化定製品牌專屬的網頁私域商城、微信小程式商城和宣傳海報。
- **全通路行銷方案：**提供 H5 私域商城、騰訊直播、短影音在內的微信全通路行銷方案。
- **多網站管理系統定製：**總部協調管理，分店擁有自己的獨立網店、商品、訂單、行銷、會員、資金等，並且在數位行銷方面提供靈活的互通策略。

7.1.6
阿里巴巴：B2B 電商模式

▶ 模式含義

B2B（Business to Business，企業對企業）是一種專屬於企業之間透過網路進行產品、服務及資訊交換的電商模式。

例如，阿里巴巴批發網就是一個為全球企業服務的 B2B 電商平臺，為商家提供大量的商機資訊和便捷安全的線上交易市場，同時為買家採購批發提供風向標。B2B 電商模式的主要優勢為降低採購成本、降低庫存成本、節省周轉時間、擴大市場機會，讓企業的規模更大、競爭力更強。

▶ 適用族群

阿里巴巴的入駐商家包括源頭廠商、官方旗艦店、品牌專營店及實力賣場 4 種類型，如圖 7-12 所示。

圖 7-12 阿里巴巴的入駐商家類型

例如，如果你有自己的工廠，並同時持有自己的品牌或代理某個品牌，就可根據自己的業務發展策略來選擇合適的入駐管道。

如果希望突顯自己的生產加工能力，可報名源頭廠商。

如果希望塑造品牌形象，則可報名官方旗艦店或品牌專營店。

▶ 具體做法

不同類型的商家，其入駐標準和資格要求也不同，使用者可以根據自己的業務或產品來選擇合適的行業入駐，具體流程如圖 7–13 所示。入駐阿里巴巴平臺後，商家可以獲得品牌展現、行銷扶持、專屬服務、工具賦能等權益，幫助中小企業快速成為平臺領頭商家。

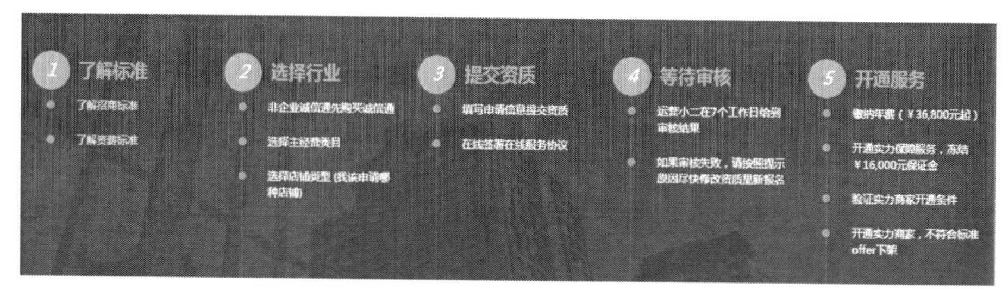

圖 7–13 阿里巴巴的入駐流程

- **品牌展現**：包括特有的牛頭標誌、能力頭銜身分、全景拍攝及專屬 Work 後臺等功能服務，全方位展現企業的實力，突顯商家的尊貴身分。
- **行銷幫助**：平臺提供各種核心行銷的場景支援工具，包括搜尋結果固定位、主搜加權、搜尋直達、Widget 展示、實力匯頻道、橫向場中場、搜尋展播專屬紅包、商品搜尋流量扶持等權益，促進成交率。
- **專屬服務**：包括專享培訓課程、金融特權、專屬服務特權等服務，幫助商家快速成長。
- **工具賦能**：為商家提供各種智慧化工具，如專屬旺鋪模板、店小蜜專屬使用權、直播功能、專屬櫥窗欄位、專屬上傳影片數、潛客邀約使用特權、專屬創易秀模板、專屬子帳號數量等權益，賦能商家高效率營運。

7.1.7
唯品會：特賣電商模式

▶ 模式含義

特賣電商模式是指透過「精選品牌」的方式來打造自己的特色，這種電商模式的主要特點為選品策略極為精準，供應鏈營運高效率，使用者的體驗比較好，代表平臺有唯品會、折 800、聚美優品、楚楚街、聚划算等。

其中，唯品會的品牌定位就是「一家專門做特賣的網站」，為使用者提供「精選商品＋獨享低價＋尊享服務」的全方位尊貴消費體驗。唯品會透過深度整合線上特賣與實體特賣，布局全通路特賣零售，打造「特別的商品」和「特別的價格」。

▶ 適用族群

唯品會的會員族群是為數眾多的年輕族族群、白領族群及名牌愛好者，其主要合作對象為國際名牌、中國名牌等知名品牌商家，或者已獲得中國馳名商標、國家免檢產品等稱號的產品。

不過，唯品會的供應商合作門檻比較高，必須是具備法人資格的合法經營公司或企業，同時至少具備圖 7–14 所示的資格之一。

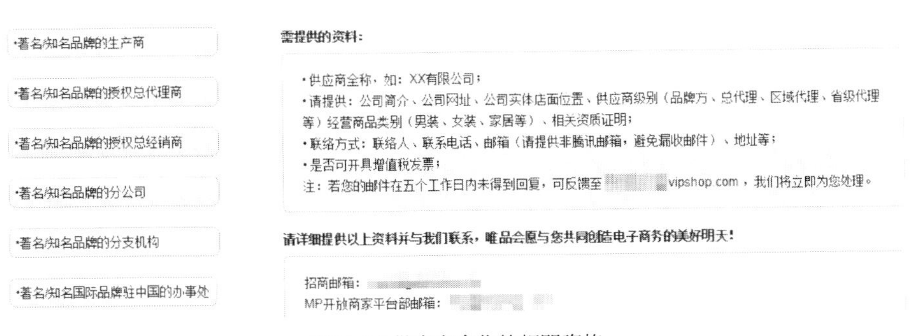

圖 7–14 供應商合作的相關資格

▶ 具體做法

加入唯品會平臺的主要優勢如下。

- 有針對性的行銷推廣方式，累積大量的使用者。
- 針對不同使用者族群進行品牌特賣，快速擴大品牌知名度。
- 專業團隊進行品牌包裝宣傳，加深消費者對品牌的印象。
- 專業的商業資料統計系統，幫助品牌合作商更好地制定市場策略。

滿足需求的供應商可以進入唯品會 MP 開放平臺，提交入駐申請，並完成相關資料的填寫。注意，商家提交的資料必須真實有效，企業的經營情況必須符合入駐要求，同時品牌授權有效、供應鏈完整。

唯品會的核心業務為自營服飾穿戴品項商品，核心策略為「好貨聚焦」，透過「深度折扣＋高 CP 值」的高品質商品吸引消費者。在下游供應鏈上，唯品會會篩選信譽好且有競爭力的供應商進行長期合作，為商家提供平等的創業機會和健康有序的市場環境，目前已經有 40,000 多家深度合作的品牌。

7.1.8
亞馬遜：跨境電商模式

▶ 模式含義

跨境電商 (Cross-Border Electronic Commerce) 模式是指透過電子商務平臺達成商品交易和進行電子支付結算的國際商業活動，基本為 B2B 和 B2C 這兩種貿易模式，具有全球性、無形性、匿名性、即時性、無紙化及快速演進等特點，代表平臺有天貓國際、亞馬遜海外購、eBay、全球速賣通、沃爾瑪等。

例如，亞馬遜海外購平臺對接海外 13 大相關站點，擁有 3 億名活躍的付費使用者，可以幫助商店全面拓展全球跨境電商業務。亞馬遜海外網站的販售商品由亞馬遜海外站點直接發貨，並透過亞馬遜物流配送至國內顧客手中。

▶ 適用族群

跨境電商模式適合以下 3 類使用者。

- 有境外購置能力的小商家。
- 有跨境電商貿易能力的個人。
- 品牌商、經銷商或生產商等類型的供貨商。

▶ 具體做法

亞馬遜全球開店站點包括亞馬遜北美站、亞馬遜歐洲站、亞馬遜日本站、亞馬遜澳洲站、亞馬遜印度站、亞馬遜中東站、亞馬遜新加坡站等。商家可以根據自己的所在地選擇合適的海外站點開店，相關流程如圖 7–15 所示。

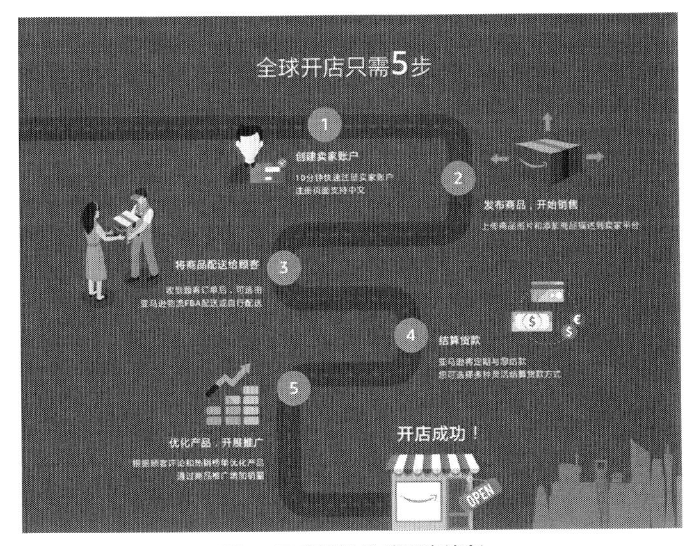

圖 7–15 亞馬遜全球開店流程

例如，選擇亞馬遜北美站開店，即可同時開通美國、加拿大、墨西哥站點，打開連結北美消費者的通路，讓商品接觸每月超過千萬名的北美客戶，在北美地區樹立自己的品牌，讓中國品牌「走出去」。同時，平臺為商家提供可靠的創新和服務，幫助商家打理物流、客服、後勤等煩瑣的事務，讓商家能夠輕鬆管理全球業務。

7.1.9 貝貝網：母嬰電商模式

▶ 模式含義

母嬰電商模式是指專注於供應母嬰產品的垂直電子商務模式，簡單來說就是專門賣母嬰產品的電商平臺，如貝貝網、辣媽商城、好孩子、母嬰之家、蜜芽等。例如，貝貝網主要提供童裝、童鞋、玩具、兒童用品等產品，其使用者族群主要為 0 ～ 12 歲的嬰童及生產前後的媽媽。

▶ 適用族群

母嬰電商模式適合專注於母嬰產品的零售企業和連鎖店鋪，包括經營母嬰服飾、童鞋、成人服飾、手提包、玩具、母嬰用品、食品生鮮、居家百貨、美妝護理等項目的商家。

貝貝網的商家必須為具有獨立法人資格的公司，因此暫不接受個體商店、合夥企業和個人獨資企業的商家入駐。

▶ 具體做法

貝貝網的入駐店鋪包括旗艦店、專賣店、專營店、普通店鋪 4 種類型，除了普通店鋪外，其他 3 類店鋪都需要提供品牌資格。其入駐流程如圖 7–16 所示。

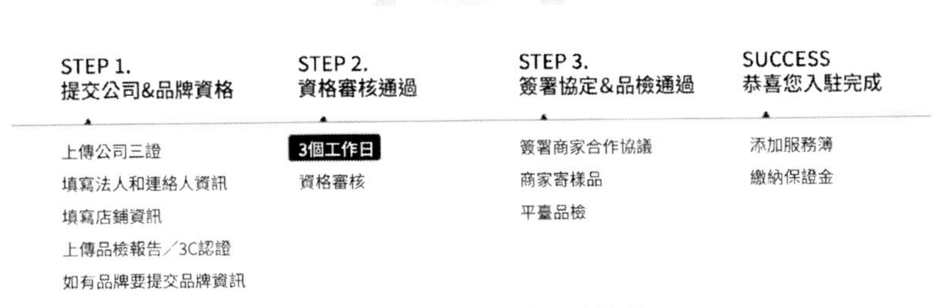

圖 7-16 貝貝網的開店入駐流程

貝貝網的主要業務包括限時秒殺（限時限量）、9.9 包郵（低價和 CP 值）、上首頁（打造超級人氣）、品牌清倉（快速清倉，回流資金）及貝店業務（精選全球貨源，供應鏈直接採購）。商家可以根據自己的行銷需求選擇合適的對接業務來布局，縮減通路，降低成本，讓產品快速出貨。

7.1.10 盒馬鮮生：生鮮電商模式

▶ 模式含義

生鮮電商是指專注於生鮮類產品交易和相關服務的垂直型電子商務模式，產品包括新鮮的水果、蔬菜、生鮮肉類等。除了阿里巴巴、京東等傳統電商巨頭打造的綜合類生鮮電商平臺外，還出現了物流電商（如順豐優選）、食品供應商（如中糧我買網、光明菜管家）、垂直生鮮電商（如優菜網、本來生活網）、農場直銷（如多利農莊、沱沱公社）、實體超市（如華潤萬家、永輝超市）、社區 O2O（如淘點點）等多樣化的生鮮電商模式。

例如，盒馬鮮生就是阿里巴巴平臺依照新消費環境來重構新消費價值觀的水果生鮮新零售門市，以資訊技術打造的社區化一站式新零售體驗中心，用科技和人情味帶給人們「鮮美生活」。盒馬鮮生的門市大部分開在人流聚集的居民區，而且只能用支付寶付款，這樣可以很好地收集使用者的消費行為大數據，從而為使用者做出個性化的消費建議。

▶ 適用族群

盒馬鮮生對於加盟商的基本合作要求為「高品質商品、穩定供貨能力、以消費者為核心」。同時，盒馬鮮生的合作對象分為以下兩類，使用者可以根據自己的產品和業務資源選擇合適的途徑。

- **供應商**：架構數位化供應鏈高效率賦能商家，回歸零售的本質，升級消費者體驗，打造新零售共榮生態圈。
- **聯營商家**：為商家提供共享流量紅利、高效率的數位化管理門市、O2O 全鏈路營運等功能。

▶ 具體做法

圖 7–17 所示為盒馬鮮生合作夥伴的入駐流程。盒馬鮮生運用了大數據、行動互聯網、智慧物聯網及自動化等創新技術，再加上各種先進的設備，來最佳化和匹配「人、貨、場地」三者之間的關係，不管是供應鏈還是倉儲和配送，都有一套完整的物流體系。盒馬鮮生最大的特點就是快速配送：門市附近 3 公里範圍內，30 分鐘送貨上門。

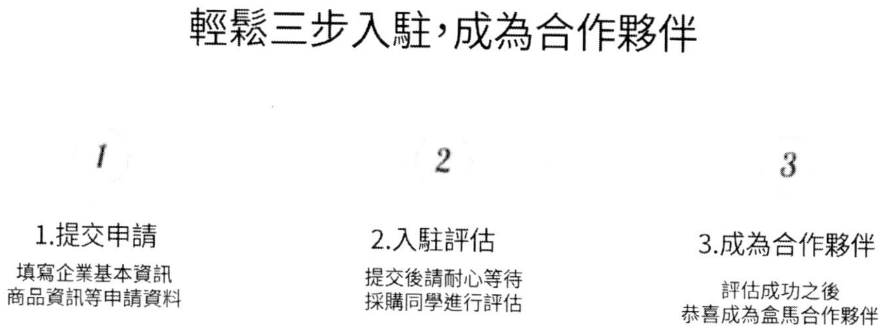

圖 7–17 盒馬鮮生合作夥伴的入駐流程

7.1.11
珍品網：奢侈品電商模式

▶ 模式含義

奢侈品電商是指用電子商務的手段在網路上直接銷售各類奢侈品，主要集中於服裝、箱包、腕錶、鞋履和配飾等品項，相關平臺有珍品網、尚品網、尊享網、寺庫、第五大道等。因為奢侈品是一種低頻消費產品，而網路又有高昂的流量成本，這讓很多平臺入不敷出，甚至關門或轉型。

不過，在各種的跨境電商市場的帶動下，奢侈品電商的市場潛力再一次被活化。例如，珍品網就是一個專注於奢侈品特賣的電商平臺，擁有數百種國際一線品牌資源，貨源採用全球直接採購的方式，保持與國際專櫃同步。

▶ 適用族群

奢侈品電商適合那些追求高品質生活、喜歡時尚及有奢侈品貨源的品牌商家，他們善於關注新鮮的潮流資訊和時尚潮流，能夠為使用者創造高端消費體驗。

▶ 具體做法

珍品網不僅有最受消費者歡迎的頂尖品牌，同時還開展了跨境海外直接寄送業務，為消費者提供 CP 值高的奢侈品。入駐珍品網目前只能透過合作電話和電子信箱的方式進行溝通，商家可以前往珍品網官網查看具體的聯絡方式。

7.1.12
樂村淘：農村電商模式

▶ 模式含義

農村電商模式透過網路平臺連接各種農村資訊與資源，為農村、農業和農民提供服務，打造有秩序的農村商業聯合體，讓農民在受益的同時也增加商家的利潤。

農村電商模式的代表平臺有農村淘寶（村淘）、京東農村電商、蘇寧易購、淘實惠、樂村淘等。例如，樂村淘就是一個專注於農村電商模式的平臺，其產品包括各種特色農產品、農用工具、家居百貨、數位電器、服裝服飾等品項。

▶ 適用族群

農村電商模式非常適合在鄉村鎮發展的有熱情、思考靈活、熟悉網路和網購的本地年輕創業者或返鄉青年。

以樂村淘為例，商家在入駐時需要提供營業執照、稅務登記證、組織機構代碼證、產品品質檢驗合格證明、商標註冊證等證件；同時，特殊商品駐店經營還必須提供特殊資格證件，如保健食品批准證書、衛生許可證、綠色食品證書、有機食品認證證書等。同時，樂村淘還推出了加盟方案，包括縣級管理加盟、省級管理加盟，縣級管理加盟的具體要求如圖 7–18 所示。

一、樂村淘縣級管理中心加盟條件：

1. 常駐當地縣城或專人負責，在該縣有一定的影響力，知名度，經濟實力；
2. 與樂村淘有共同的理念，有責任感，有事業心，希望轉型互聯網的企業；
3. 縣域內有辦公場所（100坪以上）；
4. 團隊建設最低要求（5人以上）：升級、加速、挑戰、打拚
   (1) 市場推廣人員
   (2) 培訓人員
   (3) 電商人員（有經營網拍經驗）
   (4) 管理中心負責人

圖 7–18 縣級管理加盟的具體要求

▶ 具體做法

當商家準備好相關的入駐資料和證件後，就可以進入樂村淘商城官網，點選頁面上的「客戶服務」→「商家入駐」按鈕申請線上開店，具體流程為簽署入駐協議→提交商家資訊→簽訂合約及繳費→開通店鋪。

樂村淘的收益包括短期收益、中期收益和長期收益。

- **短期收益**：合作區域的銷售額分成、特色館營運平臺收益、供貨商相關獎勵、自營品牌收益、樂縣域營運收益。
- **中期收益**：平臺廣告收益、政府補貼、企業合作收益、樂村淘物流收益及承接當地電商公共服務帶來的收益。
- **長期收益**：由樂村淘衍生出來的更多盈利方式，可由合作雙方進行協商來分配利潤。

7.2 電商平臺的營運變現技巧

在電商模式中，除了直接開店賣貨外，還衍生了很多個人變現技巧，如淘寶客推廣、內容電商、淘寶直播、阿里 V 任務及為商家提供店鋪裝修服務等，只要善於利用這些模式，都可以帶來大量的財富。

7.2.1 淘寶客推廣模式

▶ 模式含義

淘寶客和實體店中的導購員功能類似，主要工作就是幫賣家推銷商品，然後賺取賣家的返利（佣金）。對於賣家來說，使用淘寶客推廣不僅能夠快速營造人氣，而且還可以降低推廣成本，擴展推廣資源管道，獲得更高的投資報酬率。

▶ 適用族群

淘寶客通常可以分為兩類：

- **個人**：包括部落客、論壇會員、聊天工具使用者及個人網站站長；
- **網站**：包括部落格、入口網站、資訊、購物比價及購物搜尋等網站。

▶ 具體做法

進入阿里媽媽首頁，在頂部導航欄中選擇「產品」→「淘寶客」選項，進入商家聯盟中心頁面，登入後即可進入「淘寶客」首頁，在此可以開通淘寶客，以及創建、查看和管理推廣計畫。淘寶客推廣還會計算買家一段時間內的消費次數，支付給淘寶客佣金，其追蹤邏輯為：買家點擊淘寶客的推廣連結，系統會追蹤 15 天的時間，15 天之內去店鋪購買都會扣除佣金。

想做好淘寶客，先做好自己的商品和店鋪是關鍵。對於想用淘寶客推廣的商家來說，商品分析非常重要，切忌將所有商品都交給淘寶客來推廣。在選擇推廣商品時，不同的計畫要選擇不同商品來進行推廣。商家需要在自己能接受的範圍內設置一個合適的佣金比例，將更多的佣金回饋給淘寶客，這樣才能帶來更多的成交。

7.2.2 內容電商變現模式

▶ 模式含義

內容電商模式是指將圖文、短影音和直播內容與電子商務結合，透過這些高品質的內容增加消費者對產品的興趣，促使他們下單購買。

▶ 適用族群

內容電商變現模式適合網紅、超級 IP 等內容創業者，他們在網路上累積的粉絲資源將在電商平臺中實現商業利潤；而粉絲則在其中完成成為消費者的角色轉變；電商平臺直接將使用者引導到商品，完成最後的商業閉環。

▶ 具體做法

淘寶購物已經成為消費者最喜愛的購物、消遣方式，為鎖定消費者需求，增加消費者黏度，商家紛紛開啟粉絲行銷之路，想方設法將「訪客」變成「顧客」再轉為「粉絲」，用內容電商打造新的商業模式。

商家可以透過淘寶提供的各種內容行銷工具為消費者提供有價值的資訊，同時傳遞自己的產品和服務，激發消費者的購買欲望從而成交。從手機淘寶 APP 的首頁布局就可以看到，如今內容行銷占據的版塊超過了八成，如微淘、淘寶頭條、淘寶直播、有好貨、每日好店、哇哦影片等，而且透過內容行銷帶來的訪問量已超過三成。

例如，哇哦影片主要是圍繞「物」來進行創作，「物」指的是生活內容為主的電商短影音。哇哦影片的內容主要集中在親測實拍、網紅熱賣、真人推薦及購後經驗這 4 個創作方向上，如開箱教程、試吃試玩、試穿試用及真人點評等，很多網紅店主的轉換率都非常好。

對於推廣預算充足的商家來說，建議可以自己拍短影音，當然製作能力必須超過那些網紅店鋪，否則很難達到好的推廣效果。因此，如果商家預算不足，或者不具備拍攝條件，則建議選擇與影片機構合作。商家可以透過「淘榜單」參考各種資料來尋找一些可靠的達人。

7.2.3 淘寶直播邊看邊買

▶ 模式含義

淘寶直播是一個以網紅內容為主的社群電商平臺，為明星模特兒網紅等人物 IP 提供更快捷的內容變現方式。

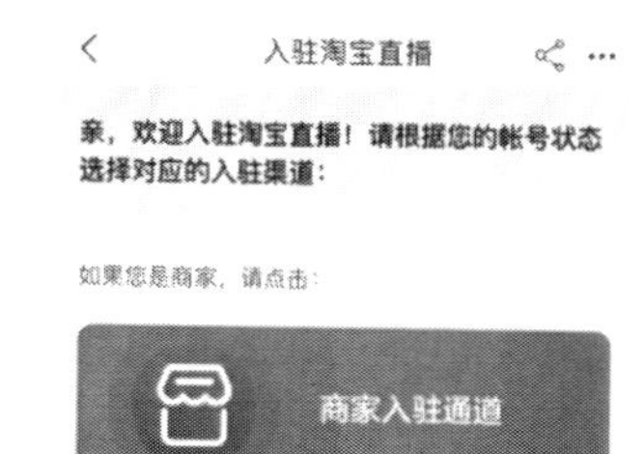

圖 7-19 淘寶直播入駐通道

▶ 適用族群

在淘寶直播平臺上，大部分淘寶達人真實身分其實是淘女郎、美妝達人、時尚博主及簽約模特兒等，他們發布較多的基本上是美妝、潮流穿搭、母嬰、美食、旅遊類產品及相關的內容形式，這些產品都是網路上比較受歡迎的類型。

▶ 具體做法

淘寶直播分為達人入駐、商家入駐、機構入駐和專業製作團隊入駐等通道，不同類型的使用者可以根據實際情況來選擇，如圖 7-19 所示。例如，選擇達人入駐的通道後，還需要進行實名認證和資料填寫，包括直播間大頭貼、暱稱及簽訂協議等，如圖 7-20 所示。

圖 7-20 主播入駐設置界面

另外，主播還需要開通直播發布權限、直播浮現權限，進階主播成長等級，以獲得相應的權益。同時，主播還需要掌握專業的行業知識，並熟悉直播商品的賣點，以及策劃好直播腳本，從而提升直播商品的成交率，增加自己的收益。

7.2.4 阿里 V 任務

▶ 模式含義

阿里 V 任務是阿里巴巴推出的一個品牌內容行銷的解決方案，幫助商家無縫連接合適的達人，達人可以在平臺上接受商家發布的各種有償推廣任務，並獲取任務酬勞。阿里 V 任務是一個賦能達人和機構實現商業化變現的平臺，具體任務包括為商家提供商品、品牌的內容創作、通路推送服務等。

▶ 適用族群

阿里 V 任務的入駐使用者主要包括創作者和 MCN 機構（多頻道聯播網）。其中，創作者的基本要求為 L2 等級及以上、擁有直播浮現權的主播及淘寶認證影片基地，MCN 機構的基本要求為成功入駐淘寶機構平臺的機構。

▶ 具體做法

首先，滿足要求的創作者可以進入阿里 V 任務首頁，點選「立即開通」按鈕，選擇「我是服務方」選項；然後，根據自己的內容定位選擇合適的角色，包括阿里創作者、主播、淘女郎、影片基地及直播 PGC（專業生產內容）欄目等；接下來，根據頁面提示填寫相關的入駐資訊，同時仔細閱讀和同意入駐協議內容；最後，繳存保證金，並簽署保證金協議，即可成功入駐。

同時，達人選擇任務時，需要先確定商家的任務目的。例如，有好貨官方活動中的達人必須能寫出有好貨的文案。整體來說，粉絲數越多，粉絲越活躍，則達人獲得高收益的機會就越大。

7.2.5　網店裝修變現

▶ 模式含義

網店裝修變現是指經營者為網路商店提供店鋪裝修服務，從而獲得一定的收益。透過電商視覺行銷設計，可以幫助商家提升店鋪品牌形象，增加消費者購買的欲望，增加店鋪和商品的轉換率。

▶ 適用族群

網店裝修變現模式適合那些有空餘時間且精通店鋪視覺設計的店鋪老闆、美編和營運專員，可以幫助沒有電商經驗、沒有專業團隊的商家提升店鋪流量和銷量。

▶ 具體做法

網店裝修包括首頁圖製作、詳情頁製作、影片製作、店鋪首頁設計等工作，使用的工具包括各種網頁和圖像編輯工具，如 Adobe Photoshop、Fireworks、Dreamweaver、Frontpage、Adobe After Effects 等。經營者可以直接在淘寶上開一個專為商家提供店鋪裝修設計的店鋪，直接出售相關服務，如圖 7–21 所示。同時，經營者可以開發一些店鋪裝修模板來提升工作效率。

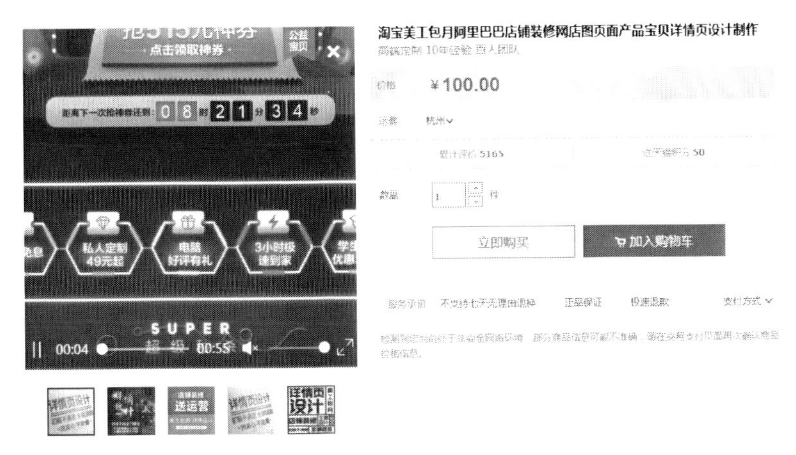

圖 7-21 透過淘寶出售網路商店裝修設計服務

第 8 章

22 種內容變現方法：專注分享專業的知識經驗

內容變現，簡而言之就是把內容當成產品來賣，該內容的形式非常豐富，包括文字、圖片、影片、直播和音訊等。隨著行動網路和行動支付技術的發展，內容變現這種商業模式也變得越來越普及，可以幫助知識生產者獲得不錯的收益和知名度。

22 種內容變現方法：付費圖文、付費問答、付費影片、付費音訊、付費課程、付費專欄、付費社群、付費會員、廣告聯盟、流量分成、版權買斷、冠名贊助 12 種內容變現模式，以及知乎、悟空問答、千聊、簡書、在行一點、知識星球、喜馬拉雅、蜻蜓 FM、豆瓣時間、網易公開課 10 個內容變現平臺。

8.1 內容變現年入百萬的操作方法

內容變現，其實質在於透過販售相關的內容產品或知識服務來讓內容產生商業價值，變成「真金白銀」。在網路時代，我們可以非常方便地將自己掌握的知識轉化為圖文、音訊、影片等產品／服務形式，透過網路來傳播並販售給受眾，從而實現盈利。

8.1.1
付費圖文：微信「付費圖文」文章變現技巧

▶ 模式含義

圖文內容，顯而易見的，指的就是由文字和圖片組成的內容形式。在所有的網路內容中，文字內容是最為基礎、直接的內容形式，它可以有效表達創作者的主題思想。但是，如果純文字形式的內容字數很多，篇幅很長，則非常容易使讀者產生閱讀疲勞感及牴觸心理。

因此，圖片是圖文內容絕對不能忽略的一個關鍵元素。因為，有時候一張好圖片能夠勝過千言萬語，其感染力及表達力會更明顯。同時，它還能為內容經營者發布的文章造成錦上添花的作用，如圖 8–1 所示。

× 胡华成 ···

很多商家为了抢跑"6 · 18"，该购物节直接从6月1日起就开始了。

手机行业为了挽回颓势，纷纷在6月1日采取了降价销售的策略。

其中，最引人注目的就是苹果首次以官方的形式参与到了"天猫 6 · 18"的打折活动中，开售首日，仅用时5个小时销售额就达到了5亿元。

再来看京东这边的数据，苹果6月1日销售额超过15亿元。

× 胡华成 ···

据悉，顺丰旗下的丰巢在 2020 年 4月底开始实施"快递柜超时收费"策略：超过18个小时，每18个小时收取5毛钱，3元封顶。

看来丰巢是真的很缺钱，一直想从用户身上赚点钱。

在此之前，丰巢就曾经因为涉嫌诱导用户打赏而被送上过热搜。这次丰巢竟然一不做二不休，干脆不诱导了，直接收费。

圖 8–1 圖文結合的內容形式示例

▶ 適用族群

付費圖文這種內容變現的商業模式適合那些有一定寫作能力的人，而且還要學會一些基本的搜尋圖片、拍照、修圖等技巧，讓自己的圖文內容變得更加優質，更能吸引讀者的目光。

▶ 具體做法

付費圖文內容變現的操作平臺非常多，如微信、今日頭條媒體平臺、短書等。高品質的內容不僅可以有效地提高平臺使用者的留存率，而且還能為平臺帶來更多的回購率。

例如，微信訂閱號推出了「付費圖文」的功能，內容創作者可以對自己的原創文章設置收費。當然，要開通「付費圖文」功能，官方帳號還需要滿足一些基本條件，如圖 8-2 所示。另外，內容創作者也可以設置部分試讀內容進行宣傳引流，吸引還沒有付費的使用者閱讀，提升他們付費的可能性和積極性。

圖 8-2 申請付費功能和基本條件

付費圖文變現不僅能夠讓創作者獲得更多收益，而且還可以提升他們的創作動力，以打造出更多的高品質內容。在進行付費圖文內容變現時，有一些技巧和注意事項，如圖 8–3 所示。

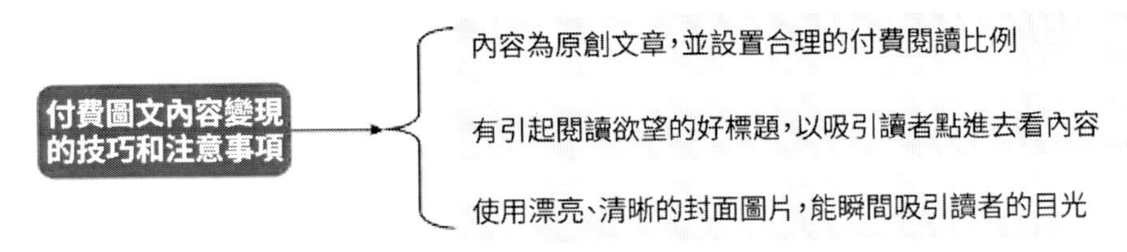

圖 8–3 付費圖文內容變現的技巧和注意事項

8.1.2 付費問答：「微博問答」回答問題就能賺錢

▶ 模式含義

在網路時代，人們獲取各種知識內容變得更加容易，不僅可以非常方便地上網搜尋各種問題的答案，同時還可以透過一些問答互動類的知識付費平臺獲得更加專業和深入的答案。面對人們日益劇增的知識渴望需求，就產生了這種「付費問答」新媒體商業變現模式。

「付費問答」簡單來說就是「花錢買答案」，答案的領域各式各樣，只要你熟知某個行業或某個知識領域，都可以成為「答主」，去幫助有需求的使用者解決一些問題，同時獲得相應的收益。付費問答可以累積大量的新知識，並且能夠聚集高度活躍的使用者，是可行度較高的知識變現路徑，它的長期可行度甚至不亞於廣告變現模式。

例如，新浪微博推出的「微博問答」功能，其問題領域包括事實、搞笑幽默、電影、攝影、財經、音樂、情感、歷史、數位、動漫、遊戲、娛樂、汽車、科學科普、健康醫療、體育、母嬰育兒、房地產、網際網路等行業，如圖 8–4 所示。

使用者可以進入開通了微博問答的博主首頁，點擊「向他提問」按鈕並對問題進行編輯，編輯完成後點擊「支付並提問」按鈕，耐心等待博主回答即可，如圖 8–5 所示。如果還有其他使用者也有相同的問題，可以直接打賞圍觀，金額可以自行設置。

圖 8–4 「微博回答」界面

圖 8–5 「編輯問題」界面

▶ 適用族群

「付費問答」內容變現模式適合在某個方面有專長的使用者，同時使用者還需要善於總結，能夠把自己掌握的知識、技能、經驗或見解總結成答案，並整理出清晰的邏輯進行合理排版，透過圖文並茂的形式寫出個人的特色，真正解決使用者的痛點需求，從而獲得平臺推薦和使用者歡迎。

▶ 具體做法

現在很多人都會遇到一些困惑，大家都會在網路上找答案。如果你能夠提供給他們專業的答案，不僅會受到他們關注，而且還會獲得他們的付費和打賞收入。因此，對於有專長的使用者來說，也可以入駐一些付費問答平臺來實現內容變現，如悟空問答、分答、在行、知乎、知了問答及微博問答等。雖然這些平臺的營運模式基本類似，但也有各自的特色。

以微博問答為例，該平臺採用的是邀約開通的方式，在微博問答內部測試期間，率先對已開通「V ＋會員」的博主及部分付費問答博主開放試用，後續將開放給更多認證使用者。付費提問被回答後，如果其他粉絲進行付費圍觀，提問者也會獲得相應的收益。

當使用者開通微博問答服務後，將會收到成功通過的私信，點選私信中的基礎設置連結，可以設定擅長領域和定價。系統會根據使用者的粉絲數和領域提供一個基礎定價，使用者可根據自身情況酌情調整。在手機端依次進入「我」→「粉絲服務」→「內容收益」→「通用設置」→「微博問答設置」界面，填寫擅長領域和提問定價，再點選「保存」按鈕即可；在 PC 端可以進入「管理中心」→「內容收益」→「微博問答」→「問答通用設置」界面進行設置，如圖 8-6 所示。

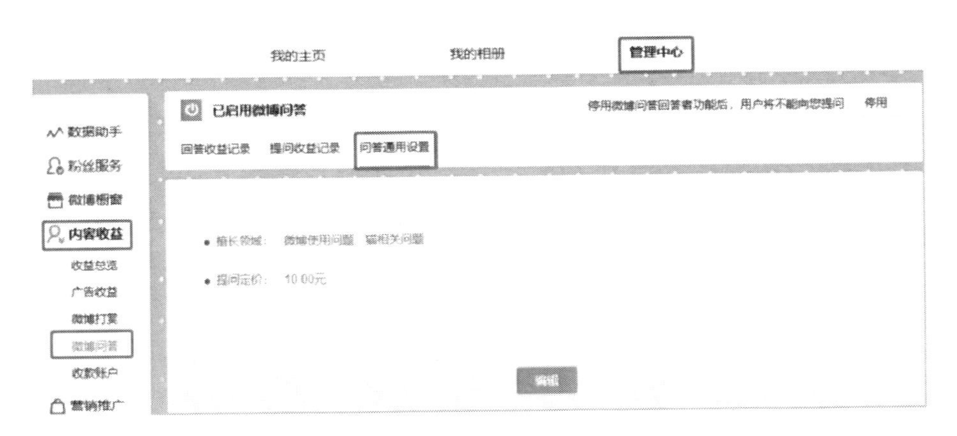

圖 8-6 設置擅長的領域和定價（PC 端）

專家提醒

每天上午 10 點使用者會收到「@ 微博問答」官方微博發送的前一天收益資料的私信，也可以進入「內容收益」模組中查看收益詳情。微博平臺的盈利方式與在行一點平臺類似，主要採取對問答雙方抽成的方式，向雙方各收取 10%的平臺服務費。

8.1.3
付費影片：加入優酷的「影片創收平臺」

▶ 模式含義

付費影片內容變現有以下兩種理解方式，不同的方式有不同的操作方法。

- 將自己的知識技能拍攝為影片內容，吸引使用者付費觀看，如圖 8–7 所示。
- 將有版權的影片內容授權給他人，獲得版權收入。

圖 8–7 付費影片課程

▶ 適用族群

付費影片變現模式適合做垂直類的專業性強的影片創作者，要求創作者口才好、有創意、會表演及有演示技能知識的能力，同時還有影片創作能力，能夠創造高品質的原創影片內容。

▶ 具體做法

付費影片的變現平臺非常多，如優酷、愛奇藝、搜狐影片、百度影片、騰訊影片、芒果 TV 等。以優酷為例，使用者可以將自己製作的影片上傳到優酷，並進行宣傳引流，同時可以加入「優酷分享計畫」和「影片創收平臺」來實現商業變現，如圖 8-8 所示。

圖 8-8 優酷影片創收平臺

8.1.4
付費音訊：透過荔枝微課開收費音訊課程

▶ 模式含義

付費音訊內容變現模式是指將自己的知識、技能或者創作的文章等內容錄製成語音，然後在一些新媒體平臺或是自己的社群中發布，讓粉絲付費購買。

▶ 適用族群

付費音訊內容變現模式適合以下族群。

- 對某個領域有研究的人，分享自己所在領域的專業技能和知識，吸引一批特定的受眾關注。例如，股票、汽車、行銷、企業管理、影視評論、外語、財經、歷史、教育或者資訊科技等知識領域，只要你對其中任何一個領域有研究，都可以透過音訊來分享這些專業知識，實現內容變現。
- 聲音好聽的人，即使沒有自己的內容，也可以購買一些熱門小說的版權，或者經典的相聲評書、音樂作品等，甚至是簡單的搞笑小故事、娛樂新聞、情感經歷、影視評論等，這些內容都可以錄製成音訊，來吸引感興趣的粉絲購買和打賞。

例如，由喜馬拉雅主播「有聲的紫襟」推出的《斗羅大陸》有聲小說，雖然單集價格只有 0.20 喜點（1 喜點＝ 1 元），但其播放量達到了 1.62 億次，累計收益也是非常驚人的，如圖 8–9 所示。

圖 8–9 「有聲的紫襟」推出的付費音訊產品

▶ 具體做法

音訊內容的傳播適用範圍更為多樣，在跑步、開車甚至工作等多種場合都能收聽音訊節目。可見，相較於影片，音訊更能滿足人們的碎片化需求。與建立微信官方帳號、開通官方微博一樣，使用者也可以搭建自己的音訊自媒體帳號，如喜馬拉雅、蜻蜓 FM、荔枝微課、考拉 FM 及千聊等，這些都是很好的付費音訊變現平臺。

圖 8-10 點擊「一鍵開課」按鈕

例如，荔枝微課就是一個以語音直播內容為主的知識精讀平臺，使用者不僅可以在此收聽感興趣的直播內容，購買知識課程，也可以一鍵開課，實現自身知識內容變現。荔枝微課採取的是 UGC 模式（User Generated Content，中文譯為「使用者原創性內容」，意指讓品牌或商品的使用者自行產出內容並分享到網路上，藉此可以獲得關注，提高品牌和商品的知名度或討論度），每個使用者都可以認證上課進行分享，分享門檻比較低。荔枝微課平臺的入駐講師包括明星、網紅、各垂直領域的 KOL（關鍵意見領袖）知識生產者及機構。

以荔枝微課的官方帳號為例，進入「個人中心」界面，點選「一鍵開課」按鈕，如圖 8-10 所示。進入「創建課程」界面，設置相應的課程標題和開課時間，課程類型可以選擇免費課、付費課或者加密課。如果選擇付費課，則還需要設置付費價格和邀請獎勵分成，如圖 8-11 所示。設置完成後，點選「立即開課」按鈕，即可創建自己的付費音訊課程直播間。

圖 8-11 「創建課程」界面

荔枝微課的開課模式包括直播模式和錄播模式兩種類型。

- **直播模式**：包括「PPT＋語音互動」、「圖文＋語音互動」、「影片＋語音互動」3 種線上直播模式。
- **錄播模式**：包括音訊錄播模式和影片錄播模式。
  - 音訊錄播模式：提前錄製長音訊課程並上傳到後臺，透過音訊講解的形式來授課，學員可以隨時隨地聽課學習、留言互動。
  - 影片錄播模式：提前錄製長影片課程內容並上傳到後臺，透過影片講解的形式授課，可以讓學員學習更加專注，講師更加輕鬆。

專家提醒

除付費音訊課程外，荔枝微課還支援「讚賞」和「贈送」等付費形式，可以讓使用者的內容變現方式更加靈活，獲得更多的粉絲和收入。

8.1.5 付費課程：加入騰訊課堂，成為一名「名師」

▶ 模式含義

付費課程是內容創作者獲取盈利的主要方式，它是指在各個內容平臺上發布文章、影片、音訊等內容產品或服務，訂閱者需要支付一定的費用才能看文章、看影片或者聽音訊。使用者透過訂閱 VIP 服務，為好的內容付費，可以讓內容創作者從中獲得成就感和回報，這樣他們才能有更多的精力和熱情進行持續的內容創作。

例如，由騰訊公司推出的線上教育平臺——騰訊課堂，憑藉著騰訊的強大的流量優勢，吸引了眾多高品質教育機構和名師入駐，打造老師在網路上上課教學、學生即時互動學習的課堂。騰訊課堂作為一個第三方中立平臺服務提供者，使用者可以利用該平臺自主發布、經營和推廣其課程。騰訊課堂有職業考試、電商行銷、興趣生活、資訊科技互聯網、升學考研究所、設計創作及語言留學等眾多線上學習精品課程，如圖 8–12 所示。

圖 8–12 騰訊課堂

專家提醒

很多自媒體平臺、社群平臺及直播平臺都在專注於原創內容的生產和變現模式。付費課程和付費會員有一個共同之處，就是能夠找出平臺的忠實粉絲。但是，內容創作者如果要透過付費閱讀來變現，就必須確保發布的內容有價值，否則就會失去粉絲的信任。

▶ 適用族群

付費課程內容變現模式適合知識服務公司、線上教育公司、線上授課老師、課程製作公司及影片錄課團隊等族群。使用者最好能取得一定的學歷或者專業證書，提升自己的權威性，同時還需要掌握一些課程包裝、PPT 設計、流程圖、後期製作、分析調查研究等技能和準備工作。圖 8-13 所示為騰訊課堂平臺中的抖音電商營運相關的付費課程。

圖 8-13 騰訊課堂平臺中的付費課程

▶ 具體做法

付費課程這個內容變現模式常用於各種線上教育、自媒體、影片網站和音訊平臺，如騰訊課堂、網易雲端課堂、得到 APP、簡書、樊登讀書會、十點讀書等平臺。例如，騰訊課堂的入駐包括個人、機構、課程分銷和企業合作等形式。

- **個人開課**：個人開課的老師需要擁有任意一項資格證明，包括教師資格證書（如數學老師）、專業資格證書（如健身教練）、高等學歷證書（如博士）及微博認證（如自媒體名人）等，基本流程如圖 8-14 所示。
- **機構開課**：機構可以免費申請入駐，入駐時需要按照課程內容選擇對應的主營業務項目，後續發布的課程都會歸屬在這一項目之下。

- **分銷課程**：使用者可以進入「分銷課程」頁面，選擇相應課程後點選「我要分銷」按鈕，生成專屬超連結，然後將其透過 QQ、微信或微博等管道分享給其他人，他人購買後即可獲得相應的分銷收益。
- **企業合作**：為企業提供高品質、專業的培訓課程解決方案，包括高級定製內容和職業實踐課程等，幫助企業打造專屬的精品內容，幫助員工提升工作效率。

另外，優秀的老師還可以加入騰訊課堂推出的「名師計畫」，打造更優質的課程服務，同時享受更多平臺特權和收益，如圖 8-15 所示。

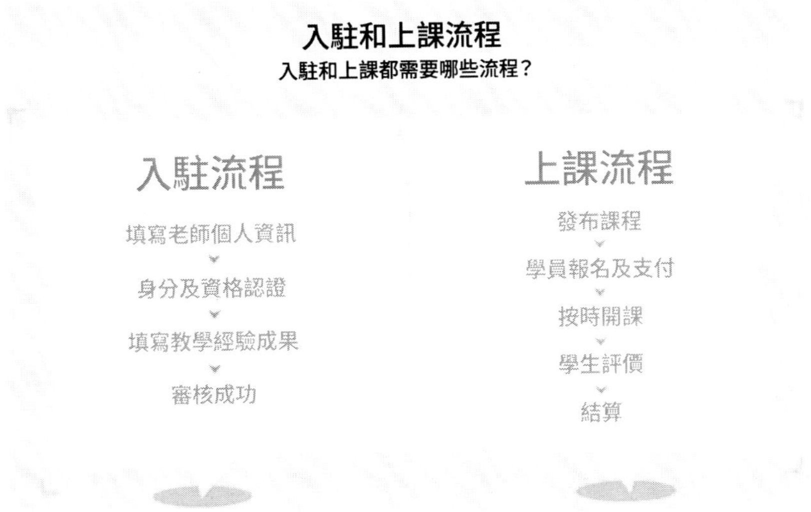

圖 8-14 騰訊課堂的入駐和上課流程

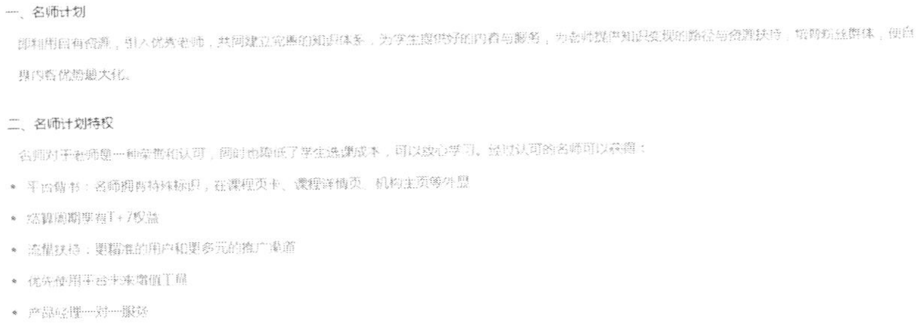

圖 8-15 騰訊課堂「名師計畫」的相關特權

8.1.6 付費專欄：今日頭條付費專欄的暴利玩法

▶ 模式含義

付費專欄是指內容變現的作品有比較成熟的系統性，而且內容的連貫性也很強，不僅能夠突出創作者的個人 IP，同時能夠快速打造「內容型網紅」。付費專欄的內容形式包括圖文、音訊、影片及多種形式混合的專欄內容，專欄作者可以自行設置價格，使用者按需求付費購買後，專欄作者即可獲得收益分成。

例如，喜馬拉雅、蜻蜓 FM、豆瓣時間、今日頭條等平臺都開設了付費專欄。例如，今日頭條的付費專欄還推出了「青雲計畫」，來獎勵優質的專欄創作者，如圖 8–16 所示。其中，2019 年度就有 1.4 萬位創作者的 12 萬篇文章獲得「青雲計畫」獎勵，獎金超過 6,710 萬元。

圖 8–16 今日頭條付費專欄「青雲計畫」

▶ 適用族群

付費專欄內容變現模式適合能夠長期輸出專業高品質內容的創作者，付費專欄的目的在於吸引潛在的「付費使用者」。相較於打賞和按讚的隨意性閱讀，訂閱付費專欄的粉絲通常是高黏度、強連接的使用者，因此需要透過付費專欄來傳遞價值，滿足使用者需求。

另外，擁有大流量的自媒體人也可以尋找一些高品質作者合作，來推廣他們的付費合作，賺取一定的佣金收入。圖 8–17 所示為筆者在今日頭條中推出的付費專欄產品，通常筆者都會先做好目標使用者定位，並將最能吸引精準使用者的元素放到標題中。

圖 8-17 筆者的付費專欄產品

▶ 具體做法

付費專欄適合做系列或連載的內容，能夠幫助使用者循序漸進地學習某個專業的知識，同時可以滿足各種內容形態和變現需求。

以今日頭條媒體平臺為例，頭條號的付費專欄不是所有人都可以申請的，而是只對部分高品質的作者開放，其申請條件如下。

- 已開通圖文／影片原創權限。
- 帳號無抄襲、發布不雅內容、違反國家政策法規等違規紀錄。
- 最近 30 天沒有付費專欄審核紀錄。
- 經過人工綜合評審，帳號圖文／影片發文品質優秀。

如果今日頭條媒體平臺的使用者滿足以上條件，就可以進入頭條號 PC 端後臺的「個人中心」→「我的權益」→「帳號權限」頁面，即可看到「付費專欄」功能，如圖 8–18 所示。有專欄開通權限（「申請」按鈕顯示為紅色）的使用者可以點選「申請」按鈕並提交資格，審核通過後，頭條號左側會出現「付費專欄」功能模組。

头条号

头条内容...

今日头条
西瓜视频
付费专栏
个人中心
账号设置
我的权益
我的粉丝
结算提现
号外推广

账号状态　账号权限

功能	状态	申请条件	功能说明
头条广告	已开通	符合条件的头条号可以开通头条广告。	功能介绍
自营广告	申请	已实名认证的头条号可申请。	功能介绍
图文原创	已开通	优质图文原创头条号可申请开通图文原创标签。	功能介绍
视频原创	申请	优质视频原创头条号可申请开通视频原创标签。	功能介绍
双标题/双封面	已开通	已开通图文/视频原创功能的头条号可申请。	功能介绍
加V认证	已开通	最近30天没有违规处罚记录的头条号可申请。	功能介绍
付费专栏	已开通	已开通图文/视频原创；无违规记录。	功能介绍
千人万元	申请	已开通图文原创功能的个人帐号可申请。	功能介绍
优化助手	申请	符合条件的头条号可开通。	功能介绍

圖 8–18 開通今日頭條媒體平臺「付費專欄」功能

開通今日頭條媒體平臺的「付費專欄」功能後，專欄作者即可創建、發布和管理圖文、影片、音訊等專欄內容，如圖 8–19 所示。在每個月的 2 ～ 4 日，專欄作者可以進入頭條號後臺提取現金。付費專欄的主要權益如下。

- **賺取分成**：專欄販售後，專欄作者可以從中獲得分成收益。
- **工具服務**：專欄作者可以使用優惠券、分銷功能、智慧推薦等工具來促進專欄售賣，提升專欄作品的曝光量和轉換率。
- **資料分析**：專欄作者可以使用今日頭條媒體平臺的專欄數據分析工具分析專欄作品的推薦量、閱讀量和專欄收益等資料，找到收益的成長空間。

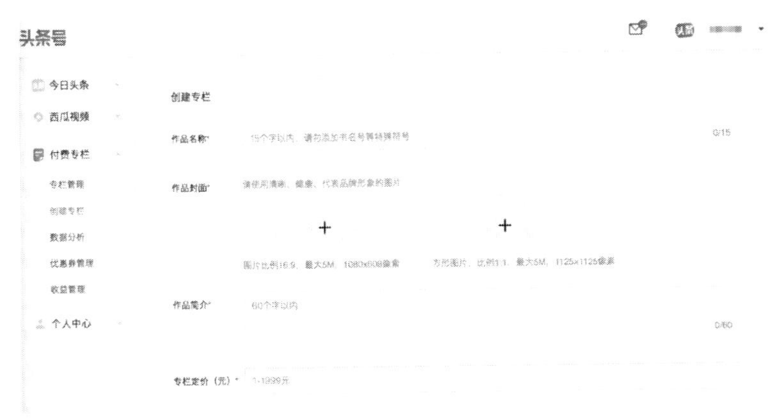

圖 8-19 「付費專欄」功能模組

8.1.7 付費社群：QQ「入群付費」，花錢才能進

▶ 模式含義

在付費會員之外，還有一種與之相似的變現模式，即付費社群模式。社群就意味著一群人的聚集，而有人也就代表它有了流量和資源。如果該社群還提供了一些有價值、很實用的服務，那麼其吸引的使用者和流量就是一筆相當可觀的潛在資源。

社群的範圍較為廣泛，大到一些協會（如手機攝影協會、網際網路協會等），小到一些微信社群，都可以成為社群。當然，並不是說隨隨便便創建一個微信社群就可以實現盈利，還需要對社群進行規劃和經營，包括完善的組織架構、社群定位、社群名稱及社群規則等。

▶ 適用族群

付費社群這種內容變現方式的適用族群比較廣泛，如大學生、上班族、寶媽、創業者、辦公室人員、企業老闆、企業行銷人員、微商及想兼職增加收入的族群等。

社群的創建門檻雖然非常低，但社群的定位一定要精準，一個社群中的使用者必須要有相同的追求，而你提供的內容剛好能滿足他們這方面的追求，這樣他們才會願意為你的內容買單。

▶ 具體做法

將社群建立好並擁有一定的粉絲基礎後，可以採用一種最直接的盈利模式，那就是第 8.1.8 節將介紹的付費會員模式。例如，很多「大 IP」利用微信社群建立了一個完整的社群體系，其他人若想加進來共享其中的資源，則需要按月、按季或者按年來繳費。

基於這一點，有些平臺就推出了「付費群組」功能，出現了一些需要付費才能加入的社群。例如，騰訊就在 QQ 平臺上推出了「入群付費」功能。在 QQ 群「入群付費」功能中，其入群需付多少費用一般由群主決定，一般為 1～20 元不等。當然，透過這種方式入群的群組人員，其權限也相對較大 —— 只要支付完入群費用就可直接入群，無須再透過群主或管理員審核。

對於「入群付費」的變現方式，經營者也是需要有一定的粉絲基礎的，首先需要該群具有一定的等級，如在開通 QQ 群「入群付費」功能時，就對群等級、群信用星級和群主等級進行了規定，如圖 8–20 所示。

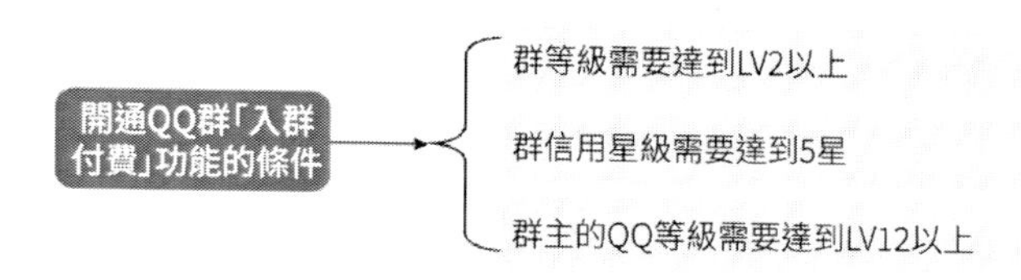

圖 8–20 開通 QQ 群「入群付費」功能的條件

專家提醒

需要注意的是，付費社群必須要有精準的目標使用者族群，並能為他們提供有價值的內容或服務。這樣，使用者才會願意付費入群。也只有這樣，才能打造出一個能快速變現的付費群組，最終實現獲利。

8.1.8 付費會員：頭條「圈子」圈住人脈和錢脈

▶ 模式含義

招收付費會員也是內容變現的方法之一，這種會員機制不僅可以提高使用者留存率和提升使用者價值，而且還能得到會費收益，建立穩固的流量橋梁。

▶ 適用族群

付費會員模式適合某個行業領域的資深從業者和培訓講師。付費會員變現最經典的例子就是「羅輯思維」，其推出的付費會員制如下。

- 設置了 5,000 個普通會員，成為這類會員的費用為 200 元／個。
- 設置了 500 個鐵桿會員，成為這類會員的費用為 1,200 元／個。

普通會員 200 元／個，而鐵桿會員 1,200 元／個，這個看似不可思議的會員收費制度，其名額卻只花了半天就售罄了。

▶ 具體做法

對於創業者和內容平臺來說，付費會員不僅能夠幫助他們留下高忠誠度的粉絲，同時還可以形成效率更高的有效互動圈，最終更好地獲利變現。例如，拼多多推出的「省錢月卡」其實就是一種間接的付費會員模式，如圖 8-21 所示。

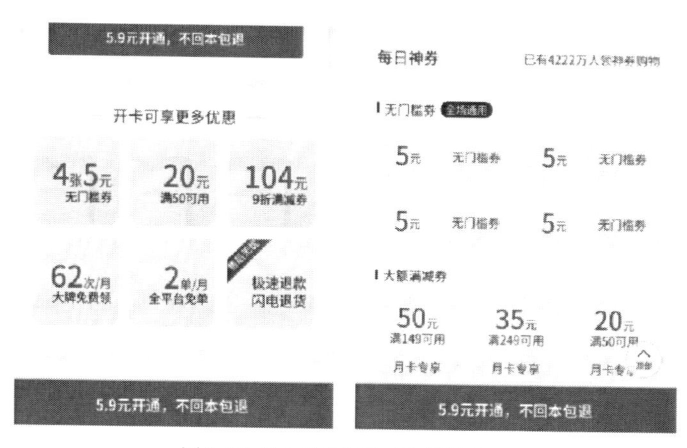

圖 8–21 拼多多推出的「省錢月卡」

再來看新媒體領域的付費會員模式，如筆者就是透過今日頭條的「圈子」功能來實現會員變現的，收費為 9.9 元／年，如圖 8–22 所示。「圈子」相當於一個靈活方便的輕量級使用者原創內容社區，創作者可以透過「圈子」功能創建免費或付費粉絲社群，不僅可以在此和粉絲雙向交流、互動，而且還能更加方便地管理社群內容。

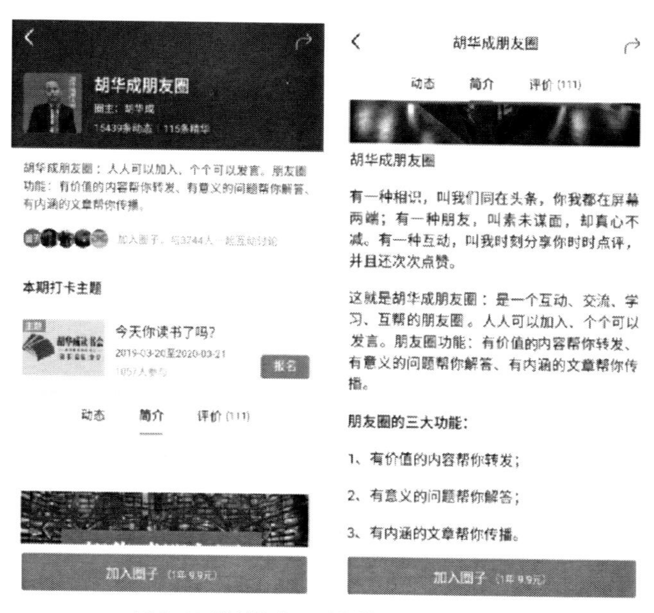

圖 8–22 筆者的今日頭條媒體平臺「圈子」

滿足相應條件的頭條號，就可以進入頭條號後臺中的「個人中心」→「我的權益」→「帳號權限」頁面，點選「申請」按鈕直接開通「圈子」功能，如圖 8–23 所示。

圖 8–23 開通「圈子」功能

專家提醒

申請開通「圈子」功能的頭條號需要滿足以下兩個條件。

- 帳號粉絲數大於 10 萬名。
- 帳號無抄襲、發布不雅內容、違反國家政策法規等違規紀錄。

如果經營者想要成功透過「圈子」來實現會員收費，則還需要有準確的內容定位、高品質的社群和與使用者活躍地互動，能夠真正讓會員有所收穫。只有這樣的「圈子」才能真正實現長久的盈利，如圖 8–24 所示。

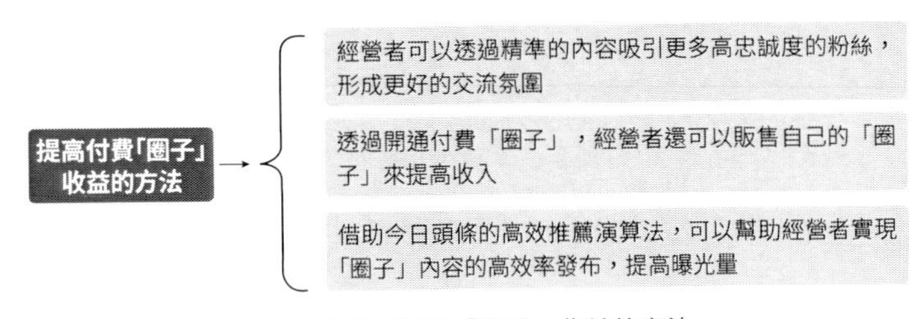

圖 8–24 提高付費「圈子」收益的方法

8.1.9
廣告聯盟：快手「快接單」廣告推廣收入

▶ 模式含義

廣告聯盟平臺是指連接廣告主和聯盟會員的第三方中間平臺，廣告主可以在平臺上發布自己的廣告需求；聯盟會員則可以根據自己的內容定位和管道特點在平臺上接廣告任務，再發布到自己的內容管道，從而獲得相應的廣告收益；而廣告聯盟平臺則從中賺取相應的服務費。

專家提醒

如今，各大內容平臺都根據自己的平臺特點推出了各種各樣的廣告變現形式來提昇平臺的競爭力。雖然它們的形式不同，但本質上都在偏向更注重消費者體驗的「原生態廣告」，透過自媒體內容這種簡單粗暴的品牌曝光方式來抓住使用者的心理，更好地實現品牌轉換。

▶ 適用族群

廣告聯盟這種內容變現商業模式適合有大量粉絲族群的經營者，同時要盡量接一些與自己內容定位相符合的產品廣告。

通俗地說，出錢打廣告的人就是廣告主，包括品牌、企業或者商家等有推廣需求的人或組織，是廣告活動的發布者，或者是銷售或宣傳自己的產品和服務的商家，同時也可能是聯盟行銷廣告的提供者。

▶ 具體做法

廣告發布是很多自媒體平臺的主要獲利途徑，在內容變現領域同樣很受歡迎。同時，這種變現途徑又可以分為多種形式，如平臺廣告補貼、第三方廣告及流量廣告等。各個內容平臺可以透過對使用者屬性進行精準定位，根據使用者的興趣推薦知識產品，提高使用者和內容之間的連接效率，並且利用大數據分析提高廣告價值，為創作者帶來更多收益，從而激發大量的使用者原創內容創作熱情。

例如，「快接單」是由北京晨鐘科技推出的面向快手使用者的推廣任務接單功能，快手經營者可以自主控制「快接單」的發布時間，流量穩定有保障，多種轉換形式保證廣告投放效果。經營者可以透過「快接單」平臺接廣告主發布的應用下載、品牌或者商品等推廣任務，並拍攝影片來獲得相應的推廣收入。

另外，「快接單」還推出了「快手創作者廣告共享計畫」，這是一種針對廣大快手「網紅」的新變現功能。主播確認參與計畫後，不需要專門去拍短影音廣告，而是將廣告直接展示在主播個人作品的相應位置上，同時根據廣告效果來付費，不會影響作品本身的播放和登上熱門等權益。粉絲瀏覽或點閱廣告等行為都可能為主播帶來收益。

8.1.10
流量分成：暴風短影音，平臺分成很簡單

▶ 模式含義

參與平臺任務獲取流量分成，這是內容行銷領域較為常用的變現模式之一。這裡的分成包括很多種，導流到淘寶或者京東的銷售產品的佣金也可以進行分成。平臺分成是很多網站和平臺都適用的變現模式，也是比較傳統的變現模式。

以今日頭條為例，它的收益方式就少不了平臺分成。但是，在今日頭條平臺上並不是一開始就能夠獲得平臺分成的，廣告收益是其前期的主要盈利手段，平臺分成要等到帳號慢慢「成長壯大」才有資格獲得。另外，如果想要獲得平臺分成之外的收益，如粉絲打賞，則需要成功獲得「原創」內容的標籤，否則無法獲取額外的收益。

▶ 適用族群

流量分成內容變現商業模式適合擁有超大流量和高黏度使用者的經營者，同時流量的來源也相對精準。

▶ 具體做法

例如，暴風短影音平臺的分成模式相對於今日頭條而言就簡單得多，而且要求也較少，具體規則如圖 8-25 所示。

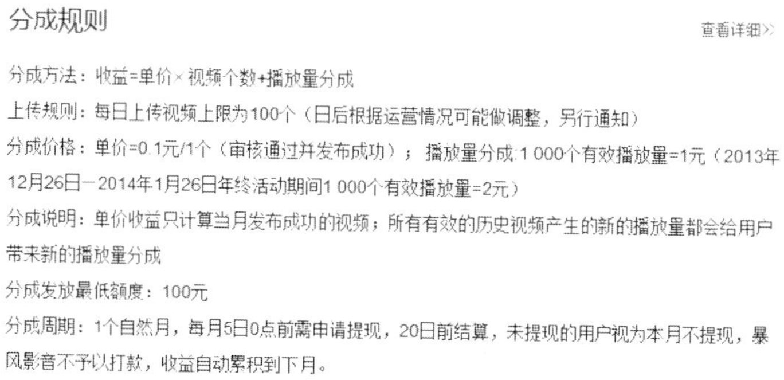

分成规则　　查看详细>>

分成方法：收益=单价×视频个数+播放量分成
上传规则：每日上传视频上限为100个（日后根据运营情况可能做调整，另行通知）
分成价格：单价=0.1元/1个（审核通过并发布成功）；播放量分成：1 000个有效播放量=1元（2013年12月26日—2014年1月26日年终活动期间1 000个有效播放量=2元）
分成说明：单价收益只计算当月发布成功的视频；所有有效的历史视频产生的新的播放量都会给用户带来新的播放量分成
分成发放最低额度：100元
分成周期：1个自然月，每月5日0点前需申请提现，20日前结算，未提现的用户视为本月不提现，暴风影音不予以打款，收益自动累积到下月。

圖 8-25 暴風短影音平臺的分成規則

專家提醒

值得注意的是，暴風短影音平臺分成實際上遠遠無法囊括創作短影音的成本，並且平臺和內容創作者是相輔相成、互相幫助的，只有相互扶持才能盈利得更多。要合理地運用這種變現模式，不能一味依賴，當然，也可以適當地經營那些補貼豐厚的管道。

這一平臺的盈利流程也很簡單，4 步驟即可輕鬆搞定，如圖 8-26 所示。

平台流程

圖 8-26 暴風短影音平臺的盈利流程

8.1.11 買斷版權：獨家播放帶來大量流量和收入

▶ 模式含義

各種發明創造、藝術創作，乃至在商業中使用的名稱和外觀設計等都是智慧財產權，都能夠透過出售版權來獲得收益。

▶ 適用族群

買斷版權這種內容變現商業模式的要求比較高，使用者需要有自己的作品，包括影視、文字作品、口述作品、音樂、戲劇、曲藝、舞蹈、雜技藝術作品、美術、建築、攝影、軟體等，同時這些作品還應當具有獨創性。

▶ 具體做法

如今，國內一些比較大型的影片網站都採用了買斷版權的內容變現策略，將特殊版權與強力 IP 做結合，以增加付費使用者的數量，如騰訊影片、QQ 音樂和愛奇藝等都喜歡用買斷的方式來操作。

例如，騰訊影片獨播上線的電影《再見美人魚》首日播放量便接近 5,000 萬條，同時該影視作品採用「免費試看＋付費觀看全集＋會員下載」等盈利模式，以此來實現內容變現。騰訊影片買斷內容版權後，就利用已有的各種終端資源來全力宣傳發布內容，從而實現流量最大化，這是其成功的要點所在。

8.1.12 冠名贊助：吸引廣告主的贊助快速變現

▶ 模式含義

一般來說，冠名贊助指的是內容經營者在平臺上策劃一些有吸引力的節目或活動，並設置相應的節目或活動贊助環節，以此吸引一些廣告主的贊助來實現變現。

▶ 適用族群

冠名贊助變現適合影視類大 IP，這些人擁有極大的影響力和粉絲族群，而且可以將 IP 與產品進行長期捆綁引流，因此吸引了很多廣告主。

▶ 具體做法

冠名贊助的廣告變現主要表現形式有 3 種，即片頭標題板、主持人口播廣告和片尾字幕鳴謝。而對內容平臺來說，其冠名贊助更多的是指經營者在平臺上推送一些能吸引人的業配文，並在合適位置為廣告主提供冠名權，以此來獲利的方式。

這種冠名贊助的形式，一方面，對經營者來說，它能讓其在獲得一定收益的同時提高粉絲對活動或節目的關注度；另一方面，對贊助商來說，可以利用活動的知名度為其帶來一定的話題量，進而對自身產品或服務進行推廣。因此，這是一種平臺和贊助商雙贏的變現模式。

例如，由愛奇藝馬東工作室打造的說話達人秀影片節目——《奇葩說》，其主要內容就是尋找擁有各種獨特觀點、口才出眾的說話達人。到 2017 年，《奇葩說》已經推出了 4 季。據悉，《奇葩說》第一季由美特斯邦威冠名，費用高達 5,000 萬元，網路點閱量達到了 2.6 億次。

當然，在這些高額廣告收入的背後，仍然需要高品質內容來支撐，否則可能只是曇花一現。另外，這種泛娛樂領域內容的廣告比較豐富，首先是 PGC（Professional Generated Content，專業生產內容）內容，然後還有網路綜藝、網路劇集和網路電影等多種強影視 IP 的內容形式。這是在電視媒體時代大家養成的習慣，即認為廣告是電視中才會出現的內容。

8.2 10 大平臺的內容變現方法

對於做內容變現的經營者來說，可以利用的主流流量平臺有很多，而且各平臺的內容特點和變現方式也有所差異，因此經營者如何選擇最適合的平臺來進行內容變現非常重要。本節將選擇 10 個比較常用的內容變現平臺做介紹。

8.2.1 知乎：成為某個小眾領域專家

▶ 平臺簡介

知乎平臺是一個社會化問答社群類型的平臺，是真實的網路問答社群，幫助使用者尋找答案和分享知識。需要注意的是，知乎平臺首頁上顯示的內容是根據使用者選擇的感興趣的話題推播的。

知乎是一個問答平臺，若想經營好知乎，就要從提問和回答這兩種主要的內容形式入手。需要注意的是，使用者的回答必須具有知識性，有含金量，要能夠引起讀者的注意。同時，回答的字數最好在 120 字以內，或半個頁面的長度，太長的文章容易讓讀者失去閱讀興趣。

▶ 適用族群

知乎平臺的使用者族群非常多元化，其中主要族群為新興中產階級族群和有一定影響力的使用者族群，具體如圖 8–27 所示。

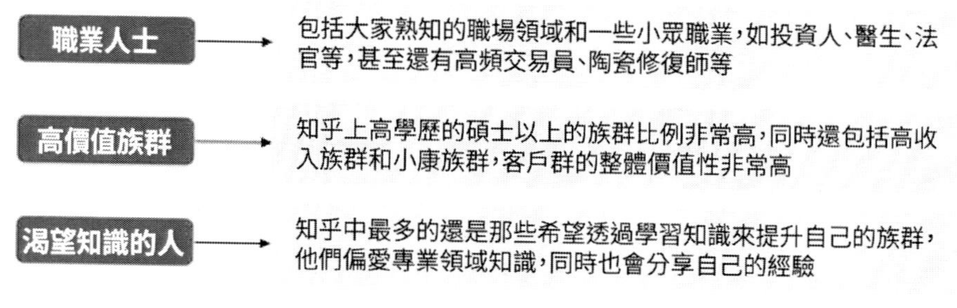

圖 8–27 知乎平臺的主要使用者族群

知乎平臺的平均月訪問量已經突破上億人數，主要的產品定位是知識共享。問題頁面是知乎最主要的頁面，使用者既可以透過搜尋來了解相關問題，也可以自己直接提問或者回答自己熟悉的問題。

▶ 具體做法

知乎平臺的主要盈利模式為「知乎 Live ＋值乎＋知乎書店＋廣告收入」，其中知乎 Live 和值乎是普通使用者實現內容變現的主要形式。

- **知乎 Live**：對於主講人所獲得的實際酬勞，平臺會抽取 30%的服務費，但會返還給優質主講人 20%的補貼，同時開放更多流量支援。對於消費者來說，平臺提供「七天無理由退款」，同時建立綠色投訴通道，保障消費者權益。
- **值乎**：這是知乎推出的付費資訊服務，使用者必須付費才可以看到問題答案。使用者可以向答主付費諮詢，答主則透過編輯內容回答問題來獲得收益，遊客則可以花 1 元旁聽答案。

任何使用者都可以作為內容生產者，基於興趣來出售知識經驗；消費者根據需求尋找同領域的知識生產者，讓他幫助自己解決問題。知乎一直定位為知識分享社群，主要的商業模式為抽成和電子書出售，不僅可以拓展使用者需求場景，而且還能減少平臺對名人與網紅的依賴度，長期以來累積了大量對高品質知識有需求的使用者。

8.2.2
悟空問答：答問題直接拿現金

▶ 平臺簡介

作為一個類似知乎這一問答社群平臺的內容產品，悟空問答不僅在短時間內吸引了眾多使用者關注，更重要的是，即使是普通使用者，也有獲利的機會。

相對於今日頭條平臺上的其他內容產品而言，悟空問答更具隨機性，它不是頭條號創作者基於某一觀點而用了一定時間準備的內容，這樣更能檢驗頭條號創作者的知識水準和處理問題、解決問題的能力。同時，在今日頭條平臺上，頭條號創作者不僅可以透過回答問題來分享自己的知識、經驗和觀念，還可以透過提出問題來解決生活和工作中遇到的問題。

▶ 適用族群

悟空問答平臺的主要使用者為領域專家、達人及學習型使用者，他們都能夠持續輸出專業生產內容內容，同時普通使用者也可以透過提高回答問題的品質來獲得進階收益。

▶ 具體做法

在「悟空問答」頻道，只要符合條件的能提供高品質內容的創作者參與問答，就有可能獲得問答分成。這裡的符合條件主要表現在兩個方面：一是創作者本身；二是創作的內容，具體分析如下。

- **創作者本身**：從頭條號創作者本身來說，其獲得問答分成的條件是必須持續創作高品質問答內容，平臺根據其曾經有過的回答內容品質來進行判斷並邀請其回答問題，在這樣的情況下就能獲得問答分成。
- **創作的內容**：當創作者獲得了問答分成資格時，並不代表他就能持續地獲得利益分成，還必須在接下來的經營中持續輸出高品質內容。這裡所指的「高品質內容」必須具備以下條件，如圖 8–28 所示。

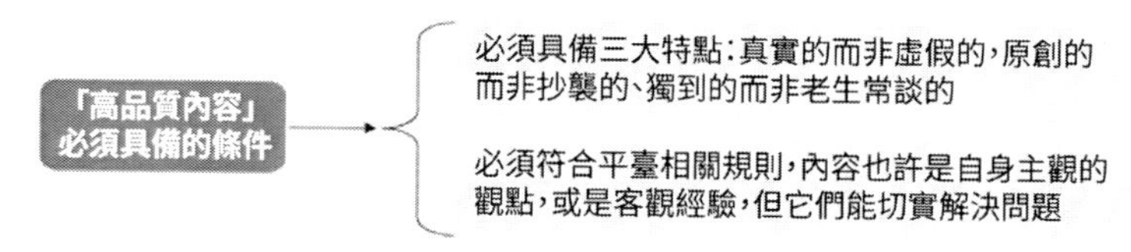

圖 8–28 「高品質內容」必須具備的條件

悟空問答內容的分成依據主要包括內容品質、作者權重和粉絲互動 3 個方面，具體如圖 8–29 所示。

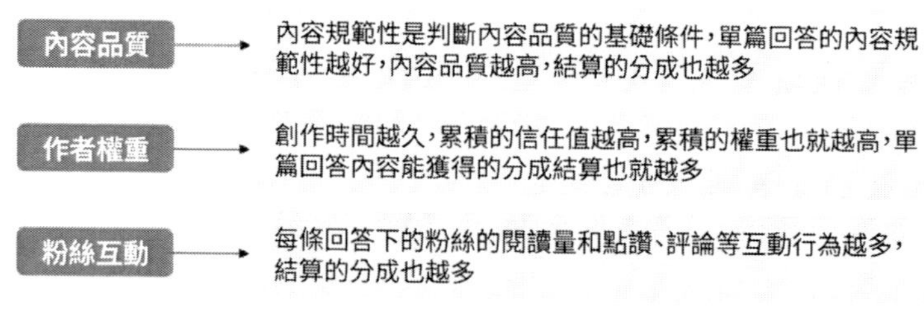

圖 8–29 悟空問答的分成依據

專家提醒

悟空問答中的結算分成是以單篇來計算的，而就單篇而言，其所獲得的分成主要由品質決定，而且沒有上限。

在悟空問答中，可以透過兩種方式來開通收益。如果所營運的頭條號是沒有在悟空問答中回答過問題的新號，此時就可以透過邀請回答問題的方式來開通收益。透過這種方式開通收益時要注意以下事項，具體如圖 8–30 所示。透過邀請方式認真回答了答題連結中的問題後，只要提交成功，第二天即可獲得收益，也就說明悟空問答收益已經開通了，同時有機會獲得高品質回答獎勵。

如果所經營的頭條號已經在悟空問答中回答過問題了，此時創作者只有透過堅持不懈地創作優質回答內容，被動地等待系統主動開通收益。

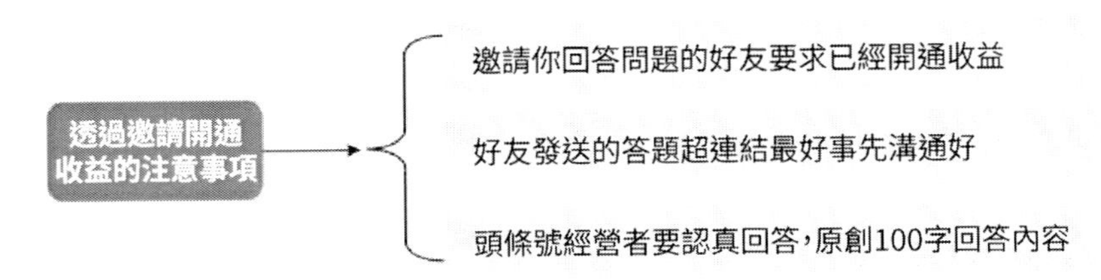

圖 8-30 透過邀請開通收益注意事項

當系統開通收益後，就會在選擇回答問題後的頁面顯示「回答得紅包」，表示系統已經幫該頭條號開通收益。在悟空問答 APP 上，如果系統已經開通了收益，那麼頁面顯示就不再是「回答得紅包」字樣，而是「回答得現金」字樣。

專家提醒

需要注意的是，這裡的紅包是不固定的，系統會根據內容的品質和推薦量、閱讀量來決定分成。因此，經營者無論是在開通收益前還是開通收益後，都應該注意保證內容品質的優秀。

8.2.3 千聊：音訊課程直播變現平臺

▶ 平臺簡介

內容變現越來越成為一種趨勢，而且很多平臺開通了內容付費功能，不僅節省了讀者篩選內容的時間，而且也對知識分享者提供了一定的內容收益，是對高品質內容提供者的一種鼓勵。千聊平臺正是這樣一個供使用者進行專業知識分享與傳播的互動社群平臺。因此，許多想要在新媒體領域開疆拓土的企業、商家和自媒體人都選擇了這一平臺來實現快速吸引粉絲和變現，如圖 8-31 所示。

千聊微課的內容形式包括知識資訊內容、經典書籍解讀、大咖精品課和精華內容課程等，匯聚了數十萬門課程，每個類別下都有上萬個精華內容和各種高品質主題直播間，使用者想學的內容基本都能找到。

▶ 適用族群

千聊平臺的主要使用者族群包括註冊機構、講師和學員三大部分，適用於各種培訓、課程、脫口秀、聊天室、旅行直播、活動直播等。

圖 8–31 千聊平臺中的付費課程

▶ 具體做法

千聊微課是基於微信平臺而建立的，由騰訊眾創空間孵化，是微信生態裡知識服務平臺的領導者。據悉，千聊微課微信端的每日活躍使用者已經達到百萬級別，官方帳號粉絲數超過 700 萬名，擁有 30 萬名講師和機構入駐，累計聽眾數達到 9,000 萬名。

有條件的新媒體經營者可以嘗試在這種微課 APP 上開設課程，這對於引流很有幫助，真正的知識能給讀者帶來很多好處，他們是不會吝嗇對向他們提供知識的好老師給予鼓勵的。所以，一個好的課程往往在推出新媒體品牌的同時，也能收獲數量可觀的粉絲。

千聊微課的開播門檻非常低，使用者登入後即可進入「個人中心」，點選「創建直播間」按鈕一鍵創建直播間，同時設置相應的課程價格即可開課。主播可以透過語音圖文直播，同時支援課程展示、一對一互動和讚賞等功能。

千聊微課的商業模式主要為「收費直播＋讚賞＋付費社區」，透過捆綁銷售來提升收益，使用者付費意願非常強烈。主播的主要收入來自收費直播和粉絲讚賞。千聊平臺是永久免費的，針對使用者直播間的收益，除了微信會扣除 0.6%的手續費外，其他收入都可以直接提領現金到微信錢包。

8.2.4 簡書：較純粹的寫作變現平臺

▶ 平臺簡介

簡書是一個去中心化的 UGC 使用者創作內容社區，口號為「創作你的創作」。該平臺不僅可以撰寫和編輯內容，而且還能夠發布和分析內容，內容以圖片和文字為主，涵蓋小說、故事、網際網路、科普、職場、勵志、理財、文化、歷史、工具、技能和電子書等。

與眾多新媒體平臺不同的是，簡書平臺有「簡信」功能，創作者可以與粉絲進行私訊溝通和交流。建議創作者能充分利用簡信，不要只顧著發表文章和回覆評論。簡信可以建立起粉絲與經營者之間的感情，不僅增加了互動，而且能增強粉絲對創作者的信任感。例如，創作者可以設計一些問題，用簡信做一個問答活動。

▶ 適用族群

簡書的基本定位為寫作和閱讀社區，因此只要使用者具有一定的寫作能力，就可以在簡書寫作、發表和投稿文章。同時，簡書的主要使用者族群集中在中高階族群上，他們有強烈的學習知識和表達思想的需求。

▶ 具體做法

簡書平臺上不僅有大量的原創內容，而且其強大的社群功能也讓平臺的使用者黏度非常高。簡書平臺的付費模式主要包括簡書會員、優選連載、簡書版權和簡書大學堂等。

- **簡書會員**：簡書會員包括普通會員（VIP）和尊享會員（SVIP）兩種類型，會員的價格和權益也有很大的差別，如圖 8–32 所示。
- **優選連載和簡書版權**：創作者可以透過發布優秀的連載小說來賺取稿費，主要包括現實題材、長篇小說、通識教育和個人成長等類型。小說作者建議要徹底完稿後，而且字數在 10 萬字以上再來投稿。版權收益可以理解成版稅，不單純是稿費，還包括影視、有聲小說及電子書等產品的收益。
- **簡書大學堂**：這是簡書推出的付費知識產品，由直播課程、付費社區及付費書籍 3 部分構成。
  - 直播課程：課程內容包括手繪、經營和攝影等，課程形式為圖文語音直播，課程時長為一個月左右，課程價格為 1 ～ 299 元不等。
  - 付費社群：由簡書的頂尖 IP 開設，社群內容包括讀書、創業、女性等方面，互動形式為微課和社群互動，訂閱價格為 360 ～ 980 元不等，訂閱時長為一年，加入社群後可學習群主更新的課程內容。
  - 付費書籍：書籍內容包括職場、藝術和歷史等領域，展現形式分為電子書和有聲書兩種方式，書籍價格為 3.99 ～ 11 元不等，更新期數為幾期至幾十期不等。

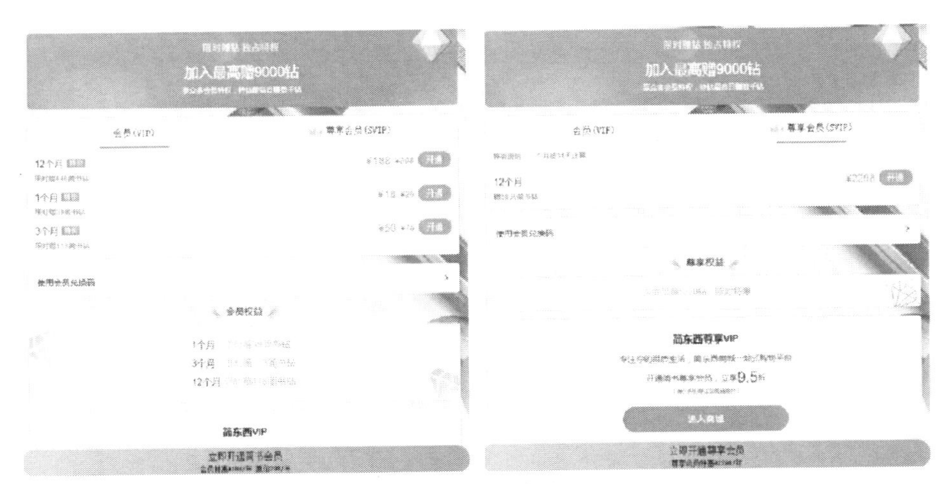

圖 8-32 簡書會員

另外，創作者還可以在系統後臺的「讚賞設置」頁面中開通打賞功能，這樣便能利用平臺獲取收益，吸引粉絲引流。由使用者在閱讀後自願「打賞」為文章付費，簡書對打賞金額抽成為 5%。

8.2.5 在行一點：提供諮詢服務收費變現

▶ 平臺簡介

在行一點即原「分答」平臺，是由在行團隊推出的一個付費語音問答平臺，主要專注於 UGC 使用者創作內容領域的付費知識問答，其主要變現模式為「付費語音問答＋偷聽分成」。

▶ 適用族群

「分答」在上線初期透過邀請大量名人明星入駐，帶來高人氣和更多現金流。同時，「分答」並不侷限於知識問答領域，而是同時具備觀點性和娛樂性，以內幕式的問答方式，可以勾起使用者的好奇心，從而獲得很多使用者關注。此後，「分答」透過開發垂直領域的付費問答項目，鼓勵個人使用者成為平臺的知識生產者，發表個人見解，提供知識分享，並且獲得收益。

在行一點主要採用短音訊和文字的內容形態，核心功能可以分為問（快問、提問專家、連結在行）、答（回答、搶答、拒絕回答）、聽（試聽、偷聽、限時免費聽、贈送）和收聽（關注），其主要優勢如圖 8–33 所示。

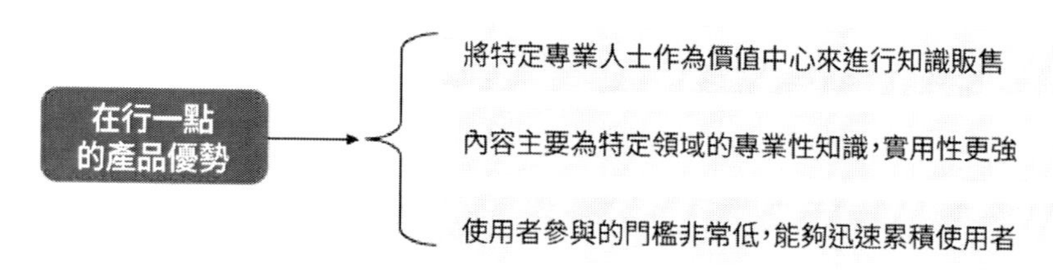

圖 8–33 在行一點的產品優勢

▶ 具體做法

在行一點的主要產品形式如下。

- **定向提問** —— UGC（User Generated Content，使用者原創內容）

  方式：使用者向指定的答主發起提問。

  價格：答主自行設定，幾元至幾千元不等。

- **快問** —— PUGC（Professional User Generated Content，專家生產內容）

  方式：使用者懸賞提問，由平臺篩選有資格的眾多答主搶答。

  價格：通常為 10 元。

- **小講** —— PUGC（Professional User Generated Content，專家生產內容）

  方式：答主提前錄製音訊＋問答互動。

  價格：大部分在 10 元以內。

- **社群** —— PGC（Professional Generated Content，專業生產內容）

  方式：付費訂閱＋社群討論，文章和音訊會每週進行更新。

  價格：79 ～ 299 元／半年。

在行一點採用 60 秒內的語音回答將問題公開，圍觀者可花 1 元「偷聽」答案，費用由提問者和回答者 1 ： 1 分成。在行一點平臺上的盈利模式主要包括答主、使用者和遊客三類角色，如圖 8–34 所示。答主可以設置付費問答的價格（一般為 1 ～ 500 元），使用者可以選擇感興趣的答主直接提出問題（≦ 50 字），並支付相應的問答費用。

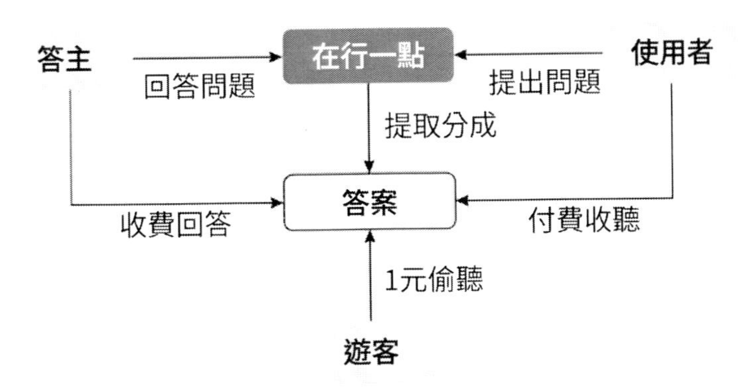

圖 8–34 在行一點的盈利模式

專家提醒

使用者還可以透過懸賞功能設定一定金額的問答費用，吸引眾人回答；答主則利用搶答功能，透過語音和文字等方式來回答問題；然後由懸賞者從眾多搶答中選出自己滿意的答案，並支付相應的賞金。而對於平臺來說，其主要透過抽取一定比例的使用者付費酬金作為收入。

8.2.6 知識星球：出售知識的好平臺

▶ 平臺簡介

知識星球即原來的「小密圈」知識社群平臺，是一個透過高品質社群連接內容創作者和內容消費者的內容變現工具。

▶ 適用族群

知識星球的核心使用者主要是微信官方帳號的經營者、微博大 V 和行業專家，這些有大量粉絲的創作者都可以透過知識星球平臺來分享高品質內容，經營社群與粉絲深度交流，以及實現知識變現。在使用者來源上，知識星球傾向於垂直領域的中小型作者、KOL（關鍵意見領袖）的粉絲族群，這些人被稱為星主。

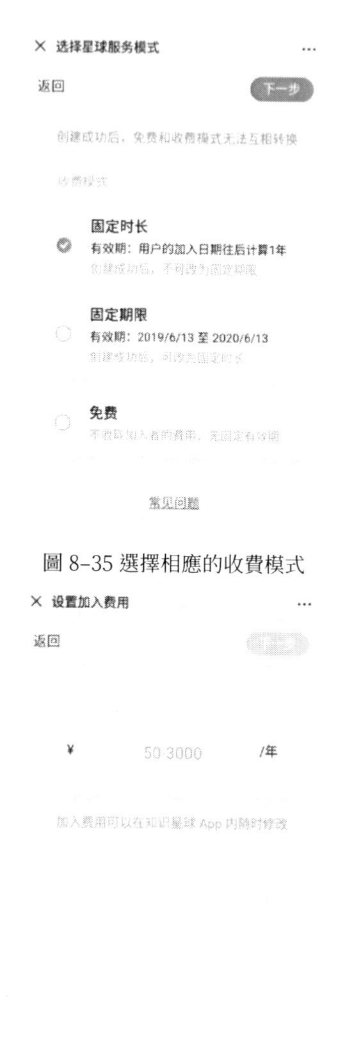

圖 8–35 選擇相應的收費模式

圖 8–36 設定加入費用

▶ 具體做法

使用者可以關注知識星球的官方帳號，點擊「我的星球」按鈕，進入「知識星球」界面。點擊「創建星球」按鈕，選擇相應的收費模式，如圖 8–35 所示。設定使用者的加入費用，採用年費方式，收費範圍為 50 ～ 3,000 元／年，如圖 8–36 所示。

設定費用後，接下來需要完善星球的相關資料，包括星球類型、名稱、簡介和成員加入是否需要審核等，盡量找準自己的擅長點或者要做的目標內容。點選「完成」按鈕，即可快速創建一個星球社群。創建星球社群後，可以對外分享發布，吸引粉絲付費加入社群。知識星球的社群玩法比較多元化，如問答社區、純內容輸出等，而且還可以分類檢索內容。

在知識星球平臺上，星主可以向使用者按年收費，收費模式包括固定時長和固定期限 2 種方式。

- **固定時長**：每個使用者的服務期都是 365 天，不管你在何時加入星球社群，都可以享受 365 天的服務。
- **固定期限**：從創建星球的這一天開始提供經營服務，總時間同樣是 365 天。在這種方式下，使用者的加入時間不會影響星球的營運時間，即使用者加入越早，服務期越長。當然，星球的內容也會逐漸累積，後面加入的使用者仍然可以看到之前發布的內容。

採用固定期限收費的方式時，需要注意當星球臨近到期日時，加入的新使用者會越來越少，而且由於他們享受的服務期限相較於早加入的人會短很多，因此滿意度也會降低。某些晚加入的使用者可能會心理不平衡，因為他們的服務期限可能不足 365 天，甚至更短。此時星主要向他們說明，所有人看到的內容都是一樣的，不會影響他們獲得的知識。

星主可以綁定微信帳號，直接提領收益到微信零錢。通常在入帳 72 小時後即可提領，但每天只能提領一次，而且每次提領金額必須高於 10 元，同時單日限額 2,000 元。使用者付費後，可以在有效期內隨意進入星球，不再產生費用。知識星球會收取 5%的手續費，用於提供更好的產品和服務。

8.2.7
喜馬拉雅：製作一套付費音訊課

▶ 平臺簡介

喜馬拉雅在版權合作的基礎上融合了「UGC ＋ PUGC ＋ PGC」等多種內容形式，同時布局「線上＋實體＋智慧硬體」等多管道來進行內容傳遞，打造完整的生態音訊體系。喜馬拉雅透過不斷開發上游原創內容，充分利用 IP 衍生價值，實現知識生產者、知識消費者和平臺的三方共贏。

▶ 適用族群

喜馬拉雅的使用者特點如下。

- 累積大量高黏度的聽眾使用者。喜馬拉雅的官網數據顯示，其手機使用者超過 4.7 億名，汽車、智慧硬體和智慧家居使用者超過 3,000 萬名，還擁有超過 3,500 萬名的海外使用者，並且占據了國內音訊行業 73%的市場占有率。
- 擁有全品項的內容產品服務。8,000 多位有聲自媒體大咖、500 萬名有聲主播，同時有 200 家媒體和 3,000 多家品牌入駐，涵蓋了財經、音樂、新聞、商業、小說、汽車等 328 類過億條有聲內容。

在喜馬拉雅平臺上，使用者主要是透過聲音來變現，因此要求使用者首先要有好的音色，掌握一定的播音發聲和配音技巧，同時還需要善於使用音訊剪輯工具。

專家提醒

需要注意的是，在透過喜馬拉雅平臺做內容變現時，你的聲音必須足夠專業。專業化主要展現在使用者有很強、很專業的聲音演繹能力，以及能夠在某一個領域持續輸出內容。

▶ 具體做法

喜馬拉雅的內容變現包括付費訂閱和主播打賞兩種方式。

(1) 付費訂閱

從具體的付費訂閱節目內容來看，喜馬拉雅的產品變現方式可以分為精品節目、低價專區和單集購買 3 種方式。

- **精品節目**：採用一次性訂閱方式，通常為 100 ～ 300 集，價格為 99 ～ 399 元不等，內容涵蓋廣泛，如商業投資、社交口才等。

- **低價專區**：採用一次性訂閱方式，通常為 100 集左右，價格為 9.9 元、19.9 元、29.9 元不等，內容以生活領域的技巧心得為主，如養生、理財和職場等。
- **單集購買**：部分內容可以單集購買，每集 0.1 ～ 2 元不等，節目內容主要集中在小說、相聲和書評等領域。

其中，知識課程專欄是平臺的主打精品節目，喜馬拉雅專注於打造更多精品化的音訊類專欄產品，來供使用者付費訂閱。例如，《好好說話》就是透過場景切入，從溝通、說服、辯論、演說到談判，教給使用者一整套應付生活場景需求的話術。對於知識課程類平臺來說，訂閱付費的潛力非常巨大，這是傳統的影片付費模式帶來的好處，培養了使用者為高品質內容付費的消費行為。

(2) 主播打賞

喜馬拉雅平臺目前已經成為知識付費領域裡的一隻超級「獨角獸」，有各式各樣的音訊付費課程，培養了大量的優秀主播資源，主播的收益管道包括廣告服務和送禮贊助。同時，主播和粉絲透過深入的互動，已經形成了強關係鏈和強信任度，粉絲的付費意願都比較高。

專家提醒

喜馬拉雅透過不斷地深度開發粉絲經濟，以及各種禮物打賞功能，來幫助主播引導粉絲打賞實現變現。同時，喜馬拉雅將「猜你喜歡」智慧推播功能整合到付費內容中，可以幫助使用者更好地解決消費決策問題，為他們推送更多感興趣的內容，提升使用者的轉換率，為主播帶來更多變現機會。

8.2.8
蜻蜓 FM：可根據流量拿收入

▶ 平臺簡介

與喜馬拉雅一樣，蜻蜓 FM 也是一個行開發動端的音訊知識產品平臺，同時還從大量的娛樂流量中開發出使用者的學習需求，借助知識變現煥發生機和活力。

▶ 適用族群

蜻蜓 FM 以休閒類音訊節目起家，相聲、小說和情感節目是使用者的主要需求。蜻蜓 FM 最初透過與經營商合作收取付費分成，如今也在大量打造付費精品區，堅持在 PGC 專業生產內容的基礎上深耕 PUGC 專家生產內容領域，透過高品質內容在付費產業中淘金。

蜻蜓 FM 透過與大量的名人合作，在生態鏈上游牢牢掌控住內容的生產環節，同時利用直播音訊產品切入知識付費領域，打造完整的音訊商業生態。

- **多元化內容**：蜻蜓 FM 的內容生產資源類型豐富、風格多樣，不僅和掌閱科技、17K 小說網、湯圓創作、朗銳數媒、酷聽聽書等有密切合作，而且重點孵化大量的大學、學生及明星等內容達的人資源，打造爆紅音訊內容。
- **堅持 PGC 內容**：蜻蜓 FM 透過邀請能夠生產高品質內容的電臺主持人入駐，給予他們更多的資源支援，從而保證線上內容源源不斷地輸出，同時還可以將這些主持人本身的粉絲轉化為平臺粉絲。例如，《高曉松曉說》、《蔣動細說紅樓夢》、《羅輯思維》、《郭德綱相聲集》等都是其頂級內容的重要部分。

◆ **多形式直播聯動**：蜻蜓 FM 透過「音訊＋影片」等內容形式實現多管道直播聯動，開啟直播專區，同時與各大直播平臺合作來生產直播內容。音訊直播對於網路的要求更低，可以滿足使用者隨時隨地聽直播的需求。

另外，蜻蜓 FM 還和音訊付費產品的下游應用場景深度結合，將產品投入各大品牌手機應用市場、車載系統及智慧家居等領域，打造生活服務的行動音訊入口，全面融入使用者生活。

▶ 具體做法

蜻蜓 FM 不斷提升 PUGC 專業生產內容的能力，專注於高品質內容生產，重點投入粉絲經濟變現模式，打造強大的內容付費核心競爭力。

◆ **內容付費**：蜻蜓 FM 的主要盈利方式為內容付費，透過多元化的發布管道來開啟付費精品區，使用者需要付費來購買這些精品內容，幫助主播實現更多營收。例如，《方文山的音樂詩詞課》的購買價格為 69 蜻蜓幣，1 個蜻蜓幣等於 1 元。

◆ **付費會員**：使用者為開通會員附加功能而付費。蜻蜓 FM 的超級會員套餐為 228 元／年，可以免費收聽所有帶會員專享和會員標示的內容，同時還能以更低折扣購買付費內容。

◆ **流量分成**：蜻蜓 FM 比傳統電臺擁有更廣的覆蓋面和更多的粉絲量，不僅可以提高主播的知名度，而且主播還可以獲得平臺的流量分成收入。主播可以申請蜻蜓 FM ＋ V，加入分成計畫，獲取廣告收益。

另外，主播還可以參加蜻蜓 FM 的官方任務和活動，獲取更多獎勵收入。例如，蜻蜓 FM 舉辦的全球博主競技大賽，獎金池高達 1.6 億元。

8.2.9
豆瓣時間：付費訂閱與推廣佣金

▶ 平臺簡介

豆瓣時間是由豆瓣平臺推出的內容付費產品，平臺透過深度分析使用者需求來精心製作付費專欄的知識產品。

豆瓣時間的內容形式主要包括專欄類音訊產品和直播類音訊產品。豆瓣時間的專欄類音訊產品包含數十期至上百期不等的精品內容，呈現形式以音訊和文字為主，並且會每週定時進行更新。豆瓣時間直播類音訊產品數量並不多，而且大部分是免費或者低價產品。

▶ 適用族群

豆瓣時間的內容形式主要為 PGC 專業生產內容的模式，透過邀請學界名家、青年新秀及各行各業的達人來製作精品內容。豆瓣時間的內容領域主要是文化領域，聚集了大量的文藝青年，自然而然地被標上了「文藝」和「小資」的標籤，這一點和豆瓣本身的定位也是相輔相成的。

▶ 具體做法

豆瓣時間的核心業務流程為：使用者在平臺上選擇喜歡的知識產品，然後訂閱支付購買，即可開始學習。豆瓣時間付費專欄產品的定價基本在 29 ～ 128 元範圍內，如圖 8-37 所示。付費專欄產品還支援贈送功能，使用者可以購買這些專欄產品送給自己的朋友，不僅可以提高使用者轉換率，而且還能吸引更多粉絲入駐平臺。

另外，豆瓣時間還推出了「豆瓣時間聯盟」計畫，使用者可以申請成為豆瓣時間的高級推廣員，將高品質內容分享給其他人。當有人透過使用者分享的連結購買推廣產品後，使用者將獲得相應比例的佣金收入，如圖 8-38 所示。

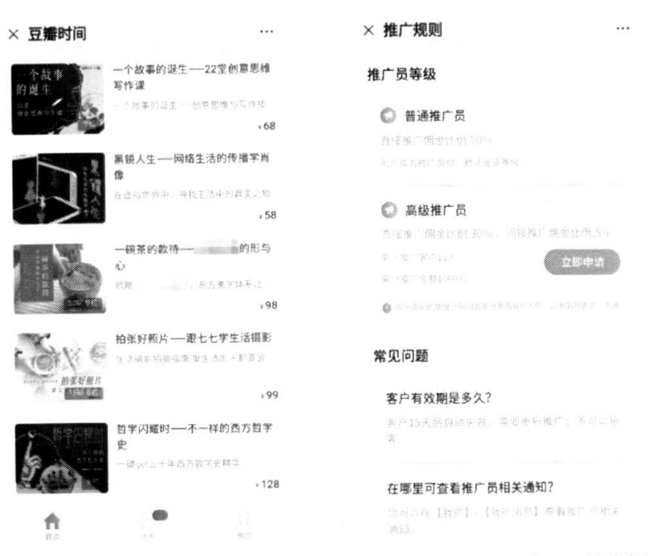

圖 8–37 豆瓣時間付費專欄產品　　圖 8–38 「豆瓣時間聯盟」推廣規則

專家提醒

豆瓣時間的大部分付費專欄產品可以免費試聽部分課程，使用者可以先試聽，然後根據內容來決定是否購買，在一定程度上也提升了使用者體驗，幫助使用者更好地做出消費決策。

豆瓣時間保持了豆瓣社區文化源於興趣的特性。據悉，豆瓣時間上線僅 5 天，就創下了百萬元銷售額，同時付費訂閱使用者也突破萬人。

8.2.10 網易公開課：線上教師賺錢更有效

▶ 平臺簡介

網易公開課是一個為使用者提供各種內容服務的線上平臺，內容形式包括文字、圖片、音訊、影片等。使用者不僅可以閱讀和收聽其中的內容，還可以轉發分享這些內容，與更多使用者進行內容的交流和互動。

▶ 適用族群

垂直領域專家、意見領袖、評論家等個人創作者，或者以內容生產為主的公司、機構，都可以在網易公開課上發布免費或付費課程。講師入駐後，可以透過文字、音訊或影片等內容形式來表達自己的個人見解和傳播行業知識，內容包括文學、數學、哲學、語言、社會、歷史、商業、傳媒、醫學／健康、美術／建築、工程技術、法律／政治、心理學、教學／學習等。

▶ 具體做法

網易公開課平臺免費課程和付費課程雙管齊下，大量的免費內容可以激起使用者學習的熱情，精選付費內容則可以滿足使用者深度學習的需求，打造從流量到價值的閉環。圖 8–39 所示為網易公開課平臺中的付費內容。

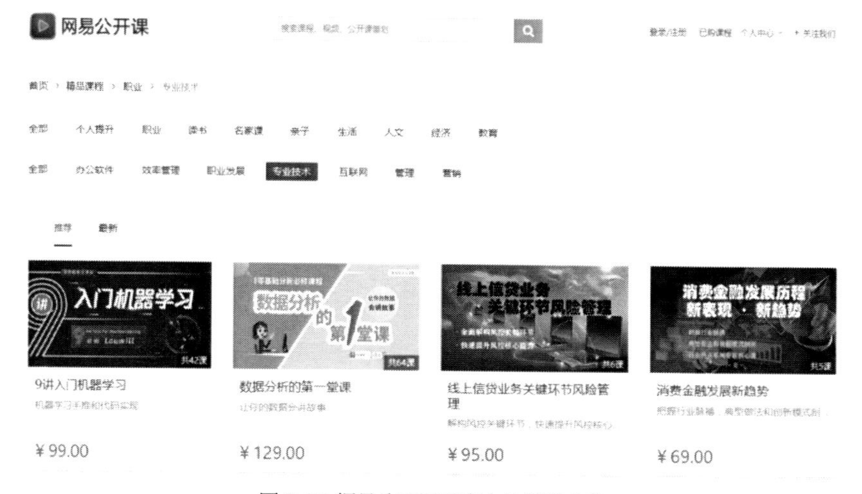

圖 8–39 網易公開課平臺中的付費內容

目前，網易公開課的付費專案不支援自主入駐，使用者在入駐前需要與平臺營運人員確定好合約，並提供網易電子信箱帳號，由營運人員協助開通課程專欄維護平臺權限後，即可登入網易公開課後臺。

使用者入駐後，需要先設置機構資訊，然後簽署相應的課程合作協議，在其中可以約定分成比例。此處的分成比例是指每賣出一份課程，課程提供方可以獲得的分成比例。設置好這些資訊後，使用者才能上傳相關的課程內容，同時還可以修改課程價格。

第 9 章
18 種直播變現方法：借網紅經濟引爆產品銷量

在短影音的超人氣之下，也帶來了「短影音＋直播」模式的想像空間，讓直播再一次火熱起來。特別是一些直播網紅，其利用本身的強大號召力和粉絲基礎，以直播內容打造自己的專屬私域流量池，來進行使用者引流和商業變現。

18 種直播變現方法：付費會員、粉絲打賞、付費觀看、版權銷售、企業宣傳、遊戲道具、網紅變現、現場訂購、置入性行銷、直播活動、MCN（多頻道聯播網）網紅、出演網路電視劇、形象代言、商業合作、公會直播、遊戲廣告、遊戲聯合營運、主播任務。

9.1 淺談直播變現的 6 種常見形式

本節總結了直播變現的 6 種常見形式，如付費會員，讓使用者享受特殊服務；粉絲打賞，讓使用者為主播的表現給出獎勵。此外，還有版權銷售、遊戲道具、付費觀看等變現方式。

9.1.1 付費會員：以特殊服務獲得變現

▶ 模式含義

會員是內容變現的一種主要方法，不僅在直播行業風行，在其他行業也早已經發展得如火如荼，特別是各大影片平臺的會員制，如 YY、樂視、優酷、愛奇藝等。如今很多影片平臺也涉足了直播，於是它們將會員這一模式植入了直播之中，以此變現。

▶ 具體做法

直播平臺實施會員模式與影片平臺實施會員模式有許多相似之處，其共同目的都是變現盈利。那麼會員模式的價值到底展現在哪些方面呢？分析如下。

- 平臺可以直接獲得收益。
- 直播平臺的推廣部分依靠會員的力量。
- 透過會員模式可以更加了解使用者的偏好，從而制定相應的行銷策略。
- 會員模式可以讓使用者更加熱衷直播平臺，並養成定期觀看直播的習慣。

平臺採用會員制的原因在於主播獲得打賞的資金所占比例較高，在一定程度上削弱了平臺自身的利益；而會員模式無須與主播分成，所以盈利更為直接、高效率。對於主播使用者來說，可以透過微信來管理會員，並針對付費會員開設專屬直播間。

9.1.2 粉絲打賞：卸下粉絲戒備心

▶ 模式含義

打賞這種變現模式是一種新興的鼓勵付費模式，使用者可以自己決定要不要打賞，現在很多直播平臺的盈利大多數依靠打賞。打賞就是指觀看直播的使用者透過金錢或者虛擬貨幣來表達自己喜愛主播或者其直播內容的一種方式。

▶ 具體做法

打賞已經成為直播平臺和主播的主要收入來源，與微博、微信文章的打賞相比，影片直播中的打賞來得更快，使用者也比較衝動。

打賞與付費會員、VIP 等強制性付費模式相比，是一種截然相反的主動性付費模式。當然，在直播中若要獲得更多的粉絲付費鼓勵，除了需要提供優質的直播節目內容外，還需要一定的技巧。為文章打賞，是因為文字引起了使用者的情感共鳴；而為主播打賞，有可能只是因為主播講的一句話，或者主播的一個表情、一個搞笑的行為。相較而言，影片直播的打賞常缺乏理性。同時，這種打賞很大程度上也引導著直播平臺和主播的內容發展方向。

粉絲付費鼓勵與廣告、電商等變現方式相比，其使用者體驗更好，但收益無法控制。但是，對於直播界的超級網紅來說，用這些方式獲得的收益通常不會太低，而且可以在短時間內創造大量的收益。

9.1.3
付費觀看：高品質內容變現

▶ 模式含義

在直播領域，除了打賞、觀眾現場訂購等與直播內容和產品有著間接關係的盈利變現外，還有一種與直播內容有著直接關係的盈利變現模式，即高品質內容付費模式 —— 粉絲支付一定的費用再觀看直播。這種盈利模式首先應該基於 3 個基本條件：有一定數量的粉絲、粉絲的忠誠度較高、有高品質的直播內容。

▶ 具體做法

在具備上述條件的情況下，直播平臺和主播就可以嘗試進行高品質內容付費的盈利變現模式，它主要出現在有著自身官方帳號的直播內容中，是由微信官方帳號文章的付費閱讀模式發展而來的。

關於高品質內容付費的盈利模式，在盡可能吸引受眾注意的前提下，該模式主要可以分為 3 類，具體如下。

- **先免費，後付費**：如果主播有優質的內容，但平臺直播業務的開展還處於初創期，則需要先讓受眾了解平臺和主播。這就需要讓受眾透過免費的方式來關注主播和直播內容，從而培養使用者關注的興趣，進而推出付費的直播內容。
- **限時免費**：直播平臺和主播除了提供初創期免費的直播課程外，有時還會提供另一種免費方式—限時免費。一般是直播平臺設置免費的方式和時間，意在說明該直播課程不是一直免費的，有時會以付費的方式出現，提醒觀眾要關注直播節目和主播。
- **折扣付費**：為了吸引觀眾關注，直播平臺與日常商品一樣採取了打折的方式。它能讓觀眾感受到直播節目或課程的原價與折扣價之間的差異，當原價設置得比較高時，受眾一般會產生一種「這個直播節目的內容應該值得一看」的心理，但又會因為它的「高價」而退卻。假如此時打折的話，就提供了那些想關注直播的受眾一個付費觀看的契機—「以低價就能看到有價值的直播，真值得！」

當然，直播如果想把付費觀看這種變現模式發展壯大，其基本前提就是要保證直播內容的品質，這才是直播內容變現最重要的因素。

9.1.4 版權銷售：「大塊頭」變現

▶ 模式含義

版權銷售這一內容變現模式也大多應用於影片網站、音訊平臺等領域。對於直播而言，主要在於各大直播平臺在精心製作直播內容時引進的各種高品質資源，如電視節目的版權、遊戲的版權等，而版權提供方則可以獲得版權收入。

▶ 具體做法

例如，2017 英雄聯盟職業聯賽全賽季的版權由全民直播、熊貓直播、戰旗直播三大直播平臺獲得，而鬥魚直播和虎牙直播只得到了常規賽週末賽事的部分版權。

作為直播行業中發展一直很穩健的遊戲直播來說，各大賽事直播的版權都是十分寶貴的，不亞於體育賽事的直播。因為只要拿到了版權，就可以吸引無數粉絲前來觀看直播，而且賽事的持續時間較長，可以為直播平臺帶來巨大的收益。

9.1.5 企業宣傳：為企業提供技術支援

▶ 模式含義

企業宣傳主要是指直播平臺推廣有針對性的產業解決方案，為有推廣需求的企業提供付費技術支援。

▶ 具體做法

直播平臺可以提供專業的拍攝設備和攝像團隊，幫助企業進行會議宣傳、品牌推廣、產品推廣、活動宣傳等直播活動，同時提供每場直播影像的資料分析服務，滿足企業客戶的更多需求。

例如，雲犀拍攝就是一個為客戶提供一站式拍攝、直播及短影音製作的服務商，致力於為企業提供高品質的即時影像服務，其合作流程如圖 9-1 所示。

圖 9-1 雲犀拍攝的企業合作流程

9.1.6 遊戲道具：引人心動的變現模式

▶ 模式含義

對於遊戲直播而言，道具是一種比較常見的盈利模式。與影片平臺相比，遊戲使用者更願意付費，因為遊戲直播的玩家和使用者族群的消費模式類似，觀看時免費，但如果要使用道具就需要收費。

▶ 具體做法

相較於其他直播而言，遊戲道具的盈利模式明顯存在著不同之處，即直播節目內容是免費的，但是當觀眾要參與其中成為遊戲玩家而使用道具時，就需要購買。當然，這也是遊戲直播最大的盈利變現途徑。

直播可以激勵遊戲玩家購買道具，因為道具收費本來就是遊戲中傳統的收費模式，但如今透過直播的方式直接為使用者呈現出使用了道具後再玩遊戲的效果，就會給使用者帶來一種更直觀的感受，讓使用者更願意去購買道具，而不是像以前那樣考慮道具到底值不值得購買。

9.2 實現直播長久變現的 12 種方法

所有的直播行銷最終目的都只有一個 —— 變現，即利用各種方法，吸引使用者流量，讓使用者購買產品，參與直播活動，讓流量變為銷量，從而獲得盈利。本節將向大家介紹幾種直播變現的策略，以供參考。

9.2.1 網紅變現：高效實現盈利目標

▶ 模式含義

網紅變現是一種以網紅為核心的相關產業鏈所延伸出來的一系列商業活動，其商業本質還是粉絲變現，即依靠粉絲的支持來獲得各種收益。

▶ 適合族群

網紅變現模式適合有顏值、有極具辨識度的人物設定，有專業的企劃團隊、有精準的粉絲族群的網紅名人。

▶ 具體做法

網紅變現的方法主要有以下幾種。

- **販賣個人的影響力**：透過網紅的影響力來接廣告、做品牌代言人，或是做產品的代購等方式進行變現。
- **建立網紅孵化公司**：大網紅可以創建自己的公司或團隊，透過培養新人主播，為他們提供完備的供應鏈和定製產品，孵化出更多的小網紅，從而共同增強自身的變現能力。
- **打造個人品牌**：網紅透過建立自己的品牌，讓自身影響力為品牌賦能，產生品牌效應，促進品牌產品或服務的銷售。

9.2.2
現場訂購：將流量轉換為銷量

▶ 模式含義

對於一些有著自己產品的企業和商家來說，其直播產生的盈利變現主要還是集中於產品的銷售方面，為直播吸引足夠的流量，最後讓流量轉化為實際銷量，這樣的盈利變現模式就是觀眾現場訂購模式。

▶ 適合族群

現場訂購模式適合有店鋪、產品的商家，其可以選擇讓自己變成主播，或者招募專業直播，以及和網紅主播進行合作等方式，透過直播賣貨增加產品銷量。

▶ 具體做法

觀眾現場訂購模式帶給主播和企業、商家的是實際的現金流，而想要獲得現金流，就需要讓觀眾下單購買產品。因此，在進行直播時，經營者有必要在直播中從以下兩方面出發設置吸睛點吸引使用者下單。

- **在標題上設置吸睛點**：例如，加入一些直播節目中產品所能帶給你的改變的詞彙。例如，「早秋這樣穿減齡 10 歲」，其中「減齡 10 歲」明顯就是一個吸睛點；或是在標題中展現產品的差異點和新奇點，如「不加一滴水的麵包」。採用這種方法設計直播節目標題，可以在更大程度上吸引更多的觀眾關注，而有了觀眾也就有了更多的流量，此時只要直播推銷的產品品質優良，那麼離觀眾現場下單訂購也就不遠了。
- **在直播過程中設置吸睛點**：這個方法同樣可以透過兩種途徑來實現。
    - 盡可能地展現優質直播內容的重點或產品的優異之處，讓觀眾在觀看的過程中受到吸引，從而現場下單訂購。例如，在淘寶直播上，當服飾、美妝產品的實際效果展現出來時，其完美的形象和效果就會促使很多人下單，甚至可能產生一分鐘之內多人下單的情況。

- 當直播進行了一段時間後，間斷性地發放優惠券或進行優惠折扣，這樣可以促使還在猶豫的觀眾下單。

9.2.3 置入性行銷：植入商家廣告變現

▶ 模式含義

在直播領域中，廣告是最簡單直接的變現方式，主播只需要在自己的平臺或內容中植入商家的產品或廣告，即可獲得一筆不菲的收入。

▶ 適合族群

置入性行銷或廣告變現模式適合擁有眾多粉絲的直播節目和主播。

▶ 具體做法

在直播中置入性行銷或廣告的變現模式主要包括以下兩類。

- **硬廣告**：所謂「內容即廣告」，這是眾多影片節目的本質。因此，主播可以直接在直播節目中播放商家的廣告，也可以直接轉發商家在其他平臺上的廣告和內容。
- **軟置入**：商家廣告透過直播內容不經意間置入，為自己的產品做宣傳，廣告的痕跡較少。

9.2.4 直播活動：行銷活動促進消費

▶ 模式含義

在直播平臺上，營運方還會針對新使用者和會員推出各種各樣的活動，並以此來實現變現。

▶ 適合族群

直播活動變現模式適合有活動企劃能力且有更多企業合作資源的主播或平臺。

▶ 具體做法

針對新使用者，一般採用送禮品或一定金額的充值方式讓使用者獲得某一項利益，來吸引觀眾關注直播。例如，「充值領徽章」的遊戲直播行銷活動，一方面能實現變現；另一方面能吸引觀眾進入直播平臺，提升與平臺的黏度。

針對會員使用者，直播平臺一般會不時地推出各種行銷活動，促進會員消費和與平臺的互動，並充分開發老客戶的行銷潛力。具體來說，其行銷活動一般包括兩類，一是折價卷的贈送，二是推出其他與會員權益相關的新活動。

9.2.5 MCN 網紅：機構化運作穩定變現

▶ 模式含義

MCN（Multi-Channel Network，多頻道聯播網）模式來自國外成熟的網紅運作，是一種多頻道網路的產品形態，藉由資本的大力支援，生產專業化的內容，以保障變現的穩定性。

▶ 適合族群

MCN 網紅變現模式適合各領域的頭部、腰部或尾部網紅。90%以上的頭部網紅，其背後都有一個強大的 MCN 機構。

使用者若想打造 MCN 網紅孵化機構，成為「捧起網紅的推手」，自身還需要具備一定的特質和技能。

- 熟悉直播業務的營運流程和相關事項，包括通路推廣、團隊建設、主播培養、市場活動開發等。
- 熟悉藝人的營運管理，能夠制定符合平臺風格的藝人成長激勵體系。
- 善於維護直播平臺資源，能夠建立和最佳化直播人員的營運體系和相關機制。
- 有團隊精神和領導團隊的經驗，能夠面試和招募優秀的新藝人，指導他們的職場發展。
- 熟悉娛樂直播行業，對行業內的各項資訊保持敏感度，能夠及時發現流行、時尚的事物。
- 熟悉網紅公會的營運管理方法，對遊戲、娛樂領域的內容有著濃厚的興趣。

▶ 具體做法

隨著新媒體的不斷發展，使用者對接收的內容的審美標準也有所提升，因此這也需要營運團隊不斷地增強創作的專業性。由此，MCN 模式逐漸成為一種標籤化 IP，單純的個人創作很難形成有力的競爭優勢。

加入 MCN 機構是提升直播內容品質的不二選擇。

- MCN 機構可以提供豐富的資源。
- MCN 機構能夠幫助創作者完成一系列的相關工作，如管理創作的內容、實現內容的變現、進行個人品牌的打造等。

有了 MCN 機構，創作者就可以更加專注於內容的精心策劃，而不必分心於內容的經營、變現。

MCN 模式的機構化營運對於新媒體平臺內容的變現來說是十分有利的，但同時也要注意 MCN 機構的發展趨勢，如果不緊跟潮流，就很有可能無法掌握其中的有利因素，從而難以實現變現的理想效果。單一的 IP 可能會受到某些因素的限制，但把多個 IP 聚集在一起就容易產生群聚效應，進而提升變現的效率。

9.2.6 出演網路劇：唱歌拍劇收入不菲

▶ 模式含義

出演網路劇變現模式是指主播透過向影視劇、網路劇等行業發展，來獲得自身口碑和經濟效益的雙豐收。

▶ 適合族群

出演網路劇變現模式適合擁有表演或唱歌等才藝的直播主播，只要主播擁有一定的名氣，就有可能獲得網路劇的邀約。

▶ 具體做法

拍網路劇的要求比較高，大部分直播主播需要經過一定的專業培訓，增強自己的表演技能。同時，出演網路劇這種變現模式還需要運用藝人經紀的方式來進行操作，在提升主播的粉絲數量、忠誠度、活躍度的同時，帶來更多的商業價值。其具體策略如圖 9-2 所示。

網路劇預熱	獲得網路劇同名小說的粉絲的關注，打造使用者基礎
拍攝網路劇	透過直播持續曝光網路劇的拍攝花絮，快速累積粉絲
網路劇開播	在初期累積的粉絲基礎上，吸引更多新粉絲
網路劇播畢	主播可以在自己的直播平臺或其他管道展開相關活動
粉絲轉換	主播可以將自己在網路劇中累積的粉絲轉換為直播粉絲，形成長尾效應，打造更多的網紅經濟變現方式

圖 9-2 運用藝人經紀的方式來操作網路劇

9.2.7 形象代言：有償幫助品牌傳播資訊

▶ 模式含義

形象代言變現模式是指主播透過有償幫助企業或品牌傳播商業資訊，參與各種公關、促銷和廣告等活動的直播，促成使用者對產品的購買行為，並使品牌建立一定的美譽或忠誠度。同時，代言人也會獲取代言費。

▶ 適合族群

形象代言變現模式適合一些明星、商界大人物或者自媒體人等大 IP。

▶ 具體做法

形象代言變現模式的收益主要依賴主播個人的商業價值，包括形象價值、粉絲價值、內容價值、傳播價值等方面，這也是主播提升收入的關鍵因素。網路上的很多明星商務交易平臺都會對當下熱門的明星和網紅進行商業價值估算，主播可以將其作為參考目標，從各個方面來努力提升自己，如圖 9-3 所示。

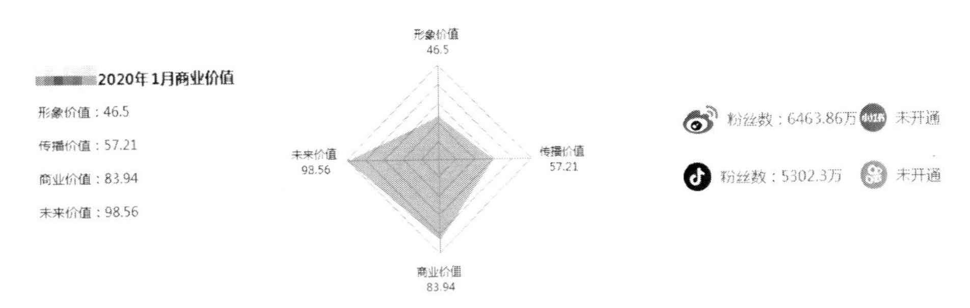

圖 9-3 明星和網紅的商業價值估算

專家提醒

當大 IP 主播擔任一個企業或品牌的形象代言人後，也需要透過各種途徑來維護品牌形象，才能快速擴展市場，以此證明自己的代言價值，而且還能使自己得到更好的發展。

9.2.8 商業合作：幫助品牌實現宣傳

▶ 模式含義

商業合作模式是指主播採用跨界商業合作的形式來變現，主播透過直播幫助企業或品牌實現宣傳目標。

▶ 適合族群

商業合作變現模式適合自身經營能力強且有一定商業資源或人脈的主播。

▶ 具體做法

對於直播行業來說，進行跨界商業合作是實現商業變現的一條有效途徑：對於企業來說，跨界融合可以將主播的粉絲轉換為品牌忠實使用者，幫助產品增值；而對於主播來說，在與企業合作的過程中，可以借助他人的力量，擴大自身的影響力。

因此，我們在做個人商業模式的變現時，不需要再單打獨鬥，而是可以選擇一種雙贏的思維：跨界合作，強強聯手，實現新的變現場景和商業模式。

9.2.9
公會直播：享有更高提成比例

▶ 模式含義

在直播行業內部，如今已經形成了一個「平臺→公會→主播」的產業鏈。公會就像是主播的經紀人，能夠為其提供宣傳、公關、簽約談判等服務，幫助新主播快速提高直播技巧和粉絲人氣，同時會從主播收入中抽成。

▶ 適合族群

公會適合新主播，或者有特色但缺乏經營能力的主播。

▶ 具體做法

加入公會後，主播通常可以獲得如下好處。

- 主播可以與公會協商禮物提成，提高自己的抽成比例。
- 每月的收益可以全額結清，部分公會還會提供保障底薪收入。
- 公會可以對主播的直播技能進行培訓，並提供直播設備和內容的支援。
- 公會可以幫助主播在高峰時期開播，搶占更多的流量資源和熱門推薦欄位。
- 加入公會後，主播可以參與更多的官方活動。
- 主播可以與公會互享粉絲資源，提升直播間的活躍氣氛。

專家提醒

當然，加入公會也有一些弊端，主要是因為公會會對主播進行抽成，以及在人員管理和直播時間的控制上更加嚴格，不如個人主播般自由。

加入直播公會有以下兩種方法。

- **與公會簽約，做全職主播**：這種方法的好處通常是有底薪和更高的禮物提成比例。但是，簽約後公會會對主播的工作提出一些要求，以及安排更多的任務，同時也需要遵守直播平臺規則。
- **依附直播公會，做兼職主播**：這種方式通常沒有保障底薪收入，但禮物提成比例比普通個人主播更高，以及能夠享受公會的流量扶持待遇，而且不用接受公會任務，開播時間比較自由。但是，依附公會時公會通常會收取一定的費用，而且也需要遵守直播平臺規則。

例如，想要開通抖音平臺的直播權限的話，要求主播的粉絲數量達到 10,000 人；但主播如果能夠加入和抖音官方合作的公會，則沒有粉絲也能開通直播權限。圖 9-4 所示為抖音直播加入和退出公會的方法和相關說明。滿足直播要求的主播，也可以提前與公會協商，然後申請入會。

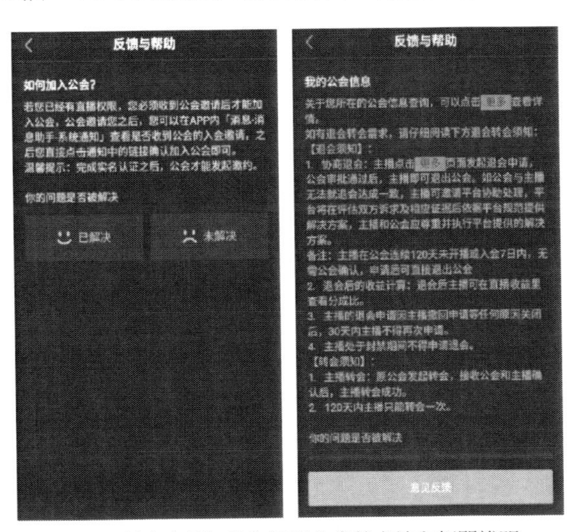

圖 9-4 抖音直播加入和退出公會的方法和相關說明

9.2.10
遊戲廣告：收取巨額的廣告費

▶ 模式含義

遊戲廣告變現模式是指主播透過直播某款遊戲，或是在直播間放上下載遊戲的 QR Code 連結，推薦給粉絲，為遊戲引流，同時獲得一定的廣告推廣收入。

▶ 適合族群

遊戲廣告變現模式適合各種遊戲技術高手、顏值高的美女主播及遊戲影片創作者。

▶ 具體做法

在直播間推廣遊戲時，主播還需要掌握一些推廣技巧。

- 聲音有辨識度。
- 清晰的敘事能力。
- 腦洞大開策劃直播腳本，將遊戲角色當成演員。
- 直播內容可以更垂直細分一些，盡可能深度經營一款遊戲。內容越垂直，使用者黏度就會越高，則引流效果越好，越容易受到廣告主的青睞。
- 主播需要學會策劃聊天話題，與粉絲互動交流，提升粉絲好感與黏度，活躍直播間氣氛。
- 主播需要認真安排每天的檔期，堅持努力，所有高收入的主播都是努力的結果。

9.2.11
遊戲聯合營運：精品遊戲充值提成

▶ 模式含義

遊戲聯合營運的直播變現模式，即是在自己的直播平臺上操作遊戲，由遊戲廠商提供用戶端、充值和客服系統等資源，主播提供直播內容和廣告版位等資源，雙方針對某款遊戲進行合作營運。由直播主播推廣而帶來的玩家充值收入則按約定的比例進行分成。

▶ 適合族群

遊戲聯合營運適合有鑽研精神、喜歡研究遊戲商業規律的人設型玩家，或是測評解說類的直播達人，能夠深入評測或者解說某款遊戲的玩法和攻略。同時，這種模式還適合有遊戲營運經驗或擁有較大流量主播資源的直播機構或公會。

▶ 具體做法

遊戲聯合營運和遊戲廣告的操作方法較為類似，但收入形式的差別較大。遊戲廣告通常是一次性收入，對於主播的推廣效果有一定的考驗；遊戲聯合營運則相當於主播自己成為遊戲廠商的合夥人，可以享受玩家在遊戲中的充值提成。

遊戲聯合營運是一種「利益共享、風險共擔」的合夥人商業模式，能夠實現合作雙方利益的最大化，其具體優勢如下。

- 將遊戲產品精準傳遞給目標使用者，快速獲取忠實使用者。
- 降低遊戲的推廣成本，為遊戲做「冷啟動」。
- 合作雙方優勢互補、互利互惠，達到雙贏的目的。

9.2.12 主播任務：享受平臺扶持收益

▶ 模式含義

有一些新的直播平臺為了吸引主播入駐，以及增加主播的開播時間，通常會給主播提供一些有償任務，主播完成任務後可以獲得對應的平臺扶持收益。

▶ 適合族群

主播任務變現模式適合一些沒有直播經驗的新手。

▶ 具體做法

例如，在抖音直播界面中，主播可以點擊右上角的「主播任務」圖標，查看當前可以做的任務，包括直播要求、獎勵和進度。點擊任務還可以查看具體的任務說明，如圖 9-5 所示。

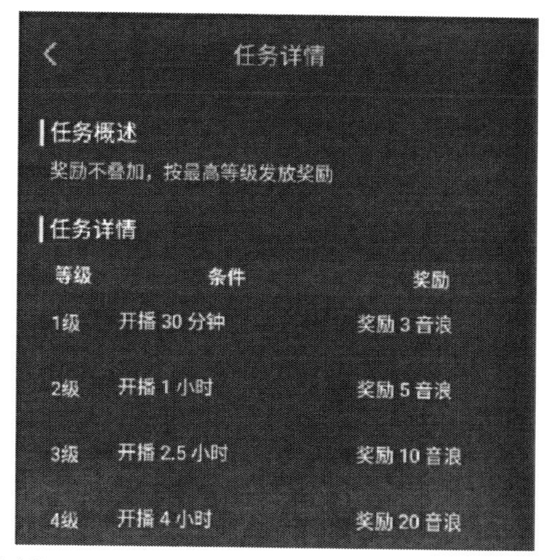

圖 9-5 主播任務

專家提醒

「音浪」是抖音平臺上的虛擬貨幣，當前比例為 1 ： 10，即 1 元等於 10 個音浪。需要注意的是，提領時還需要扣除一定的平臺抽成。

同時，在直播過程中，主播可以使用有趣的禮物互動玩法來調動粉絲送禮的積極性，增加自己的直播收入。直播結束後，主播可以對直播間的資料進行分析，為下一次直播做更好地調整提供有力依據，讓直播變得更加精采。

第 10 章

21 種短影音變現方法：打造多元化的盈利模式

iiMedia Research（艾媒諮詢）發布的資料顯示，2019 年短影音行業的使用者規模達 6.3 億人，增速 25.1%。這些數字對於創業者和企業意味著什麼？意味著短影音領域有大量的賺錢機會，因為使用者就是金錢，使用者在哪裡，哪裡的個人商業模式就更多，變現機會也就更大。

21 種短影音變現方法：包括流量廣告、浮窗 LOGO、貼片廣告、品牌廣告、影片置入 5 種常見形式，抖音、映客、快手、秒拍、美拍、火山小影片 6 大熱門平臺，以及抖音購物車、商品櫥窗、抖音小店、魯班店鋪、精選聯盟、DOU ＋上熱門、藍 V 認證、POI 資訊商家、抖音小程式、多閃 APP 10 種常見抖音短影音變現方式。

10.1 短影音廣告變現的 5 種常見形式

廣告變現是目前短影音領域最常用的商業變現模式，一般按照粉絲數量或者瀏覽量結算。廣告通常為流量廣告或者軟性廣告，將品牌或產品巧妙地置入短影音中來獲得曝光率。

10.1.1
流量廣告：多種展現形式

▶ 模式含義

流量廣告是指將短影音流量透過廣告手段而實現現金收益的一種商業模式。流量廣告變現的關鍵在於流量，而流量的關鍵就在於引流和提升使用者黏度。例如，抖音作品分成計畫就是一種流量廣告變現模式，是指在原生短影音內容的基礎上，抖音平臺會利用演算法模型來精準匹配與內容相關的廣告。

▶ 適合族群

流量廣告變現適合擁有大流量的短影音帳號，這些帳號不僅擁有足夠多的粉絲，而且他們發布的短影音也能吸引大量觀眾觀看、按讚和轉發。

▶ 具體做法

創作者需要開通作品分成計畫權限後才能看到入口，具體路徑為「我」→「創作者服務中心」→「作品分成計畫」，如圖 10–1 所示。流量廣告的變現方式為流量分成，會依據影片數、播放量和互動量等因素來評估參加作品分成計畫的影片授權收益。

圖 10–1 作品分成計畫的入口路徑和主界面

抖音平臺的流量廣告包括下面 3 種展現形式。

- **開屏廣告**：在抖音平臺上，企業可以透過抖音開屏廣告來大面積推廣品牌或產品，廣告會在使用者啟動抖音時的界面進行展示，是抖音開機的第一入口，視覺衝擊力非常強，能夠強勢鎖定新生代消費主力。
- **資訊流廣告**：廣告的展現管道為抖音資訊流內容，豎屏全螢幕的展現樣式更為原生態，可以給觀眾帶來更好的視覺體驗，同時透過帳號關聯來強勢聚集粉絲。資訊流廣告不僅支援分享、傳播，還支援多種廣告樣式和效果最佳化方式。
- **抖音挑戰賽**：廣告的展現管道為抖音挑戰賽形式，完成品牌曝光。透過挑戰賽話題的圈層傳播，吸引更多使用者的主動參與，並有效將使用者引導至天貓旗艦店，形成轉換。

10.1.2 浮窗 LOGO：懸掛品牌標識

▶ 模式含義

浮窗 LOGO 也是短影音廣告變現的一種形式，即在短影音內容中懸掛品牌標識。這種形式在網路影片或電視節目中經常可以見到。

▶ 適合族群

浮窗 LOGO 廣告變現適合為品牌定製廣告的創作者，以及品牌推廣營運機構。

▶ 具體做法

浮窗 LOGO 廣告不僅展示時間長，而且不會過多地影響觀眾的視覺體驗。創作者可以透過一些後期短影音處理軟體將品牌 LOGO 嵌入短影音的角落中。例如，剪映 APP 中的「畫中畫」功能即可在短影音中合成廣告元素，如圖 10–2 所示。

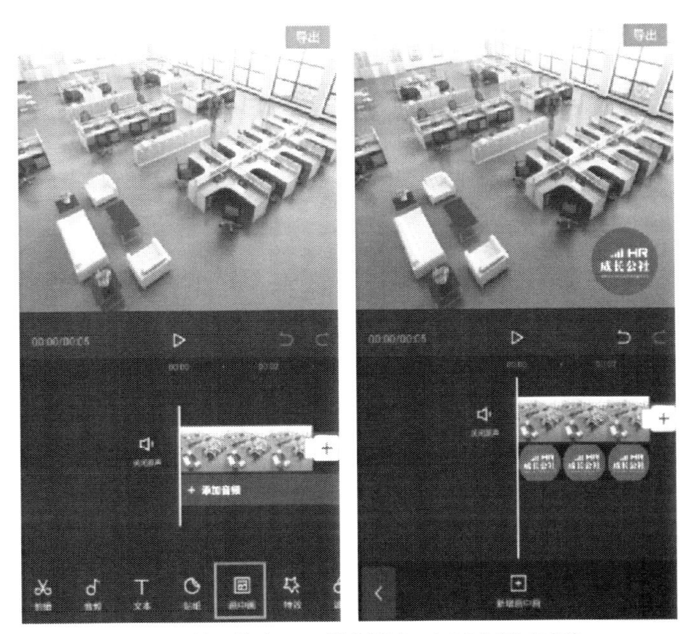

圖 10–2 使用剪映 APP 製作浮窗 LOGO 短影音廣告

10.1.3
貼片廣告：更受廣告主青睞

▶ 模式含義

貼片廣告是透過展示品牌本身來吸引大眾注意的一種比較直觀的廣告變現方式，一般出現在影片的片頭或者片尾，緊貼著影片內容。

▶ 適合族群

貼片廣告的製作難度比較大，同時還需要自身有一定的廣告資源，適合一些有粉絲的短影音媒體機構。

▶ 具體做法

創作者可以入駐一些專業的自媒體廣告平臺，這些平臺會即時推送廣告資源，創作者可以根據自己的影片內容選擇接單。同時，平臺也會根據創作者的行業屬性、粉絲屬性、地域屬性和檔期等為其精準配對廣告。

短影音貼片廣告的優勢有很多，這也是它比其他廣告形式更容易受到廣告主青睞的原因，其具體優勢如下。

- **明確到達**：想要觀看影片內容，貼片廣告是必經之路。
- **傳遞高效**：和電視廣告相似度高，資訊傳遞更為豐富。
- **互動性強**：由於形式生動立體，互動性也更加有力。
- **成本較低**：不需要投入過多的經費，播放率也較高。
- **可抗干擾**：廣告與內容之間不會插播其他無關內容。

10.1.4
品牌廣告：推廣針對性更強

▶ 模式含義

品牌廣告就是以品牌為中心，為品牌和企業量身定做的專屬廣告。這種廣告形式從品牌自身出發，完全表達出企業的品牌文化、理念，致力於打造更為自然、生動的廣告內容。

▶ 適合族群

短影音品牌廣告在內容上更加專業，需要創作者具有一定的劇本策劃、導演能力、演員資源、拍攝設備和場景、後期製作等資源，因此其製作費用相對而言也比較高，適合一些創作能力比較強的短影音團隊。

▶ 具體做法

品牌廣告與其他形式的廣告方式相比針對性更強，觀眾的指向性也更加明確。品牌廣告的基本合作流程如下。

- **預算規劃**：廣告主進行廣告預算規劃，選擇廣告代理公司和短影音團隊，進行意向溝通。
- **價格洽談**：廣告主明確表達自己的廣告需求，根據廣告合作形式、製作週期及拍攝者的影響力等因素與合作方商談價格。
- **團隊創作**：廣告主需要和短影音團隊充分溝通品牌在短影音中的展現形式，以及確認內容、腳本和分鏡頭等細節創作。
- **影片拍攝**：短影音團隊在實際拍攝過程中，廣告主或代理公司需要全程掌控，避免改動風險，保證內容品質。
- **管道投放**：將製作好的短影音投放到指定管道，吸引粉絲關注，並進行效果的量化和評估等工作及後期的宣傳維護。

10.1.5
影片置入：內容與廣告相結合

▶ 模式含義

在短影音中置入廣告，即把影片內容與廣告結合，一般有兩種形式：一種是硬性置入，即不加任何修飾地、硬生生地將廣告置入影片之中；另一種是創意置入，即將影片的內容、情節很好地與廣告的理念融合在一起，不露痕跡，讓觀眾不容易察覺。相較而言，很多人認為第二種創意置入的方式效果更好，而且觀眾接受程度更高。

▶ 適合族群

影片置入變現模式的適合族群與品牌廣告，都需要有一定的短影音創作能力。

▶ 具體做法

廣告置入的方式除了可以從「硬」廣告和「軟」廣告的角度劃分之外，還可以分為臺詞置入、劇情置入、場景置入、道具置入、獎品置入及音效置入等置入方式，具體方法如下。

- **臺詞置入**：影片主角透過唸臺詞的方法直接傳遞品牌的資訊、特徵，讓廣告成為影片內容的組成部分。
- **劇情置入**：將廣告悄無聲息地與劇情結合起來，如演員收快遞時吃的零食、搬的東西及逛街時買的衣服等，都可以置入廣告。
- **場景置入**：在影片畫面中透過一些廣告牌、代表性的物體來布置場景，從而吸引觀眾的注意。
- **道具置入**：讓產品以影片中的道具身分現身，道具可以包括很多東西，如手機、汽車、家電、抱枕等。
- **獎品置入**：很多自媒體人或網紅為了吸引使用者的關注，擴大短影音的傳播範圍，往往會採取抽獎的方式來提升使用者的活躍度，激勵他們按讚、評論、轉發。同時，他們不僅可以在影片內容中提及抽獎資訊，也可以在影片結尾處置入獎品的品牌資訊。
- **音效置入**：用聲音、音效等聽覺方面的元素暗示觀眾，從而傳遞品牌的資訊和理念，達到廣告置入的目的。例如，各大著名的手機品牌都有屬於自己的獨特的鈴聲，人們只要一聽到熟悉的鈴聲，就會聯想到手機的品牌資訊。

10.2 短影音廣告變現的 6 種熱門平臺

在網路時代，哪裡有流量，哪裡就能產生交易。各大短影音平臺也在不斷地搶占流量，同時也推出了專業的廣告變現工具，來幫助廣大創作者增加自己的收益。

10.2.1 抖音：星圖平臺

▶ 模式含義

抖音推出的星圖平臺和微博的微任務在模式上非常類似，對於廣告主和抖音達人之間的廣告對接有很好的促進作用，進一步收緊內容行銷的變現入口。

▶ 適合族群

星圖平臺的鎖定族群和主要意義如下。

- **打造更多變現機會**：星圖平臺透過對接品牌和人氣達人／ MCN 多頻道聯播網機構，讓達人們在施展才華的同時還能獲得不菲的酬勞。
- **控制商業廣告入口**：星圖平臺能夠有效杜絕達人和 MCN 機構私自接廣告的行為，讓抖音獲得更多的廣告分成收入。

滿足條件的機構可以申請抖音認證 MCN，審核通過即可進入星圖平臺接單，其資格要求如下。

- 申請機構具有合法公司資格。
- 成立時間超過一年以上。
- 成立時間不足一年，但達人資源豐富且內容獨特，可申請單獨特別批准。

- MCN 機構旗下簽約達人不少於 5 人，且擁有一定的粉絲量，在相應領域具備一定的達人服務能力及經營能力。

▶ 具體做法

星圖平臺的合作形式包括開屏廣告、原生資訊流廣告、單頁資訊流廣告、智慧技術定製廣告及挑戰賽廣告等。簡單來說，星圖平臺就是抖音官方提供的一個可以為達人接廣告的平臺，同時品牌方也可以在其中找到要接單的達人。星圖平臺的主打功能就是提供廣告任務，並從中收取分成或附加費用。例如，洋蔥影片旗下藝人「代古拉 K」接過 OPPO、vivo、美圖手機等品牌廣告，抖音廣告的報價超過 40 萬元。

與抖音官方簽約，即內容合作，入駐星圖平臺開通帳號即可接單。登入星圖平臺後，在後臺頁面中主要包括「帳戶資訊」和「任務資訊」兩個部分。在任務列表中，透過任務篩選器可以對任務進行定向篩選。如果經營者對某個任務感興趣，可以接受任務，然後根據客戶需求構思創意並上傳影片腳本。

提取廣告收益的方法也很簡單，經營者可以在星圖平臺的後臺管理頁面中進行提領操作。注意，首次提領需要通過手機綁定、個人身分證綁定、支付寶帳號綁定 3 個步驟並完成實名驗證，驗證成功後便可申請提領。

10.2.2
映客：映天下

▶ 模式含義

映天下是一家達人行銷的數位行銷企業，是映客平臺推出的商業變現平臺，一方面可以對接更多的商家資源，另一方面也將主播的商業直播權牢牢握在手裡。

▶ 適合族群

映天下致力於與時尚、美妝、美食等領域擁有內容創作、粉絲流量、帶貨轉換等能力的達人合作，幫助他們在社交平臺尋求更多的機會。

▶ 具體做法

映天下的入駐方法和變現方法如圖 10-3 所示。

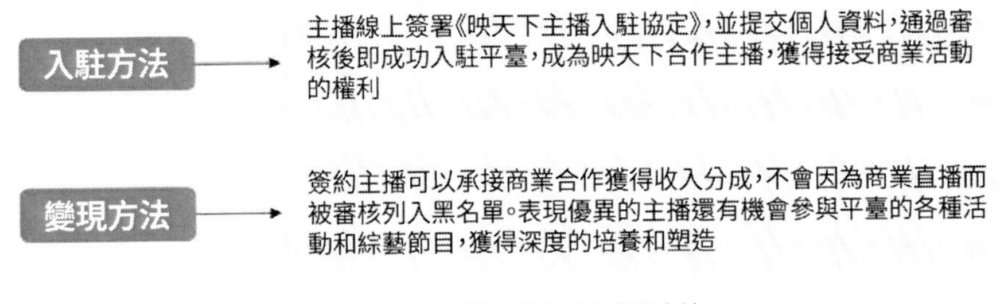

圖 10-3 映天下的入駐方法和變現方法

專家提醒

需要注意的是，映任務作為映天下商業平臺針對主播開放的唯一商業活動入口，官方不支持其他任何具有商業性質的活動，而且將對私自直播商業廣告的使用者進行處罰。

10.2.3
快手：快接單

▶ 模式含義

快接單是由北京晨鐘科技推出的快手推廣任務接單功能，主播可以自主控制快接單發布時間，流量穩定有保障，多種轉換形式也保證了投放效果。

▶ 適合族群

快接單主要針對快手使用者，如果加了工會，粉絲要大於 10 萬，如果未加入機構要大於 30 萬才能收到邀請。快手快接單不需要申請開通，達到條件的話官方會邀請你進行開通。。

▶ 具體做法

快手的廣告形式主要有應用推廣和品牌推廣兩種。

- **應用推廣**：可以提供直接下載應用的服務，使用者點選廣告頁面中的「立即下載」按鈕後，可以直接進入下載頁面。
- **品牌推廣**：點選「查看詳情」按鈕，即可進入指定的登陸頁面。

專家提醒

快接單平臺還推出了「快手創作者廣告共享計畫」，這是一種針對廣大快手「網紅」的新變現功能。主播確認參與計畫後，不需要專門拍攝短影音廣告，而是將廣告直接展示在主播個人作品的相應位置上，同時根據廣告效果來付費，不會影響作品本身的播放和上熱門等權益。粉絲瀏覽或點閱廣告等行為都可能為主播帶來收益。

10.2.4
秒拍：秒拍號

▶ 模式含義

秒拍號是由一下科技推出的媒體／自媒體創作者平臺，為短影音創作者提供內容發布、變現和資料管理服務。

▶ 適合族群

秒拍號平臺適合自媒體及各個機構類型的使用者，能夠幫助他們獲得更多的曝光和關注，擴大影響力，更好地進行品牌行銷與內容變現。

▶ 具體做法

對於短影音創作者來說，秒拍號的主要優勢如下。

- **智慧推薦**：個性化興趣推薦，幫助創作者找到更適合的觀眾。
- **引爆流量**：上億級的流量分發平臺，瞬間引爆高品質內容。
- **多重收益**：平臺提供現金分成和原創保障底薪，並拿出 10 億元資金扶持優質創作者，共建內容生態。
- **資料服務**：平臺提供多維度資料分析工具輔助創作者進行創作，幫助他們及時總結並最佳化營運效果。

創作者可以進入「秒拍號創作者平臺」首頁，點擊「加入創作者平臺」按鈕，根據頁面提示進行註冊。秒拍號創作者平臺不僅具有影片上傳、管理、推廣等功能，同時還可以獲得獨特的身分標識，平臺會優先推薦創作者的影片作品，從而獲得更高的播放量、人氣及廣告收入。

10.2.5 美拍：美拍 · M 計畫

▶ 模式含義

美拍 · M 計畫是由美拍推出的短影音行銷服務平臺，平臺會根據美拍達人的屬性來分配不同的廣告任務，達人完成廣告任務後會獲得相應的收益。

▶ 適合族群

「美拍 · M 計畫」首頁提供了「我是達人」和「我是商家」兩個不同的入口，使用者可以根據自己的實際需要進行註冊。

- **針對達人使用者**：提供大量優質的廣告主資源，能獲得更多有效變現機會，資金結算更快更有保障。
- **針對商家使用者**：為其搭配豐富精準的達人資源，獲取真實權威的資料分析，享有安全的交易保障。

需要注意的是，美拍 · M 計畫並沒有對所有的美拍達人開放，而且需要滿足一定的條件才可以參加，具體包括「美拍認證達人」和「近 30 天發布了影片」兩個要求。其中，「美拍認證達人」的難度比較大，不僅要求內容原創，而且對粉絲數量、作品數量和按讚數量都有要求。

▶ 具體做法

商家入駐美拍 · M 計畫後，可以發布推廣任務，還可以根據成功完成的金額自助開立發票。美拍 · M 計畫可以提供如下服務，如圖 10–4 所示。

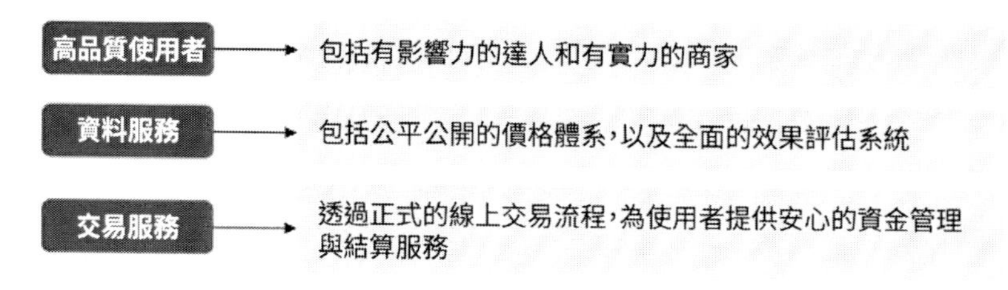

圖 10–4 美拍· M 計畫可以提供的服務

當達人接到系統發出的廣告任務後，可以自行選擇接單還是拒絕。從訂單創建開始的 24 小時內，如果達人沒有執行，則訂單會流單。達人接單後，需要根據商家的要求拍攝短影音，並在規定的時間內提交任務，在用戶端發布時選擇相應任務即可完成提交。

另外，為了保障廣告影片能順利發布，使用者需在美拍．M 計畫平臺上為達人廣告影片支付走單費用。走單的廣告影片支援添加「邊看邊買」為電商導流。達人入駐美拍．M 計畫後，可以關注官方帳號「美拍．M 計畫」，並點選「廣告走單」按鈕即可給自己的影片走單。

專家提醒

如今，各大短影音平臺都根據自己的平臺特點推出了各種各樣的廣告變現形式，來提昇平臺的競爭力。雖然它們的形式不同，但本質上都在偏向更注重消費者體驗的「原生態廣告」。透過短影音這種簡單粗暴的品牌曝光方式抓住使用者的心理，可以更好地實現品牌轉換。

10.2.6 火山小影片：收益分成

▶ 模式含義

火山小影片是一款收益分成比較清楚、進入門檻較低的短影音平臺。火山小影片的定位從一開始就很準確，而且掌握了使用者想要盈利的心理，其口號就是「會賺錢的小影片」。2020 年 1 月，火山小影片更名為抖音火山版，並啟用全新圖示。

▶ 適合族群

火山小影片針對優質創作者推出了「火點計畫」，扶持與培養大量 UGC 原創達人。另外，火山小影片還針對各行各業的專家推出了「百萬行家」計畫，投入 10 億元資金培養這些職場達人、行業機構和相關 MCN，所涵蓋行業包括烹飪、養殖、汽車修理、裝潢等。

▶ 具體做法

火山小影片是由今日頭條孵化而成的，同時今日頭條還為其提供了 10 億元的資金補貼，以全力打造平臺上的內容，聚集流量，炒熱 APP。因此，火山小影片的主要收益也來自平臺補貼。

火山小影片透過火力值來計算收益，10 火力值相當於 1 元，所以盈利是非常不錯的，關鍵在於內容要有保證，最好垂直細分，而不是低俗、無聊的內容。火力值結算的方式包括微信、金融卡、支付寶等。除此之外，火山小影片的鑽石充值則是為直播中送禮物而提供的功能，這也是一種收益來源。

10.3 抖音短影音變現的 10 種常見方式

在傳統微商時代，轉換率基本維持在 5%～ 10%，即 100 萬條的曝光量最少也能達到 5 萬元的轉換率。但對於短影音這樣龐大數量的流量風口，其吸引力當然比微商更強。

當你手中擁有了高品質的短影音，透過短影音吸引了大量的私域流量後，你該如何進行變現和盈利呢？有哪些方式是可以借鑑和使用的呢？本節將以抖音平臺為例，展示 10 種短影音變現祕訣，幫助大家透過短影音輕鬆盈利。

10.3.1 抖音購物車，連結淘寶的商品

▶ 模式含義

抖音購物車即商品分享功能，顧名思義，就是對商品進行分享的一種功能。在抖音平臺中，開通商品分享功能之後，便可以在抖音影片、直播和個

人首頁分享商品。另外，開通商品分享功能之後，使用者還可以擁有自己的商品櫥窗。

▶ 適合族群

開通商品分享功能的抖音帳號必須滿足兩個條件：一是發布的非隱私且審核通過的影片數量超過 10 個，二是通過了實名認證。當兩個條件都達成之後，抖音帳號經營者便可申請開通商品分享功能。

▶ 具體做法

經營者可以登入抖音短影音 APP，點選「設置」界面中「商品分享功能」後方的「立即開通」按鈕，進入「商品分享功能申請」界面，點選界面下方的「立即申請」按鈕，申請開通商品分享功能，如圖 10–5 所示。

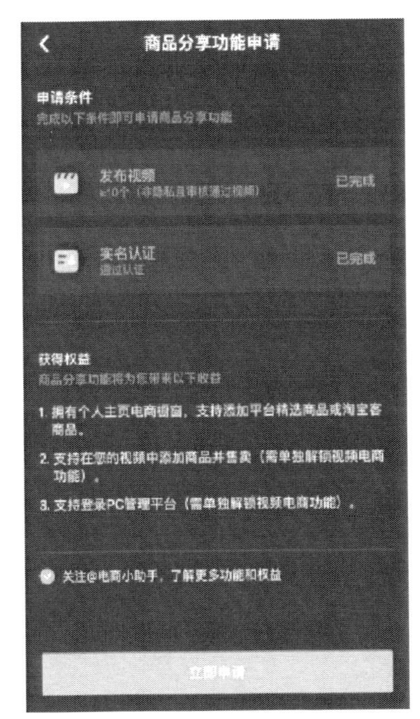

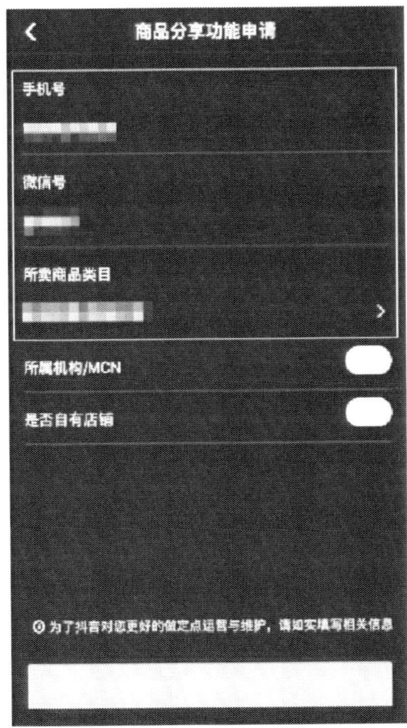

圖 10–5 申請開通商品分享功能

經營者開通商品分享功能之後，最直接的好處就是可以擁有個人商品櫥窗、能夠透過分享商品賺錢。在抖音平臺中，電商銷售商品最直接的一種方式就是透過分享商品連結，為抖音使用者提供購買通道。對於抖音經營者來說，無論分享的是自己店鋪的東西，還是他人店鋪的東西，只要商品賣出去了，就能賺到錢。

10.3.2 商品櫥窗，直接進行商品銷售

▶ 模式含義

抖音商品櫥窗就是抖音短影音 APP 中用於展示商品的一個界面，用於集中展示商品。商品分享功能成功開通之後，抖音帳號個人首頁中將出現「商品櫥窗」的入口，如圖 10–6 所示。

圖 10–6 「商品櫥窗」入口

▶ 適合族群

商品櫥窗適合開通了商品分享功能和電商功能的抖音使用者。

▶ 具體做法

初次使用商品櫥窗功能時，系統會要求開通電商功能，其具體操作為：點選個人首頁中的「商品櫥窗」連結，即可進入圖 10–7 所示的「開通電商功能」界面。抖音開通商品櫥窗功能的門檻已由原來 1,000 名粉絲降低到 0 粉絲，只要發表 10 個影片，外加實名認證，就可以開通。

圖 10–7 「開通電商功能」界面

抖音正在逐步完善電商功能，對於「抖商」來說這是好事，意味著「抖商」能夠更好地透過抖音賣貨來變現。經營者可以在「商品櫥窗管理」界面中添加商品，直接進行商品銷售。商品櫥窗除了會顯示在資訊流中，還會出現在個人首頁中，方便使用者查看該帳號發布的所有商品。

在淘寶和抖音合作後，很多百萬粉絲級別的抖音號都成了名副其實的「帶貨王」，捧紅了不少產品，而且抖音的評論區也有很多生火的評語，讓抖音成為「推薦神器」。自帶私域流量池、名人聚集地及商家自我驅動等動力，都在不斷推動著抖音走向「網紅」電商這條路。

10.3.3
抖音小店，抖音內部完成閉環

▶ 模式含義

抖音小店對接的是今日頭條的放心購商城，使用者可以從抖音幫助頁面進入入駐平臺，也可以透過 PC 端登入。注意：要選擇抖音號登入。

▶ 適合族群

抖音小店針對以下兩類使用者族群。

- **小店商家**：店鋪經營者，主要從事店鋪營運和商品維護，並透過自然流量來獲取和累積使用者，同時支援線上支付服務。
- **廣告商家**：可以透過廣告來獲取流量，販售爆紅商品。

▶ 具體做法

要開通抖音小店，首先需要開通抖音購物車和商品櫥窗功能，並且需要持續發布高品質原創影片，同時解鎖影片電商、直播電商等功能，滿足條件的抖音號會收到系統的邀請訊息。抖音小店對接的是今日頭條的放心購商城，使用者可以從抖音設置中的「電商工具箱」界面選擇「開通抖音小店」選項，如圖 10–8 所示。進入「開通小店流程」界面，在此可以查看抖音小店的簡介、入駐流程、入駐準備和常見問題，如圖 10–9 所示。

圖 10–8 選擇「開通抖音小店」選項

目前抖音小店僅支持個人入駐模式，使用者需要根據自己的實際情況填寫相關身分資訊，然後設置主營業務項目、店鋪名稱、店鋪 LOGO、營業執照等店鋪資訊，最後等待系統審核即可。入駐審核通過後，即可開通抖音小店。

抖音小店是抖音針對短影音達人內容變現推出的一個內部電商功能，透過抖音小店就無須再跳轉到外部連結去完成購買，直接在抖音內部即可實現電商閉環，讓經營者們能夠更快變現，同時也為使用者帶來更好的消費體驗。

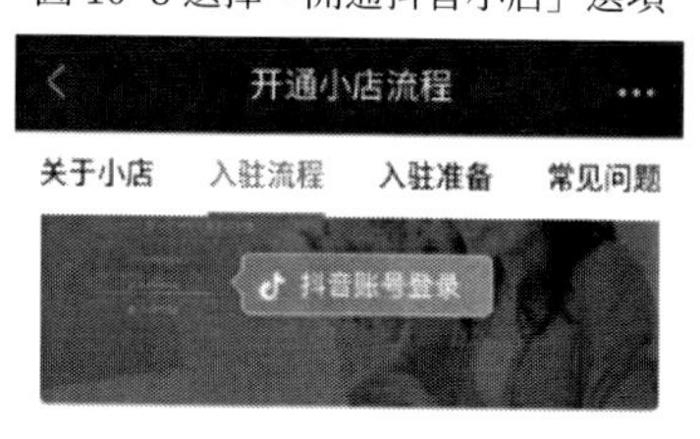

第二步

根据你的实际情况选择【个人入驻】或【企业入驻】。

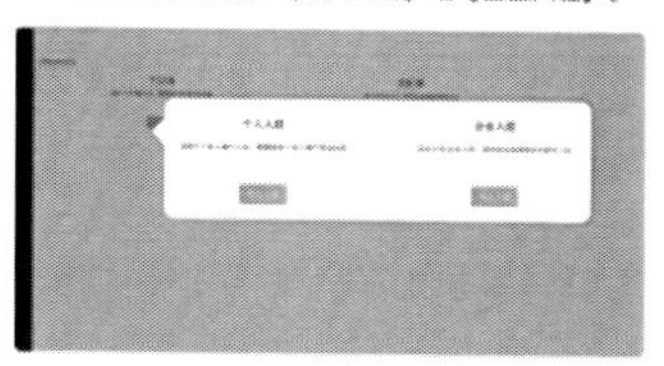

1、个人入驻流程

❶ 资质信息：

进入个人入驻页面之后，先填写个人身份信息部分，证件照需要清晰，分辨率支持识别到有效的个人信息。

圖 10–9 「開通小店流程」界面

10.3.4 魯班店鋪，快速上架推廣商品

▶ 模式含義

魯班店鋪是一個專為廣告主開發的電商廣告管理工具，具有店鋪管理、訂單管理和資料訊息查詢等功能，同時也可以創建商品頁面。

▶ 適合族群

魯班店鋪適合廣告主和商家入駐，並且必須保證產品的來源合法、資格齊全。

▶ 具體做法

魯班店鋪的開通流程如圖 10–10 所示。滿足要求的抖音使用者可以登入後臺，填寫完成註冊資訊後，繳納 20,000 元保證金即可。

圖 10–10 魯班店鋪的開通流程

魯班店鋪支援今日頭條和抖音同步投放，不用依賴第三方電商平臺，可以透過資訊流廣告直接跳轉到抖音的下單頁面，快速完成買賣環節。魯班店鋪的商品登陸頁頁面展示結構化出色，商品展示角度更豐富，可以有效提升頁面轉換率。

10.3.5 精選聯盟，獲得推廣佣金收益

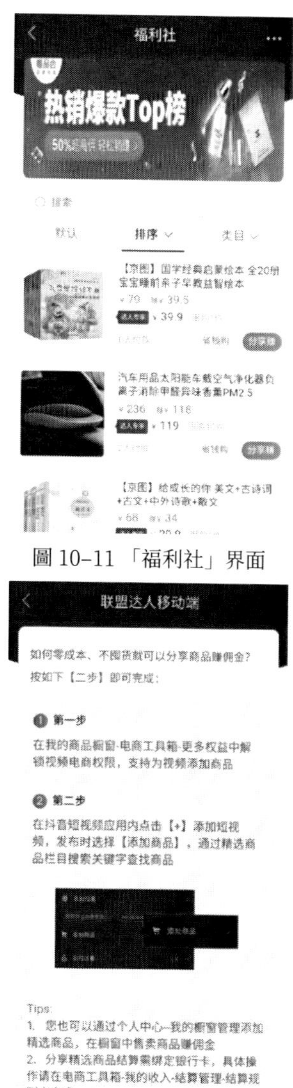

圖 10–11 「福利社」界面

圖 10–12 加盟「聯盟達人」的方法

▶ 模式含義

精選聯盟是抖音為了短影音創作者打造的 CPS（Cost Per Sales，按商品實際銷售量進行付費）變現平臺，不僅擁有大量高品質商品資源，而且還提供了交易查看、佣金結算等功能，其主要貨品來源為值點店鋪。

▶ 適合族群

經營者如果不想自己開店賣貨，也可以透過幫助商家推廣商品來賺取佣金，這種模式與淘寶客類似。

▶ 具體做法

經營者可以進入「福利社」界面，在其中選擇與自己短影音類型定位一致的商品來進行推廣，如圖 10–11 所示。點擊「分享賺」按鈕，根據提示添加精選商品功能，加盟為「聯盟達人」，如圖 10–12 所示。

經營者在拍攝影片後，進入「發布」界面，點選「添加商品」按鈕進入其界面，在頂部的文字框中黏貼淘口令或者商品連結，即可添加推廣商品。當觀眾看到影片並購買商品後，經營者即可獲得佣金，在「我的收入」界面可查看收入情況。

10.3.6
DOU ＋上熱門，提升電商點擊率

▶ 模式含義

DOU ＋上熱門是一款影片「加熱」工具，購買並使用該工具後，可以實現將影片推薦給更多興趣使用者，提升影片的播放量與互動量，以及提升影片電商的點閱率。

▶ 適合族群

DOU ＋上熱門工具適合有店鋪、有產品、有廣告資源、有高品質內容但帳號流量不足的經營者。投放 DOU ＋的影片必須是原創影片，內容完整度好，影片時長超過 7 秒，且沒有其他 APP 浮水印和非抖音站內的貼紙或特效。

▶ 具體做法

打開抖音，在設置選單中選擇「服務」→「DOU ＋上熱門」選項進入其界面，選擇要投放的短影音，點選「上熱門」按鈕，可以看到兩種推廣模式。

- **速推版**：經營者可以選擇智慧推薦人數和推廣目標（按讚評論量、粉絲量），系統會統計投放金額，確認後支付即可，如圖 10–13 所示。
- **定向版**：經營者首先設置期望提升的目標，包括選擇地理位置、按讚評論量和粉絲量；然後選擇潛在興趣使用者類型，包括系統智慧推薦、自定義定向推薦和達人相似粉絲推薦 3 種模式；最後設置投放金額，系統會顯示預計推廣結果，確認後支付即可，如圖 10–14 所示。

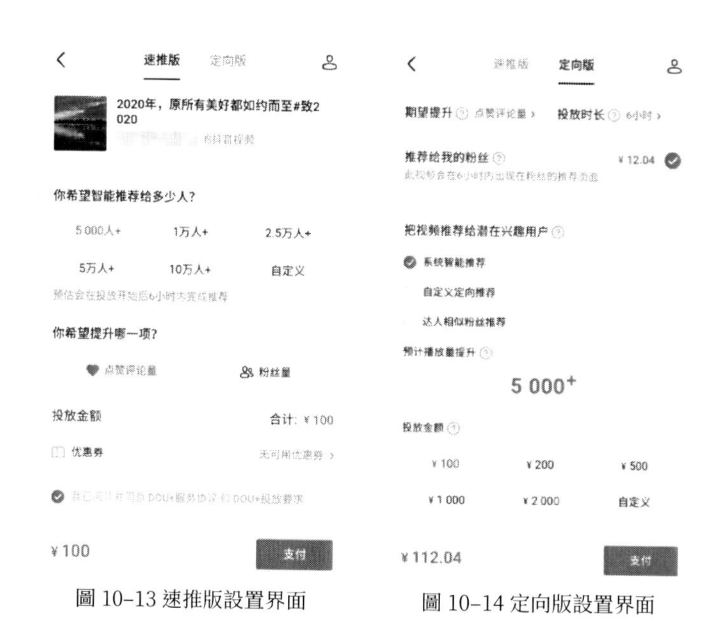

圖 10–13 速推版設置界面　　圖 10–14 定向版設置界面

專家提醒

在定向版中，選擇自定義定向推薦模式後，經營者可以設置潛在興趣使用者的性別、地區、興趣標籤等選項，獲得更加精準的粉絲族群。

需要注意的是，系統會默認推薦短影音給可能感興趣的使用者，建議有經驗的經營者選擇自定義投放模式，根據店鋪實際的精準目標消費族群來選擇投放使用者。投放 DOU ＋後，經營者可以在設置界面中選擇「DOU ＋訂單管理」選項進入其界面，查看訂單詳情。只要經營者的內容足夠優秀，廣告足夠有創意，就有很大機率將這些使用者轉換為留存使用者，甚至變為二次傳播的跳板。

10.3.7 「藍 V」認證，幫助企業引流帶貨

▶ 模式含義

成功認證藍 V 企業號後，將享有權威認證標識、主圖品牌展示、暱稱搜尋置頂、暱稱鎖定保護、商家 POI（point of interest，興趣點）地址認領、私信自定義回覆、DOU ＋內容行銷工具、「轉換」模組等多項專屬權益，能夠幫助企業更好地傳遞業務資訊，與使用者建立互動。

▶ 適合族群

認證企業必須提供營業執照和認證申請公函，同時需要交審核服務費 600 元／次，所以最好有專屬服務商提供幫助。

▶ 具體做法

企業使用者可以進入「抖音官方認證」界面，選擇「企業認證」選項，進入「企業認證」界面，在此可以看到需要提供企業營業執照和企業認證公函，以及支付 600 元／次的認證審核服務費。準備好相關資料後，點選「開始認證」按鈕，如圖 10–15 所示。接下來設置相應的使用者名稱、手機號碼、驗證碼、發票接收電子信箱及邀請碼等，並上傳企業營業執照和認證公函，最後點選「提交」按鈕即可，如圖 10–16 所示。

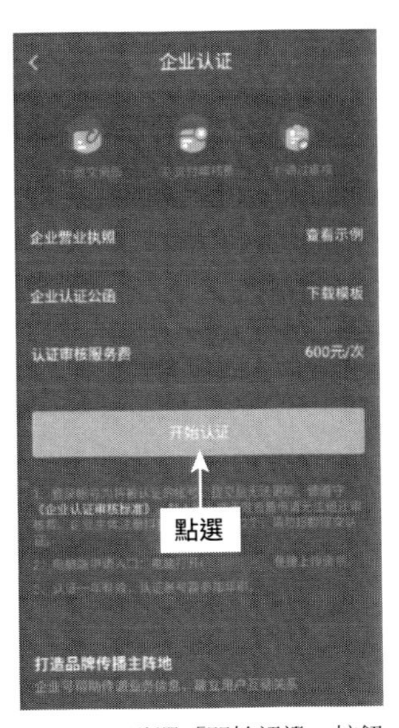

圖 10–15 點選「開始認證」按鈕

透過抖音企業號認證，將獲得如下權益。

- **權威認證標識**：大頭貼右下方出現藍 V 標誌，彰顯官方權威性。
- **暱稱搜尋置頂**：已認證的暱稱在搜尋時會位列第一，幫助潛在粉絲第一時間找到你。
- **暱稱鎖定保護**：已認證的企業號暱稱具有唯一性，杜絕盜版冒名企業，維護企業形象。
- **商家 POI 地址認領**：企業號可以認領 POI（Point of Interest，興趣點）地址，認領成功後，在相應地址頁將展示企業號及店鋪基本資訊，支援轉撥企業電話，為企業提供資訊曝光及流量轉化。

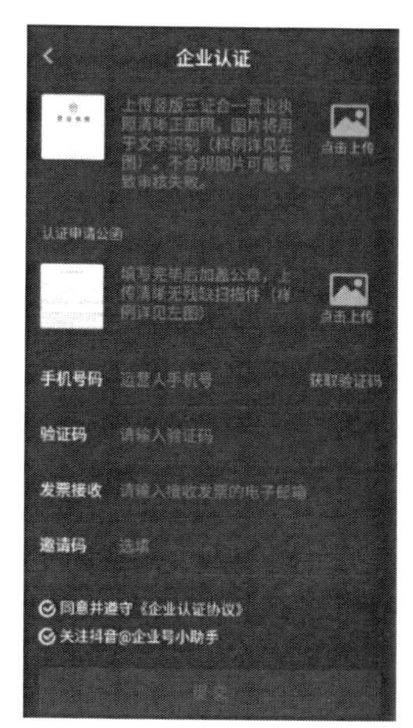

圖 10–16 設置企業認證資訊

- **頭像品牌展示**：使用者可自定義大頭貼，直觀展示企業宣傳內容，第一時間吸引顧客目光。藍 V 首頁的頭部 banner 可以由使用者自行更換並展示，可以理解為這是一個企業自己的廣告版位。
- **私信自定義回覆**：企業號可以自定義私信回覆，可提高與使用者的溝通效率。透過不同的關鍵字設定，企業可以有目的地對使用者進行回覆引導，且不用擔心回覆不及時導致的使用者流失，提高企業與粉絲的溝通效率，減輕經營企業號的工作量。
- 「**DOU ＋內容行銷工具**」**功能**：可以對影片進行流量賦能，使用者可以付費來推廣影片，將自己的作品推薦給更精準的族群，提高影片播放量。
- 「**轉換**」**模組**：抖音會針對不同的垂直行業開發「轉換」模組，核心目的就是提升轉換率。如果你是一個本地餐飲企業，則可以在發布的內容上附上自己門市的具體地址，可以透過導航軟體給門市導流。例如，高級藍 V 認證企業號可以直接加入 APP 的下載連結。

10.3.8 POI 資訊商家，在抖音上開店

▶ 模式含義

如果經營者擁有自己的實體店鋪，或者與實體企業合作，則建議一定要認證 POI，這樣可以獲得一個專屬的唯一地址標籤，只要能在高德地圖上找到你的實體店鋪，認證後即可在短影音中直接展示出來。

▶ 適合族群

POI 資訊商家適合抖音企業號使用者。

▶ 具體做法

經營者在上傳影片時，若為影片進行定位，則會在紅框位置顯示定位的地址名稱、距離和多少人來過的基本資訊。點擊選位後，跳轉到「地圖打卡功能」界面，在該界面能夠顯示地址的具體資訊和其他使用者上傳的與該地址相關的所有影片。

經營者可以透過 POI 頁面建立與附近粉絲直接溝通的橋梁，向他們推薦商品、優惠券或者店鋪活動等，可以有效為實體門市導流，同時能夠提升轉換效率。

10.3.9 抖音小程式，拓寬變現的管道

▶ 模式含義

抖音小程式實際上就是抖音短影音內的簡化版 APP，和微信小程式相同，抖音小程式具備一些原 APP 的基本功能，而且不用另行下載，只要在

抖音短影音 APP 中進行搜尋，並點選進入便可直接使用。

對於抖音經營者來說，銷售管道越多，產品的銷量通常就會越有保障。而隨著抖音小程式的推出，抖音電商經營者便相當於多了一個產品的銷售管道。

▶ 適合族群

抖音小程式主要服務於字節跳動平臺的所有產品線使用者，不同小程式／小遊戲可以滿足不同種類的使用者需求。抖音小程式適合個人與企業開發者，只要有高品質內容或服務，即可使用小程式進行導流，解決開發者流量與轉換的困擾。

▶ 具體做法

經營者可以透過字節跳動小程式開發者平臺來開發並投放小程式，具體接入流程如圖 10-17 所示。

[接入流程]

1	2	3	4	5
注册认证	创建一个小程序	开发小程序	审核发布	场景投放
针对企业和个人开发者开放	创建小程序/小游戏，上传不同类型的资质信息	查看开发者文档，根据文档和规范进行开发	提交更新小程序后经审核通过后可上架	上架后的小程序在丰富场景进行配置和展示

圖 10-17 抖音小程式的接入流程

經營者有了自己的抖音小程式後，便可以在影片播放界面中插入抖音小程式連結，使用者只需點選該連結，便可直接進入對應的連結位置。和大多數電商平臺相同，抖音小程式中可以直接銷售商品。使用者進入對應小程式之後，選擇需要購買的商品，並支付相應的金額，便可以完成下單。除此之外，經營者還可以透過設置，讓自己的抖音小程式被抖音使用者分享出去，從而讓抖音使用者的購物更加便利。

10.3.10 多閃 APP，創造更多盈利機會

▶ 模式含義

多閃是今日頭條發布的一款短影音社群產品，多閃拍攝的小影片可以同步到抖音，非常像微信開發的朋友圈影片玩法。多閃 APP 的定位是社群應用程式，但其以短影音為交友形態，微信的大部分變現產業鏈同樣適用於多閃。

▶ 適合族群

多閃 APP 可以幫助所有抖音經營者累積短影音流量，可以將在抖音上形成的社群關係直接引流轉移到多閃平臺，透過自家的平臺維護這些社交關係，幫助經營者降低與使用者結成關係的門檻。

未來，抖音平臺對於導流微信的管控肯定會越來越嚴格。所以，如果經營者在抖音有大量的粉絲，就必須想辦法添加他們的多閃號。

▶ 具體做法

多閃 APP 還能幫助經營者帶來更多的變現機會。

- **抽獎活動**：在多閃 APP 推出時，還上線了「聊天扭蛋機」模組，經營者只需要每天透過多閃 APP 與好友聊天，即可參與抽獎，而且紅包的額度非常大。
- **支付功能**：抖音基於經營者變現需求開發了電商賣貨功能，同時還與阿里巴巴、京東等電商平臺合作，如今還在多閃 APP 中推出「我的錢包」功能，可以綁定金融卡、提領、查看交易紀錄和管理錢包等，便於經營者變現，如圖 10–18 所示。
- **多閃號交易變現**：經營者可以透過多閃號吸引大量的精準粉絲，有需求的企業可以透過購買這些流量大號來推廣自己的產品或服務。

◆ **多閃隨拍短影音廣告**：對於擁有大量精準粉絲流量的多閃號，完全可以像抖音和頭條號那樣，透過短影音貼片廣告或短影音內容軟性廣告來實現變現。

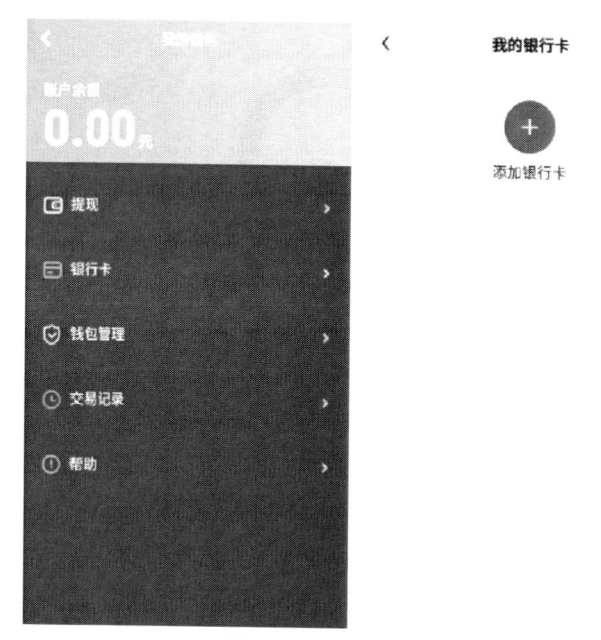

圖 10-18 「我的錢包」功能

第 11 章
18 種自媒體變現方法：再小的自媒體也能賺錢

自媒體的火熱人氣，讓人人都有可能成為網紅，而隨著商業模式的發展，個人的變現方式也越來越受到自媒體人的關注。獲得收益是每個自媒體經營者的最終目的，因此掌握一定的盈利方法和平臺管道是每個經營者必不可少的技能。

18 種自媒體變現方法：包括使用者讚賞、簽約作者、扶持計畫、平臺補貼、介面合作、創業孵化、標籤化 IP、頻道電商化、自媒體電商、圖書出版 10 種自媒體變現方式，以及頭條號、百家號、一點號、企鵝號、網易號、大魚號、搜狐號、360 快傳號 8 個新媒體平臺變現技巧。

11.1 10 種自媒體變現方式：告訴你怎麼賺錢

大部分做自媒體的人都盯著每日的廣告收益，認為做自媒體就只有這一個賺錢的路線，所以當看到每天寥寥無幾的收入時，就不假思索地將帳號棄置到一邊，覺得自媒體不賺錢。但自媒體真的不賺錢嗎？其實是你沒有找到真正的自媒體賺錢方式而已。本節將以今日頭條為例，介紹 10 種自媒體的賺錢方式。

11.1.1
使用者讚賞：高品質內容收益多多

▶ 模式含義

在今日頭條上，經營者可以透過高品質內容獲得使用者的讚賞，這是一種很常見的內容獲利形式，在多個平臺上都有它的身影。讚賞可以說是針對廣告收入的一種補充，不僅可以增加創作者的收益方式，而且還增進與粉絲的關係。

▶ 適合族群

讚賞變現適合開通原創功能的高品質內容創作者，開通原創功能後，即可自動獲得讚賞功能的權限。

▶ 具體做法

若想獲得使用者打賞，頭條號經營者需要進入後臺的「收益設置」頁面，選擇「使用讚賞功能（手動發表文章有讚賞功能）」選項。啟用後在發布文章時，選中「發文特權」選項區中的「允許讚賞（今日還有 5 次機會）」複選框即可，如圖 11–1 所示。啟用該功能後，在手機端的頭條號原創文章下方會出現一個「讚賞」按鈕，使用者可以點擊該按鈕，透過支付寶或微信對文章進行打賞。想透過讚賞功能變現時，要注意文章必須手動發表，否則無法顯示「讚賞」按鈕。

經營者可以登入頭條號後臺首頁，點選「我的收益」按鈕，在「收益概覽」頁面下方選擇「讚賞流水」選項，即可查看和提取所獲得的使用者讚賞收益。注意：讚賞收益需超過 100 元才能申請提領。

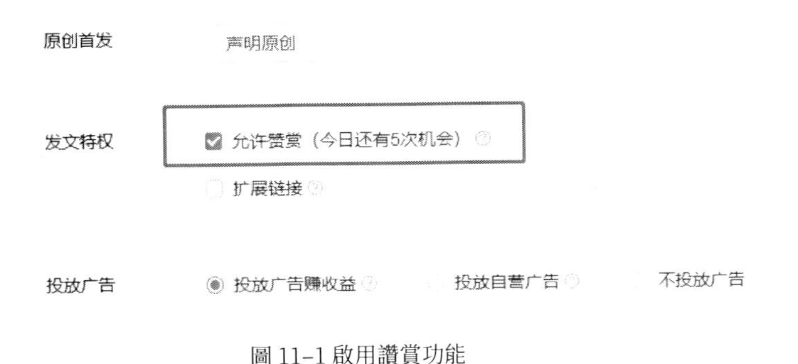

圖 11-1 啟用讚賞功能

11.1.2 簽約作者：每月獲得固定收益

▶ 模式含義

在今日頭條平臺上，簽約作者每個月是有固定收益的，這也是今日頭條平臺一種主要的變現形式。

▶ 適合族群

簽約作者變現模式適合某個領域或垂直行業的知名作者，同時粉絲量達到百萬的頭條號。

▶ 具體做法

成為頭條簽約作者主要有兩種方法，具體如下。

- **系統邀請**：當經營者為平臺貢獻了足夠多有價值的優質原創內容，並成為某一方面的專家，或是有很高的知名度時，才有可能受到今日頭條系統邀請成為簽約作者。這是一種平臺主動邀請的方式。
- **主動申請**：這是一種由經營者主動邀請、平臺被動審核的方式。主動申請的做法是：登入頭條號，關注今日頭條官方帳號，並在後臺發送私信，把自己的資料和能證明自己已經成為達人的內容連結傳送給系統審核。當審核通過後，即可成為頭條簽約作者。

成為簽約作者後，經營者只要完成頭條號每個月的任務，就可以獲得簽約作者應得的收益。

11.1.3 扶持計畫：大量資金扶持優秀作者

▶ 模式含義

今日頭條平臺推出了一系列扶持計畫，大力幫助頭條號經營者進行內容變現，如「千人萬元」計畫、「百群萬元」計畫、「青雲計畫」、「國風計畫」及「MCN 合作計畫」等，給優質創作者帶來更多福利。

▶ 適合族群

- 「**千人萬元**」**計畫**：主要針對頭條號簽約作者。
- 「**百群萬元**」**計畫**：主要針對垂直領域的「群媒體」內容創作者。
- 「**青雲計畫**」：主要針對「原創首發」文章的創作者。
- 「**國風計畫**」：主要針對生產優質傳統文化內容的創作者。
- 「MCN（**多頻道聯播網**）**合作計畫**」：主要針對高品質內容機構。

▶ 具體做法

下面以「青雲計畫」為例，介紹具體的操作方法。「青雲計畫」是頭條號於 2018 年 6 月啟動的一項為了激勵高品質內容原創作者而給予一定回報的計畫。「青雲計畫」除了有月度獎勵外，更重要的是每天有優質圖文獎勵，甚至還有年度獎勵。

然而，頭條號創作者和經營者要注意的是，想進入「青雲計畫」的獎勵榜單獲得平臺提供的獎勵金，並不是任意一篇文章就可以的，而是需要具備一定的條件。下面以單日獎勵為例，介紹其文章入選條件。

頭條號類型必須是「個人」或「群媒體」。

沒有違規紀錄行為，如抄襲、發布低俗內容等。

未與「千人萬元」、「百群萬元」計劃簽約。

頭條號已開通原創功能，內容為已聲明原創的原創文章。

不能是消息類內容，應有獨到見解，且不是誘餌式標題內容。

文字類內容需 1,000 字以上，圖集類內容圖片不能少於 6 張。

筆者認為，「青雲計畫」就像一所沒有圍牆的「知識創作者大學」，可以培養、扶持、激勵一批又一批的新學員。這裡的「一批」指的是每一批得獎的學員中大部分是新加入 1 ～ 3 個月的小號，同時他們又有一定的文字功底。

為什麼是小號？筆者認為這也許就是幫扶計畫的一種手段，又像是釣魚的魚餌，讓新的學員能夠在最短時間內建立一種新的觀念。這個新的觀念就是「用心寫文章是可以賺錢的」，讓新使用者一入門就能得到收穫，幫助他們建立信心。

這種幫扶週期為 6 ～ 12 個月，能夠堅持的這群使用者會透過「青雲計畫」賺取 5,000 ～ 10,000 元左右的補貼收益。此後，「青雲計畫」的扶持力度就會慢慢變少，轉變為給予他們更多流量支援，教會他們透過內部生態產品去實現變現。

經營者處在這個階段時，就會具有「流量變現」的意識，他們經常會結合變現產品創作變現文案。此時，經營者只要專注於研究與實踐，大部分收益可以達到每月 2,000 ～ 5,000 元不等。

經過以上兩個階段，平臺給予的新手幫助基本上結束，整個週期為 12 ～ 15 個月。此後經營者即可完全獨立運作，同時全年收益大概能夠穩定在 2 萬～ 5 萬元。這樣，平臺即可獲得一群高黏度的創作者，他們不容易離開，因為一旦離開就得不到其他平臺的關注和扶持，賺不到任何收益，最後還是會重回頭條號。

大家可以從每次「青雲計畫」的得獎名單上去看那些得獎者的內容品質和新手的粉絲數量，筆者經常看到很多粉絲不足 1 萬名的經營者每週卻得到兩次得獎機會。同時，筆者也與很多大號創作者交流，對於這樣的內容進行評估和研究，發現他們的文章寫得並不是很好，只是嚴格按照「青雲計畫」的格式在創作，所以這群人相當於受到了「青雲計畫」這所大學的格式化訓練。

平臺用這種格式化訓練方式培養了一批又一批新的頭條號經營者，幫助他們快速在頭條號上站穩腳跟，建立新媒體知識變現的新思維和商業體系。

11.1.4 平臺補貼：誘惑力十足的變現模式

▶ 模式含義

平臺補貼既是平臺吸引內容生產者的一種手段，同時也是內容生產者盈利的有效管道，具體的關聯如下。

- 對平臺來說，透過誘人的平臺補貼吸引內容生產者在平臺上生產內容，從而吸引使用者。
- 對創作者來說，可以把自己生產的內容發表到平臺上，然後以此為基礎獲取平臺補貼。

▶ 適合族群

平臺補貼變現適合頭條號原創作者，以及公司化、商業化的自媒體人。

▶ 具體做法

以今日頭條平臺為例，該平臺對於短影音創作者的補貼投資策略如下。

2016 年 9 月，出資 10 億元支持和補貼短影音的內容創作者。

2017 年 5 月，宣布為火山小影片出資 10 億元作為平臺補貼。

頭條號平臺的短影音補貼主要分為兩種形式：一是根據內容生產者貢獻的流量，按照每月結算的形式直接發放現金；二是提供站內流量的金額，內容生產者可以借此推廣自己的內容，用巧妙的途徑發放費用。

那麼，在借助平臺影片補貼進行變現時，頭條號的內容創作者應該注意哪些方面呢？在筆者看來，應該注意以下兩點。

- 不能把平臺補貼作為主要的賺錢手段，因為它本質上只達成基礎的保障作用。
- 跟上平臺補貼的腳步，因為平臺的補貼是不斷在變化的，所以短影音創作者順時而動是最好的。

11.1.5 介面合作：巧妙應用，三方共贏

▶ 模式含義

介面合作是指頭條號經營者可以憑藉其豐富的內容資源，在今日頭條平臺的大流量支援下獲取高閱讀量，並且在帳號或內容中嵌入各種介面，擴大變現管道。

▶ 適合族群

以西瓜影片為例，介面合作變現模式主要涉及西瓜影片平臺、第三方合作夥伴和頭條號三方。無論是第三方合作夥伴還是頭條號經營者，都可以透過介面合作模式來實現獲利。

▶ 具體做法

西瓜影片設計更已經落實了一種更便捷的資源接入方式：JSON 介面推送下載，而且西瓜影片會持續從介面中拉取內容，這是在替第三方合作夥伴把資源接入西瓜影片。第三方合作夥伴借助 JSON 介面推送下載的資源接入方式，把大量影片資源更加方便快捷地接入西瓜影片。這樣就可以在有著豐富資源的基礎上吸引更多使用者，獲得更多點閱量。

頭條號帳號借助第三方合作夥伴的指導和幫助，可以更快捷地開通自營廣告或頭條廣告的權限，而第三方合作方透過這一過程獲取頭條號帳號支付的開通權限收益。在這樣的情況下，頭條號帳號也可以透過廣告獲利。

11.1.6
創業孵化：加速服務，實現產業價值提升

▶ 模式含義

「創業孵化」是一個簡單的比喻，即給創業者一個「蛋」，並為這個「蛋」提供一些資源，讓它能夠成功孵化成小雞。

對大多數人來說，從進行創作到實現創業，其中的過程並不簡單，甚至很難成功。然而對於那些進駐頭條號平臺的創作者而言，有了今日頭條創作空間的「創業孵化」的支援和指導，就有了更好的創業成功捷徑，這就為快速變現提供了條件。今日頭條創作空間為了更好地指導頭條號高品質內容創作者成功創業，從 4 個方面提供了細緻的孵化服務。

- 提供辦公場地和品牌宣傳等基礎性服務。
- 提供多種融資服務，如對接風險投資、路演推介活動等。
- 提供多種形式的創業輔導，如行業沙龍、培訓課程等。
- 提供多類事務的第三方服務，如商業變現、人力、財務等。

▶ 適合族群

創業孵化的使用者入駐條件如下。

- 處於泛內容產業鏈上的有一定實力的上下游公司。
- 已有一定數量的使用者累積，包括今日頭條和其他媒體平臺。
- 能堅持創作高品質內容，並已有了完備商業計畫的頭條號。
- 已有了資金基礎、正在尋找好的辦公空間的創業團隊。
- 優先選擇在短影音領域有一定內容和流量的頭條號創作者。

今日頭條創作空間的創業孵化扶持計畫可以為不同類型的使用者提供不同的支援和幫助。

- **投資基金**：主要投資那些優秀的內容創業團隊和處於內容產業鏈上下游的初創公司，且更傾向於投資短影音專案。
- **流量扶持**：為準備創業的頭條號提供經營指導，並在初始期給予團隊一定的流量傾斜，如入選「千人萬元」計畫就是其中一項。

▶ 具體做法

當頭條號創作者衡量上面的入駐條件之後，如果符合，就可以進行申請。當然，這樣的申請不是一蹴而就的，而是需要一定的時間和流程，一般可以在 30 個工作日內完成全部的申請入駐流程。頭條號創作者申請入駐創業孵化的具體流程如下。

1. 提交申請：提交申請入駐所需的各種資料，如商業計劃書和其他資料。
2. 初審：今日頭條創作空間會對提交申請的頭條號創作者進行資格審核，其結果會在 10 個工作日內發出。
3. 面試：初審通過後，申請者會接到邀請面試的通知。面試完成後，其結果也將在 10 個工作日內發出通知。
4. 終審：綜合初審和面試結果，今日頭條創作空間最終會進行終審，決定申請人是否有資格入駐，其結果也將在 10 個工作日內發出通知。

5. 獲得入駐資格：當終審結果通知後，如果成功，就表示該創作者已經獲得了入駐資格。

11.1.7 標籤化 IP：累積高人氣，輕鬆獲取利潤

▶ 模式含義

IP（Intellectual Property，智慧財產權）在近年來已經成為網路領域非常流行和熱門的詞語。很多時候，IP 更多的是指那些具有較高人氣的、適合多次開發利用的文學作品、影視作品及遊戲動漫作品等。

值得注意的是，頭條號經營者也可以形成標籤化的 IP。標籤化就是讓人一看到這個 IP，就能聯想到與之相關的顯著特徵。不管是人還是物，只要其具有人氣和特點，就能孵化成大 IP，從而達到變現的目的。

▶ 適合族群

標籤化 IP 變現形式適合以下兩類族群。

- 已經實現標籤化 IP 的頭條號經營者和正在向其邁進的頭條號經營者，他們可以透過人氣來獲利。爆紅內容中的廣告就是一個很明顯的獲利方式，如自營廣告、頭條廣告和影片中的產品廣告等。
- 從頭條號想實現標籤化 IP 的這個願景著手，利用 MCN（多頻道聯播網），透過機構化經營專業變現。

▶ 具體做法

標籤化 IP 的產品打造與自媒體不同，自媒體通常講究單點極致，致力於單一產品的打造；而標籤化 IP 則更強調生態，因此需要強大的產品矩陣

來支援其平臺流量的變現。

對於自媒體人來說，做一個產品，就必須真正在某一領域、功能或者性能等方面做到極致，當擁有絕對的行業地位時，產品就很容易爆紅。因為不管其他產品再怎麼模仿，都不能複製其精髓。

能將一個產品做到極致，那麼就必定能夠為產品開闢一個火熱的市場，搶占市場的覆蓋率。

當從自媒體成長為標籤化 IP 後，就可以拓寬自己的變現管道，不再依靠單一產品，而是可以打造更大的產品矩陣，來建立個人 IP 變現的商業模式生態鏈。

11.1.8
頻道電商化：「精準推薦＋易接受」雙保障

▶ 模式含義

垂直頻道電商化內容，首先，其建立在垂直領域使用者的精準推薦的基礎上，因而可以有效提升使用者的轉換率；其次，採用圖文標題的資訊推送形式，對使用者來說是一種更容易被接受的資訊推廣形式，因而想要變現獲利也就更容易。

▶ 適合族群

對於淘寶客、微商、電商賣家、企業品牌、實體店老闆、廠商等類型的自媒體人來說，採用頻道電商化模式，就等於擁有了自己的「個人財產」，這樣流量會具有更強的轉換優勢，同時也會有更多的變現可能。

▶ 具體做法

例如，今日頭條 APP 的「特賣」、「放心購」、「值點」等頻道就是垂直頻道電商化變現的典型代表。

「特賣」頻道是今日頭條試行電商的第一次探索，採用的是類似淘寶客的佣金模式。經營者可以在「今日特賣」中插入天貓、京東、唯品會、1 號店等平臺的商品連結。在今日頭條的「推薦」界面中，採用資訊流的形式展現「今日特賣」的推廣商品。當使用者點選商品連結後，即可跳轉到相應的電商平臺完成購買行為。

今日頭條如今已經成為緊跟著騰訊的第二大流量池，所以也希望透過電商業務來充分發揮流量價值。2017 年 9 月，今日頭條再次涉足電商業務，上線了「放心購」。「放心購」是今日頭條推出的自有電商平臺，其又被分成「放心購 3.0」和「放心購魯班」兩個產品線。其中，「放心購 3.0」主要負責傳統電商業務；「放心購魯班」則類似於淘寶直通車，在推薦頁上展示廣告產品。

「放心購」主要依靠自媒體平臺的流量，商家可以與頭條號「大 V」進行付費合作，或是經營自己的頭條號，透過發布文章的形式導流到商品頁面，引導頭條使用者直接線上支付。在今日頭條號後臺的「發表文章」頁面，除了可以插入圖片、影片和音訊等多媒體文件外，還可以把第三方平臺的商品插入文章中，這樣使用者點擊文章的商品圖片即可實現快速購買，獲取成交佣金。

當使用者看到你發布的頭條內容後，只要點擊其中的商品卡片，即可跳轉到商品詳情頁，實現購買行為。透過這些在內容中嵌入電商的功能，打通了閱讀場景和消費場景，頭條號作者可以向自己的粉絲推薦他們感興趣的內容和產品，同時擴展更多盈利空間。

2018 年 9 月，今日頭條推出一款非常純粹的電商頻道——「值點」，其定位為「以使用者為友，提供更好商品、更低價格和閉環服務」。今日頭條透過「值點」APP 推出不同族群的細分電商產品，以滿足越來越個性化和多元化的使用者消費需求。

「值點」是今日頭條電商業務布局中的一個重要應用，背靠今日頭條的

「值點」，其流量優勢十分顯著，再加上頭條本身的品牌號召力，吸引了大量的頭條號「大 V」入駐。

兼容了電商功能與生活資訊的「值點」，可以提升使用者黏度，延長他們的使用時間，從而促進更多的電商交易行為。同時，「值點」還可以打通自媒體和電商資料，讓今日頭條的推薦演算法更加精準，甚至可以做到讓商品自己去配對適合的消費者。

當然，除了這些明顯帶有電商名稱特色的垂直頻道外，今日頭條 APP 還在一些以圖文標題的資訊內容為主的垂直頻道中加入電商變現途徑，特別是那些與電商產品有著明顯關係的頻道，如科技頻道、數位頻道、時尚頻道等，其中就有電商品牌入駐，以及各種包含產品和品牌資訊的內容推送。

11.1.9
自媒體電商：輕鬆將流量轉換為銷量

▶ 模式含義

自媒體電商和頻道電商化都是基於「內容引流、電商變現」的商業模式，但自媒體電商與頻道電商的最大區別在於，頻道電商用的是公域流量，是在各種垂直頻道用內容為商品引流；而自媒體電商則用的是經營者個人的私域流量，是在自己的帳號首頁中增加一個商品櫥窗來販賣商品，如圖 11-2 所示。

自媒體電商模式可以幫助經營者開闢一個全新的電商通路，從而擺脫內容頻道的限制，更注重商品購物和電商變現。例如，頭條小店就是今日頭條針對自媒體創作者推出的一個全新電商變現工具，經營者入駐後，可以同時在今日頭條、西瓜影片、抖音、火山小影片等平臺的個人首頁中展示店鋪或櫥窗標籤。

圖 11-2 頭條號自媒體電商示例

▶ 適合族群

頭條小店支援個體工商戶和企業入駐：個體工商戶僅支援線上支付形式，需要提供資格資料和店鋪資料審核；企業入駐可以支援貨到付款和線上支付兩種結算形式，而且只需要提供資格資料審核即可。

▶ 具體做法

經營者登入自己的頭條號後臺，綁定店鋪和頭條號，具體開店流程如下。

1. 入駐：提交開店資料，等待資格審核。
2. 保證金：繳納開店保證金。
3. 開店完成：登入賣家後臺，新增商品，上架售賣。

頭條小店可以幫助自媒體創作者拓寬內容變現管道，經營者可以透過微頭條、影片、圖集、直播和文章等內容來曝光商品，吸引粉絲購買，增加使用者黏度，提升流量的價值。同時，不是粉絲的使用者也可以透過購買後直接轉換為粉絲，從而形成完整的流量閉環。

隨著 5G 時代的到來，不管是大的企業還是小的個人，都可以透過自媒體管道來吸引粉絲並引流，建立起自己的「使用者池」。同時，各種自媒體平臺不斷升級電商功能，引導自媒體人透過營運私域流量，透過大眾喜聞樂見的資訊流形式，留住粉絲並實現持續變現。

11.1.10 圖書出版：「高收益＋大名氣」雙豐收

▶ 模式含義

圖書出版變現模式主要是指自媒體人在某一領域或行業經過一段時間的經營，擁有了一定的影響力或者有一定經驗之後，將自己的經驗進行總結，進行圖書出版以此獲得收益的盈利模式。

▶ 適合族群

圖書出版變現模式適合原創類型的自媒體創作者，只要經營者本身有內容基礎與創作實力，收益還是很可觀的。

▶ 具體做法

筆者一直還記得自己剛入職場時的夢想，就是成為職場暢銷書作家，讓每個職場人都能透過閱讀筆者的作品認識筆者。

這個夢想直到 10 年後 —— 2015 年才實現，那是筆者人生中最開心、最有成就感的一年，因為筆者的夢想終於實現了，《不懂帶團隊，還敢做管理？》一書問世，而且一上線就成為暢銷書。

從那天以後，筆者就有了一個新的標籤 ——「職場暢銷書作家」。成為作家後，筆者開始了新的職業嘗試，即做諮詢，成為企業的管理導師。還記得當時，筆者為自己預留了 3,000 本圖書，其餘全部上架到自媒體平臺和線下書店。筆者把這 3,000 本圖書定義為「我的親筆簽名書」，其中 1,000

本準備送給 1,000 位企業管理者或者老闆；剩下的 2,000 本則透過自己的人脈銷售簽名書，並且將價格定為 99 元。

為了實現這個想法，筆者分兩步來實施計畫。

第一步，為了實現 2,000 本簽名書的完售，筆者開通了以自己的名字命名的書友會 ——「華成書友會」，並且設計了一個簽售方案。

書友會其實就是由一群熱愛讀書、學習的書友組成的一個商圈、一個平臺、一個資源池。

「華成書友會」的 8 大亮點如下，且都是免費贈送：

(1) 書友會只邀請熱愛讀書的讀者加入。

(2) 書友會書友可以免費獲得會長簽名書一本。

(3) 書友會有機會享受會長親自輔導的機會。

(4) 書友會會定期邀請書友參加見面會。

(5) 書友會書友有機會和作者共同出書，聯合打造暢銷書，做聯合作者。

(6) 書友會每天會給書友分享有價值的資訊及經驗分享。

(7) 書友會會邀請資深的管理學者一起學習、分享與交流。

(8) 書友會免費幫助書友推送有價值的文章至百萬粉絲圈。

簽名書 +「華成書友會」年度會員＝價值 498 元，現在只需 99 元就可以擁有免運簽名書和書友會年度會員。

就這樣很簡單的一個設計方案，很快 2,000 本簽名書就全部賣完了。

第二步：把簽名書當作名片。筆者以前經常會說一句話：「別人見客戶發名片，我發書，看誰的『名片』有價值。」

這種推廣自我的效果和傳統的發名片很不一樣，每次見客戶帶上一本簽名書送給他們，本來客戶要問筆者以前做過哪些案例，但見到筆者都出書了，就什麼也不問了。他們心裡肯定在想，筆者都能寫書了，一定很厲害。

就這樣送書送了一年，大概送出去了 600 本書，等於有 600 個管理者和老闆都知道筆者是他身邊第一個能寫書並且有實踐經驗的諮詢專家。另外，出書給筆者帶來的業務也非常多，企業諮詢費從剛剛創業時的 2 萬元一家企業，到現在已經漲到了 48 萬元一家，出書對筆者的幫助真的很大。

因此，筆者選擇持續寫書、出書，不僅讓自己的思想、知識得到很大的提升，而且對於個人的業務、事業也有很多幫助。到現在，筆者已經出版 10 餘本書籍，還在堅持寫書，同時為自己制定計畫，未來每年都會出版 1 ～ 2 本新書，讓自己成為諮詢領域出版作品最多的知名作家和首席諮詢官。

筆者的出書故事對於自媒體經營者來說有很多參考價值，經營者可以多關注一些自己感興趣而且有能力創作的內容，選擇一個主題類目，並圍繞該主題創作系列化的內容，然後試著投稿出書，從而實現變現。

11.2 8 個新媒體平臺變現：平臺很多，任你挑選

經營者在新媒體平臺上的內容是一種無形資產，可以將其轉換為有形的產品或服務，來實現自身商業價值的變現。本節將詳細介紹各種新媒體平臺的商業變現模式，幫助經營者收獲自媒體經濟的紅利。

11.2.1 頭條號：典型而多樣的盈利方式

▶ 模式含義

對於今日頭條自媒體平臺的註冊使用者，平臺會幫助這些使用者提升網路影響力，同時打造自己的個人品牌，以及進行內容變現。今日頭條是一款基於使用者行為分析的推薦引擎產品，同時也是內容發布和變現的一個好平臺。

▶ 適合族群

頭條號的註冊使用者主要包括企業、機構、媒體和自媒體人，可以透過平臺在行動網路上獲得更多曝光和關注度。

▶ 具體做法

作為資深的自媒體管道，今日頭條的收益來源是比較典型的，同時形式也較多，具體收益方式主要有以下 6 種。

1. 平臺分成：基本的變現保障，但不能過度依賴。
2. 平臺廣告：屬於硬性廣告，變現效果比較顯著。
3. 使用者打賞：表示使用者對內容的贊同，是主動打賞。
4. 問答獎勵：內容價值較高，與知識付費類似。
5. 自營廣告：電商自媒體和電商變現的主媒介。
6. 政策支援：「千人萬元」計畫、「百群萬元」計畫、「國風計畫」、「青雲計畫」、「MCN 合作計畫」等。

雖然頭條號的變現管道非常多，但經營者想要真正獲得持久的高收益，重點還是在於做好帳號、內容和平臺的經營。下面筆者總結了自己經營頭條號過程中累積的一些經驗技巧，可以幫助經營者更快地增加粉絲、變現。

- **頭條名稱定位，加 V 申請認證，快速通過新手期**：新手期的經營者要關注更多的大號，去轉發、評論他們發布的有價值的內容，且評論內容一定要用心，要能得到其他粉絲的認可按讚，甚至關注。
- **必須堅持原創。原創是指內容必須在頭條號上是首發**：即使不是原創，最起碼也要保證內容在頭條號上是第一次出現。如果不清楚內容是否原創，經營者也可以加以改寫，如增加內容，並重新整理文章框架和條理性，如把內容轉為圖片形式顯示，或者設計成 PPT 內容形式。
- **內容的數量足夠多**：每天最少保持 10 ～ 30 條內容持續更新，包含文章和微頭條。頭條號的文章內容方面，保持每天 3 ～ 5 篇原創文章的更新速度，因為內容太少系統就無法關注到你。只要讓系統處理帳號的次數越多，系統就會對你有一個新的認知。有了新的認知後，系統就會重視你的帳號，同時會對帳戶進行評估。評估結果通常有兩種情況，一是系統判斷你的帳號是有價值的內容輸出帳號，不然就是沒有價值的內容垃圾帳號。如果你的帳號被評估為有價值的內容帳號，此時系統就會給予幫扶，如推薦幫助、抓取時效幫助、流量傾斜幫助等。

◆ **內容定位必須為有價值的分享，以有內涵、有共鳴、有參與感的內容為主**：對於粉絲數低於 5 萬名的頭條號來說，建議絕對不要發廣告，更不要耍小聰明去用違規的方式變現。因為這個階段是非常重要的試探期，如果你的帳號被系統發現就是一個「表面一套，心裡一套」的頭條號，則後果就會比較嚴重。有可能系統會將你的帳號設置為「狡猾號」，意思就是系統給你安插了監控，一旦你多次耍小聰明，可能就會被拉入「沙河」。此時你就很危險了，沒個一年半載，很難逃離「沙河」，很難堅持繼續創作，甚至會產生放棄這個頭條號的想法。所以，經營者千萬不要有僥倖心理，一定要給平臺一個好的認知，這樣平臺才會給予經營者大力的流量支援和推薦。

◆ **內容更新細節，按照一天 12 小時的工作時間，每 1 ～ 2 小時必須要更新 3 ～ 5 篇微頭條內容**：這樣的操作，可以讓系統判斷你的帳號是活躍的，是有人專注於經營管理的，而且是能夠持續輸出高品質內容的。打個比喻，頭條號是老闆，創作者是員工，員工分為全職和兼職，全職員工持續輸出創作內容，而兼職員工則是有時間就創作內容，沒有時間就不會更新。對於老闆來說，其肯定願意扶持全職的且持續做內容輸出的好員工。

◆ **參與頭條互動問答，每天最好參與 5 ～ 10 條**：在頭條號營運前期，頭條互動問答的數量越多越好，只要經營者有精力，哪怕一天幾十上百條也可以。內容越多，對你的帳號越有幫助，系統會考量到你可能是團隊在營運帳號，給予的扶持會更大、更多。同時，回答的內容一定要聚焦準確、觀點獨到，不能千篇一律，更不能草草了事，因為關於你的行為、心理，系統比你更清楚。

- **必須專注在一個領域，將帳號定位為某個細分領域的內容輸出專家**：例如，如果專門做美食、健身、管理、職場或者財經等內容，則一定要在該領域持續開發，長期追蹤研究。這樣一方面可以源源不斷地輸出高價值內容；另一方面今日頭條平臺的演算法會自動加大流量扶持，給予經營者更多推薦和補貼。
- **關於文章潤飾的方法：把文章產品化甚至商品化**。做自媒體不是自娛自樂和自嗨，而是要精準地打到讀者心坎裡。就像賣產品一樣，讀者喜歡的才是好產品，讀者不喜歡的就是沒有太大價值的產品。當然，經營者後期成為大 V 之後，就可以更多注入個人的感觸，建立起平臺與讀者的情感，提升使用者與平臺的黏度。這樣，使用者就會變成你的粉絲，當使用者成為「忠誠粉絲」後，會更持續地跟隨你、支持你，即使後期你隨便推出什麼產品和服務，這群「忠誠粉絲」都會挺你，願意為你買單。
- **寫的文章必須經過打磨，不僅內容要有價值，標題更為關鍵**：標題好不好，直接決定了使用者是否會點開你的文章，而且好的標題系統也會給予強大的流量支援。如果說創作一篇文章需要兩個小時，那麼筆者建議經營者思考標題的時間最少需要半小時，而且要認真思考。因為標題是自媒體文章的入口，使用者是否點開你的內容，關鍵就在於你的標題是否足夠打動他。
- **建議每個創作者都要創建粉絲聯盟，建立相互推薦社群，設置互轉機制**：這樣做有助於內容的主動分發，可以更快地把高品質內容裂變式傳播分享出去。要知道，新媒體絕對不是一個人的，而是大家的新媒體，每個人都想做成人氣帳號。單打獨鬥太難了，所以建立相互推薦的聯盟是一件很有必要的事情。頭條號經營者可以找一些和自己的平臺使用者類似的平臺建立聯盟，相互幫助。如果能找到大號帶領你、支援你，則成功的機率會更高。當然，找不到大號也不要氣餒，小號聯盟的力量有時也能勝過大號的影響力。

11.2.2
百家號：廣告分成＋原生廣告＋讚賞

▶ 模式含義

百家號是由百度搜尋引擎推出的一個自媒體平臺，內容生產者可以在平臺上發布內容、透過內容變現及管理粉絲等。從內容方面來說，百家號支援圖片、文字、影片等發布形式，同時還將在未來提供更多內容發布形式，如動圖、直播、H5 等。

▶ 適合族群

百家號的入駐帳號類型包括個人、媒體、企業、政府、其他組織等，經營者可根據自己的實際情況來選擇。

▶ 具體做法

百家號平臺的收益主要來自以下三大管道。

- **廣告分成**：百度投放廣告盈利後採取分成形式。
- **原生廣告**：創意置入內容之中的廣告獲取利潤。
- **粉絲讚賞**：精準掌握粉絲喜好的內容吸引資金。

經營者想獲取更多收益的話，就要打造更為高品質的內容，「內容為王」的道理適用於很多領域，平臺變現也少不了對內容的關注。筆者針對如何把百家號做到更上一層樓這個營運痛點，也曾經和百家號教育負責人交流過，筆者當時分享了一個全新觀點，得到了他很高的認同和肯定。

這個觀點的基本思路為：把百家號定位成一個大的流量池，透過流量幫扶更多優秀的內容輸出創作者，打造成為類似「吳曉波頻道」、「羅輯思維」、「樊登讀書會」這樣的大 IP。新媒體時代最重要的是：你有什麼？我有什麼？如何透過系統深度整合，成人利己，幫助更多優秀的人從優秀到卓越？

這個思路就好比馬雲曾經說過的「淘寶要培養無數個像京東這樣的賣家」，道理都是一樣的。筆者一直在思考，頭條號為什麼能夠在短短幾年內成為一匹新媒體的黑馬，主要原因就是逆向思維形成了很大的作用。

什麼是逆向思維？舉個例子，把微信官方帳號統稱為「一對一模式」，即經營者在經營官方帳號時首先思考的是如何增加粉絲，其次才去思考如何製作內容，但是粉絲的多少往往取決於內容流量大小，這樣就增加了營運的難度。

頭條號則可以稱為「一對多模式」，經營者只要能創作輸出好的內容，頭條號的所有流量都能為這篇文章所用。這樣的思維一改變，加入頭條號的人就直接淡化了增加粉絲的概念，一門心思專注於內容的創作。內容越好，流量越好，粉絲增加也會更快，這就是逆向思維的作用。再加上頭條號推出「青雲計畫」，再一次提高了經營者做內容的動力，所以平臺能夠不斷輸出有價值的好內容。

針對百家號的營運，筆者透過與百家號負責人溝通後，總結了一些新的思路，分享給大家。筆者透過深入研究百家號的後臺操作，發現很多流量支援存在著一定的權限基礎，下面列舉了一些百家號後臺的具體功能和優勢。

- 「黃 V」帳號的權重沒有「紅 V」帳號高。
- 開通原創功能，代表已過新手期，並且能夠創作有價值的內容。標註原創後，首發、推薦量和閱讀量都會很高。
- 開通「寫作雙標題」功能後，相當於推送了兩篇文章，曝光度會翻倍。
- 「粉絲必見」功能能夠有效喚醒沉睡粉絲，同時還可以提高與粉絲的互動黏度。

- 「影片原創」標籤也是獲得流量支援的關鍵所在。
- 「自薦」功能是百家號經營者的一種權重代表。

開通的功能權限越多，代表帳號的價值與品質越高。這樣對於新媒體平臺的新手來說，意味著很難看到希望和產生堅持創作的動力。很多時候，創作者會在一個平臺上持續創作內容的關鍵在於平臺給了他希望，看到扶持與內容認可的感激，讓他能夠有堅持的動力。否則，再好的內容不被推薦和發現，得不到平臺流量支援，經營者遲早會離開。同樣的內容在不同的平臺上得到的重視程度不同，這也成為創作者選擇平臺的理由。

另外一個觀點主要是針對一些帳號發布廣告的情況。有的平臺針對不是太硬性的廣告，類似於新聞報導類型的廣告都會被封殺；而有的平臺就會大力扶持，如頭條號對於這種業配廣告的支持筆者是比較認同的。

例如，筆者在和拼多多、蘇寧、阿里巴巴等平臺合作時，每天都會投放它們的廣告，此時如果新媒體平臺不歡迎這樣的內容，就不會給予流量推薦。投放的企業看不到流量影響力，就會放棄對這些平臺的廣告投放。而一旦企業放棄，帳號的經營者就會失去一大部分廣告收益，從而導致收入變少，久而久之，他們就容易放棄對這個新媒體平臺的營運。

相反的，如果新媒體平臺能夠對這樣的業配廣告內容給予流量支援，那麼企業客戶即可見證廣告投放的效果，有了效果就會持續和平臺創作者進行合作。而一旦雙方持續合作，創作者就能夠獲得持續的收入，這樣他對平臺的依賴也會更強，同時也會堅定不移地持續創作下去。因此，對於新媒體平臺來說，相當於找到了免費幫自己為創作者提供收益的管道，從而形成三方共贏的良性循環。

11.2.3
一點號：多重收益，高額獎金

▶ 模式含義

一點資訊是一款興趣推薦平臺，主要特色為搜尋與興趣結合、個性化推薦、使用者興趣定位精準等。一點資訊是一個獲得了網路新聞資訊服務許可的自媒體平臺，經營者可以在一點資訊平臺上申請一點號，享受多重的收益方式，具體包括廣告收益、獎金、營運鼓勵金、簽約收益及使用者讚賞等。

▶ 適合族群

一點平臺的入駐自媒體超過 60 萬家，包括政務、娛樂、社會、軍事、體育、財經等領域的創作者，為使用者提供大量高品質的原創內容。

▶ 具體做法

一點資訊平臺上的收益方式主要以平臺分成為主，同時針對圖文自媒體推出了「點金計畫」。如果經營者想要在此管道獲取收益，則需要向平臺方提出申請，申請通過後才可以開始盈利。

「點金計畫」的申請要求比較嚴格，審核不太容易通過。其具體條件包括內容要一致，綜合品質高，帳號在 3 個月內沒有違規、投訴紀錄，基礎資料、核心資料達到標準，如發布文章的數量、原創內容的數量等。綜合資料是隨著內容品質的提升而不斷上漲的，只有內容優質，才有可能通過審核。

11.2.4 企鵝號：持續提供豐富優質的收入管道

▶ 模式含義

企鵝號是指騰訊內容開放平臺的經營者，是一個一站式的內容創作營運自媒體平臺。該平臺為優質的內容創作者提供大量流量扶持和收入管道，幫助經營者擴大影響力和商業變現能力。

▶ 適合族群

企鵝號適合個人、媒體、企業、組織、政府等各行各業的自媒體經營者入駐，經營者可以直接使用 QQ 號或者微信帳號註冊企鵝號，但不同類型的入駐者需要提供不同的資格。

▶ 具體做法

企鵝號經營者的收益主要來自以下 3 個部分，如圖 11–3 所示。

流量收益：

企鵝號將依據帳號在各分發平臺的綜合內容表現，進行匯總收益計算；相關帳號的收益水準，將由各分發平臺根據內容品質、內容原創度、閱讀／播放表現等方面每日動態計算。

採買收益：

企鵝號根據您參與的採買計劃專案的驗收標準，對當月達標的內容進行收益計算。

商業化收益：

企鵝號根據您參與的商業化專案的驗收標準，對當月達標的內容進行收益計算。

圖 11–3 企鵝號經營者的收益管道

「採買收益」是由平臺發起的定向邀請專案，不接受經營者主動申請。經營者滿足一定條件後，平臺會為其自動開通流量主功能進行變現。另外，企鵝號還推出了「伯樂計畫」，有高品質原創作者資源的自媒體人可以向平臺推薦一些沒有註冊企鵝號的優質帳號，如果企鵝平臺接受了推薦，那麼推薦人就可以獲得平臺的獎金，還能得到參與平臺決策的權利。

11.2.5
網易號：星級越高，權益越多

▶ 模式含義

網易號是由網易訂閱發展演變而來的，它是自媒體內容的發布平臺，同時也是打造品牌的幫手。它的特色在於高效率分發、極力保護原創、現金補貼等，而且還帶頭推出了自媒體的直播功能。

▶ 適合族群

經營者可以透過網易電子信箱快速註冊網易號，網易號的帳號類型包括媒體（新聞媒體、群媒體）、自媒體、機構和企業。其中，自媒體類型的帳號適合垂直領域的專家、意見領袖、評論家等個人創作者或以內容生產為主的自媒體公司或機構。

▶ 具體做法

網易號的主要收益也來自於平臺分成，但是網易媒體開放平臺的分成方法與其他平臺有所區別，主要是以星級制度為準，具體方法如下。

- 1 星帳號：平臺收益分成、申請圖文或影片原創資格。
- 2 星及以上帳號：開通原創、打賞功能。
- 3 星及以上帳號：舉辦線上及實體活動。
- 4 星及以上帳號：可提交直播互動申請。
- 5 星及以上帳號：向目標族群發送 PUSH（提醒、動態等訊息）。

而想要獲得平臺分成，網易號至少要達到 3 星級以上，而且星級的不同還會影響功能的提供。

11.2.6
大魚號：多重分潤，獎金升級

▶ 模式含義

大魚號全稱為 UC 大魚 · 媒體服務平臺，該平臺基於 UC 瀏覽器（一款基於手機和電腦而研發的瀏覽器，由中國優視科技有限公司開發），目前擁有約 6 億名使用者，以及每個月大約 4 億名的活躍使用者，為自媒體人提供了絕佳的推送文章與引流粉絲的條件。

▶ 適合族群

大魚號適合個人／自媒體、媒體、企業、政府或其他組織入駐。其中，個人／自媒體帳號適合個人寫作者、意見領袖、垂直領域專家和自媒體人士申請。

▶ 具體做法

作為近來比較火熱的線上影片管道，大魚號的顯著優勢主要展現在打通了優酷、馬鈴薯及 UC 三大平臺的後臺。在巨大的優勢下，大魚號的收益方式主要包括 3 種：一是廣告分成；二是流量分成；三是大魚獎金升級。

- **廣告分成：**想要獲取廣告分成，只需滿足以下幾項條件中的一項即可。
    - 大魚帳號達到 5 星以上。
    - 已經開通原創保護功能。
    - 閱讀量達到了相應標準。

- **流量分成：**獲取流量分成的要求比較簡單，只要大魚帳號達到5星即可。
- **大魚獎金升級：**報名賺取獎金的門檻較高，而且需要滿足較多條件。有些條件是必須滿足的，有些則是滿足其中一項即可，具體條件如下。
  - 必須滿足：確認大魚號試營運已經轉正，近一個月沒有營運違規紀錄。
  - 滿足一項：已經開通內容原創保護功能，開通大魚帳號不少於半個月，近30天發布的短影音大於5個，累計訂閱使用者量超過1萬名。

11.2.7 搜狐號：廣告分成，流量收益

▶ 模式含義

搜狐號是搜狐入口網站下的一個融合搜狐網、手機搜狐、搜狐新聞客戶端三大資源於一體的公眾平臺。搜狐號的收益方式是廣告分成，也是因為這種收益方式，所以使用者的帳號需要通過審核才能獲得廣告分成。

▶ 適合族群

搜狐號適合個人、媒體、企業／機構、政府等帳號類型入駐，其中主要是針對個人創作者，即以提供文字、圖片創作為主的使用者，幫助他們打造自己的品牌。

▶ 具體做法

搜狐號的收益主要來自廣告分成、傳播獎收益和活動收益。其中，廣告分成包括平臺提供的專項激勵計畫，收入會受到經營者發布的文章流量和品質等因素的影響。經營者可以進入搜狐號後臺的「成長」→「帳號權益」→「廣告分成」頁面中申請開通廣告分成，但需要符合如下條件。

◆ 帳號為通過狀態。

◆ 30 天積分淨增量≧ 50。

◆ 30 天內總扣分≦ 36。

◆ 近 30 天 3 星級以上文章數≧ 1。

◆ 帳號入駐類型為個人、社群媒體、媒體類型。

專家提醒

傳播獎是指「星圖傳播獎」，經營者可以透過站外管道分享高品質原創內容，獲得相應的獎金收益。同時，經營者可以積極參與平臺活動，獲得活動獎勵收益。

11.2.8
360 快傳號：堅持原創，擴大收益

▶ 模式含義

快傳號是 360 公司推出的一個幫助自媒體原創作者展現自我的平臺，透過 360 的各個產品管道將高品質的內容精準地推薦給使用者，如 360 搜索客戶端、360 手機衛士、360 手機助手、快影片等。平臺會對內容進行領域識別，之後會推薦給對該內容感興趣的使用者。內容推薦是根據資要配對之後進行的。

▶ 適合族群

快傳號的帳號分為個人和媒體兩種類型。其中，涉及健康、財經等行業內容的個人帳號還需要提供相應的行業資格證明。同時，快傳號非常適合專注於內容生產的創作團體，並將他們歸類於「群媒體」帳號。

▶ 具體做法

360 快傳號根據經營者每篇內容的一些資料提供相應的補貼。另外，瀏覽量和點閱量比較高的文章或影片可以向平臺申請參與廣告分成，這也是收益的一部分。但是，獲得廣告分成需要長期堅持發布內容，這樣才會有效果。

在經營 360 快傳號時，自媒體人需要掌握的技巧有兩個，一是怎樣提高快傳號的指數，二是盡快開通原創聲明。下面分別對提高快傳號的指數和原創聲明的開通進行介紹。

自媒體人開通快傳號的原創聲明時需要達到 4 個條件。

1. 通過快傳號新手期。
2. 指數分至少提高至 350 分。
3. 近 30 天內發布文章至少達到 10 篇。
4. 信用分保持在 1,000 分。

一般 360 快傳號的詳細的收益資料可以透過登入快傳號後臺，點選「收益」一欄的「收益統計」進行查看。當天的資料可以在第二天查詢，收益統計中顯示的都是能結算的收益，快傳號平臺的最終收益實際金額以月底結算為準。

自媒體人的帳號在快傳號平臺通過了新手期，並且達到了平臺開通收益的標準後即可開通收益，具體的開通標準有以下 3 個。

- 入駐快傳號達到 30 天，且已通過新手期。
- 發布的內容超過 20 篇。
- 品質分至少達到 100 分，同時信用分至少達到 600 分。

滿足這 3 個條件的帳號，可以在快傳號的後臺選擇「收益統計」→「收益設置」→「開通」選項主動申請開通收益，通過平臺的審核後即可開通收益，審核通過第二天就開始計算補貼；如果審核未通過，則需要在第二個月的 10 日之後才可以再次申請。

第 12 章
17 種其他變現方法：不同管道的商業模式解析

除了前面章節中介紹的各種新媒體管道實現個人商業模式的變現外，還有一些常用的線上與實體變現途徑，如網站推廣、APP 開發、企業融資等，經營者可以根據自己掌握的核心資源選擇適合自己的個人商業模式進行變現。

17 種其他變現方法：專案推廣、創意群眾外包、新聞閱讀、網路任務、群眾募資模式、域名投資、APP 開發、增值插件、SEO 引流、無人商業模式、共享經濟模式、新零售模式、企業融資模式、合夥創業模式、內部創業模式、免費商業模式、O2O 商業模式。

12.1 網路變現：利用網路也可輕鬆盈利

網路的出現不僅給大家的生活帶來了很多便利，而且還衍生了很多個人商業模式，讓大家能夠在網路上創造更多財富。本節將簡單分享一些網路的變現方式，幫助大家利用網路來輕鬆盈利。

12.1.1 專案推廣：完成任務賺佣金

▶ 模式含義

專案推廣主要是透過領取一些廣告主在平臺發布的推廣任務，並按照它們的要求來完成任務，獲得相應的佣金收入。

▶ 適合族群

專案推廣適合有大量空餘時間的使用者，如在家待業的「寶媽」或者休息時間比較多的職場人士。

▶ 具體做法

網路上有很多專案推廣任務平臺，如黃蜂兼客吧（見圖 12–1）、聚享游、微勢力等。使用者可以在這些平臺上接到各種推廣任務，如論壇發帖、論壇頂帖、微博推廣、微信推廣、產品發布、註冊任務、網店推廣等。

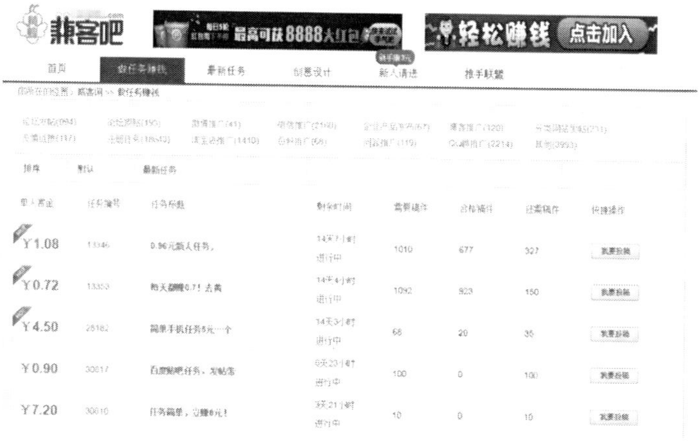

圖 12–1 黃蜂兼客吧平臺上的賺錢任務

12.1.2 創意群眾外包：讓技能變成收益

▶ 模式含義

創意群眾外包是指雇主透過網路來分配工作、發現創意或者解決各種技術問題，有能力完成任務的使用者可以透過網路來接受任務，同時獲得約定的收入。這種商業模式對於雇主來說可以降低營運成本，在網路上找到具有專業技能的服務提供者，促進企業品牌的快速成長。

▶ 適合族群

創意群眾外包變現模式適合能夠輸出令雇主滿意的創意產品或服務的使用者，這些人可以將自己的知識技能、創意產品、服務或資源等轉變為現金收益。

▶ 具體做法

創意群眾外包的常見任務包括企業服務、創意設計、開發服務、行銷文案等，有相關知識技能的使用者可以去創意群眾外包平臺接任務，透過分享自己的創意或服務來變現。例如，一品威客網就是一個創意群眾外包服務平臺，服務（任務）類型涵蓋設計、開發、裝潢、文案、行銷、生活、企業服務七大類共計 300 多個細項，累計交易額超過 170 億元（截至 2019 年 6 月），如圖 12–2 所示。

圖 12–2 一品威客網的任務分類

12.1.3
新聞閱讀：看新聞資訊賺錢

▶ 模式含義

隨著自媒體的火爆，很多資訊訊息類平臺為了吸引使用者，紛紛推出了閱讀新聞賺錢的模式。這種商業模式採用有償看新聞資訊的方式，使用者在瀏覽新聞的同時會產生相應金幣，累積一定數量的金幣即可提現。

▶ 適合族群

新聞閱讀這種變現方式適合喜歡看新聞、看短影音的使用者，使用者在獲得資訊需求的同時，還能帶來一些額外的小收益。

▶ 具體做法

下面介紹一些常見的閱讀新聞賺錢的管道。

- **抖音極速版**：使用者可以透過看影片、做任務、邀請好友等方式獲得金幣，10,000 金幣＝ 1 元。
- **趣頭條**：註冊送隨機現金紅包，每看一篇文章得 10 金幣，邀請新使用者獎勵 8 元現金，滿 1 元即可提領。
- **快手極速版**：邊看影片邊獲得現金，下載登入可獲得新人獎勵。
- **今日頭條極速版**：可以透過看新聞、簽到、開寶箱等方式獲得金幣，邀請好友有額外獎勵。

12.1.4 網路任務：空閒時間賺小錢

▶ 模式含義

常見的網路任務有 APP 試玩、懸賞任務、淘寶兼職、轉發文章、購物返利等。

▶ 適合族群

網路任務變現適合在家兼職的使用者，利用空閒時間來賺錢。

▶ 具體做法

網路任務賺錢的具體方法如下。

- **APP 試玩**：體驗試玩、推廣遊戲，獲得佣金獎勵。
- **懸賞任務**：包括看文章、回答問題、分享文章、APP 註冊等簡單懸賞任務，完成即可領取佣金。
- **淘寶兼職**：包括電商試用任務、寫商品評價等，接任務兼職賺零花錢。
- **轉發文章**：透過微信等社群應用發送一些有價值的文章給好友，好友點擊閱讀後即可獲得收益。
- **購物返利**：透過購買商品、分享商品、領取商品優惠券等方式，讓使用者在購物更省錢的同時，還能獲得好友佣金獎勵。

12.1.5 群眾募資模式：籌集資金更便捷

▶ 模式含義

群眾募資模式也可以稱為群眾募資，即「召集一群人共同做一件事」，或者「大家一起出錢做一個專案或產品」。

▶ 適合族群

群眾募資模式適合有專案或產品方案但缺乏啟動資金的創業者，可以透過這種方式向網友籌集資金，來實現自己的事業。

▶ 具體做法

使用者首先要找到一個合法經營的群眾募資平臺，然後在平臺上描述自己的專案、產品和籌款需求，並發起群眾募資。圖 12–3 所示為京東金融平臺上的產品群眾募資專案。在填寫群眾募資專案的資訊時，使用者要盡可能多地提供一些資料來增加專案的真實性，這樣更容易獲得大家的信任。

圖 12–3 京東金融平臺上的產品群眾募資專案

12.1.6
域名投資：放開投資的眼界

▶ 模式含義

域名是網際網路中常見的基礎設施，各種網站、小程式、APP 等都是透過域名來接入網路的。域名投資是一種資訊化發展趨勢下的電商終端投資行為，即透過註冊域名和出售域名來盈利。域名投資的案例非常多，下面筆者簡單列舉幾個。

- 京東的域名 jd.com，購買價格人民幣 3,000 萬元。
- 小米的全新域名 mi.com，購買價格 370 萬美元。
- 360 公司的域名 360.com，購買價格 1,700 萬美元。
- 微博的域名 weibo.com，購買價格人民幣 800 萬元。
- 特賣網站唯品會的域名 vIP.com，購買價格人民幣 1,200 萬元。

▶ 適合族群

域名投資適合有商業視野的投資人，從成功的域名投資案例來看，這些人不僅是資訊科技方面的專家，同時還熟知商業、行業、新聞等各個領域。

▶ 具體做法

域名投資的方法有兩種，即透過搶註或收購有價值的域名，然後將其轉讓來獲利。使用者可以去一些域名交易資訊平臺預訂搶註競拍一些過期的但自己認為有前景的域名進行投資，如圖 12–4 所示。

圖 12-4 預訂過期域名

域名投資是一種考驗投資者技巧和運氣的商業模式。例如，cool.com 域名的註冊者 Tim Lee，他在註冊這個域名時還是一名大四學生，只是抱著賺錢付清學費貸款的想法。後來有一家公司願意出 300 萬美元購買這個域名，最終這家公司將開價提升到了 3,500 萬美元。

12.1.7
APP 開發：更多的變現途徑

▶ 模式含義

APP 開發變現是指經營者開發自己專屬的 APP，從而透過電商、廣告、商業合作、APP 出售等方式獲得盈利的一種商業模式。

▶ 適合族群

APP 開發變現這種商業模式適合有商業頭腦且有一定的 APP 開發經驗的技術人員、產品經理等。

▶ 具體做法

使用者開發出自己的 APP 後，如果決定自己經營，則首先需要進行導流，有了一定的使用者基礎的 APP 才有商業價值。

- **自營業務**：使用者可以在 APP 中對接自己的業務，透過 APP 獲得更多的客戶資源來實現變現。
- **廣告變現**：當使用者的 APP 有了足夠多的活躍客戶後，可以尋找一些高品質的廣告投放平臺進行合作，幫助廣告主將宣傳資訊展現給精準使用者，來獲得廣告收入。

除了自己營運 APP 外，使用者還可以將 APP 出售給有需求的企業或個人獲得轉讓費，以及為其提供後續的 APP 更新、維護等工作，收取一定的服務費。

12.1.8 增值插件：引導粉絲去消費

▶ 模式含義

增值插件指的是經營者在平臺上利用自定義選單欄的功能添加微店、淘寶店鋪、天貓等可以購買產品的地址連結，或者直接在文章內添加購買產品或是提供服務的連結，以此引導粉絲消費的一種盈利方式。

▶ 適合族群

經營者要採用這種盈利方式，前提是自己擁有微店、淘寶、天貓等店鋪，或是和其他商家達成了推廣合作共識。

▶ 具體做法

經營者可以在自己的自媒體平臺上為合作方提供一個連結入口，或者在發布的文章中插入合作方的產品連結。添加增值插件這種盈利方式很多自媒體人都有使用，如微信官方帳號「凱叔講故事」、「羅輯思維」等。

12.1.9 SEO 引流：做流量提升服務

▶ 模式含義

SEO 引流變現是指利用 SEO 技術幫助客戶的網站、應用及產品等進行引流推廣，提升它們的排名，讓更多人看到。

▶ 適合族群

SEO 引流這種變現模式適合能夠熟練地使用百度、搜狗、360、神馬等搜尋引擎推廣後臺，以及可以做好推廣策略的 SEO（搜尋引擎最佳化）/ SEM（搜尋引擎行銷）行銷專員，同時他們還需要為客戶提出合理的調整及最佳化建議。

▶ 具體做法

SEO 引流推廣包括網站引流（向目標站點引流）、內容引流（向目標內容引流）及廣告流量聯盟等變現方法。

- **網站引流**：透過 SEO 提升網站的權重和排名，然後進行廣告變現。
- **內容引流**：讓客戶的行銷文案或新聞稿件等內容被百度蜘蛛快速收錄，通常按照文案內容的篇數來付費。
- **廣告流量聯盟**：首先透過 SEO 技術獲得流量資源，然後透過廣告流量聯盟來進行變現，如百度聯盟可以將聯盟夥伴的流量合理轉化為價值。

12.2 實體變現：抓住新興的產業投資機會

如果你能夠回到從前，也許你可以很快地找到成功的捷徑，但這是不可能的事情。但是，筆者卻可以幫助大家看到未來，告訴你一些未來充滿前景的個人商業模式，只要你能夠熟練掌握並運用，即可以增加自己成功的機會。本節將分享一些實體行業的變現模式，幫助大家抓住新興的產業創業和投資機會。

12.2.1 無人商業模式：變現更智慧化

▶ 模式含義

無人商業模式主要是利用 5G 網路、大數據、人工智慧和行動支付等技術來打造無人便利店、智慧導購店、無人智慧貨櫃等實體商業模式。

▶ 適合族群

無人商業模式適合有零售貨源或者實體商業通路的商家、實體門市老闆、超商經營者及 O2O（離線商務模式）行業的創業者。

▶ 具體做法

以無人智慧貨櫃為例，商家一定要用自身產品、品牌定位和周邊族群進行深度結合。無人智慧貨櫃可以選擇一些員工停留時間長或者人流量較大的環境，如酒店、汽車經銷商、工廠、醫院、車站、大型超商、學校及旅遊景點等，先保證客源的穩定性，再打造流量入口。同時，無人智慧貨櫃還可以透過 APP 來開發穩定會員，將顧客導流到線上平臺。

12.2.2
共享經濟模式：分享彼此價值

▶ 模式含義

共享經濟是指透過網路分享某種社會資源的使用權，如生活中的閒置物品、工作力等，讓有需求的人暫時獲得物品的使用權，也讓分享者從中獲得一定的報酬。常見的共享經濟模式應用案例有共享單車、共享汽車、共享行動電源、共享廚房、共享 Wi-Fi、共享雨傘等。

▶ 適合族群

共享經濟適合有閒置資源的企業或商家，以較低的價格提供產品或服務的暫時使用權。例如，民宿、按摩椅、健身房、KTV 等行業的從業者都可以運用這種商業模式來深度拓展行銷管道。

▶ 具體做法

共享經濟可以分享的東西非常廣泛，不僅包括各種閒置物品、閒置空間與公共服務，還包括供給方的碎片時間、知識專長、技能經驗、資金盈餘等。例如，共享按摩椅就是為了解決逛街逛累了的使用者的短時間休息問題，幫助他們緩解身體的疲憊。

共享經濟商業模式中有 5 個非常關鍵的要素，分別為閒置資源、使用權、資訊管道、使用者的信任度和流動性。因此，做好共享經濟商業模式的重點在於將這 5 個關鍵要素進行無縫配合，最大化地降低營運成本，使得供給方與需求方都能夠各取所需。

12.2.3
新零售模式：以消費者為中心

▶ 模式含義

新零售就是在消費升級的時代趨勢下，利用大數據、雲端運算等各種新技術來打通線上與實體，打造高效物流，更新整個零售業產業鏈，從而發起的一場商業變革。同時，新零售加速了實體零售企業與網路的融合，未來單純的零售行業將不復存在，而是一個相融共生的新商業生態系統。

▶ 適合族群

新零售商業模式適合零售行業、資訊科技行業的相關企業、創業者和從業者，以及新零售、新經濟方面的投資者、諮詢師、企業高階管理者、市場營運人員等使用者族群。

▶ 具體做法

新零售的商業模式變革主要是以消費者為中心，憑藉線上先進技術和經營理念，提升實體傳統零售的前端行銷能力和後端供應鏈效率，持續強化各個消費者接觸點的能力，用數位化方法整合和最佳化供應鏈，並結合系統性的零售分析方法，來實現價值鏈的最佳化和整合，增強零售企業的變現能力。

例如，世紀聯華推出的「鯨選」就是一家融「黑科技」、美食娛樂、「次世代購物」於一體，提供實體體驗與線上服務的體驗式新零售實體店，其打造了「全零售消費場景」配套服務，可以滿足使用者的「全鏈路消費需求」。

12.2.4
企業融資模式：解決資金問題

▶ 模式含義

企業融資模式是指企業獲得發展資金的管道和方式，從而滿足企業專案建設、營運及業務拓展的需求，讓企業能夠獲得更長遠的發展。投資者透過將自己的資金注入企業，讓資產隨著企業的發展得到增值，並獲得分紅收入。

▶ 適合族群

企業融資模式適合企業高階管理者、股東、員工及投資人等。

▶ 具體做法

企業融資模式主要包括以下兩種方法。

- **債權融資**：企業透過借貸的方式來獲取資金，企業需要承擔利息，到期後需要歸還本金。
- **股權融資**：股東讓出部分企業股權，其他投資人出資購入股權，使總股本增加。企業透過增資的方式吸收新的股東，並共同分享企業的盈利，以及共同承擔責任風險。

12.2.5
合夥創業模式：快速做大事業

▶ 模式含義

合夥創業模式是指創始人把企業裡的核心人才發展成為股東，讓他們擁有更多的責任和紅利，從而最大限度地發揮人才的作用。合夥創業模式的基本理念就是「讓每個人都成為企業的經營者，並分享企業的經營性收益」。

▶ 適合族群

合夥創業模式適合各類企業老闆、合夥人、創業者及投資人。

▶ 具體做法

人是企業經營下去的動力，合夥創業模式能夠讓企業做得更加長久，將員工發展成企業家，將老闆變身為資本家。同時，合夥創業模式還能夠為企業儲備大量人才，不僅可以增加員工的收入（工作收入＋企業分紅），而且還能提升企業的單位利潤率，讓企業得到快速發展。下面介紹一些合夥創業模式的常用方法。

- **增量分紅法**：在傳統的薪酬模式和結構（薪水＋抽成＋補貼＋獎金＋福利）的基礎上，增加額外的利潤分紅收入。
- **分享虛擬股份**：將企業的全部或部分資產換算為股份，拿出一部分股份給予員工，讓他們享有分紅權和資產增值收益權。
- **實股註冊共享**：創始人與核心管理層共同出資組建公司和營運業務，根據出資金額分配股份，成立董事會做決策。
- **風險投資模式**：員工自己出力成立公司，也可以出錢；而投資人僅做資金投資，自己無須出力，獲取公司利潤分紅。
- **經銷商模式**：將員工發展成為產品經銷商，他們將不再以薪水為主要收入，而是透過賺取產品差價來獲得收益。

12.2.6
內部創業模式：持續創新業務

▶ 模式含義

內部創業模式是指企業為員工開展新的業務或專案提供一定的資源支援，同時與員工共同分享創業成果。內部創業是大型企業常用的招數，如騰訊的微信、阿里巴巴的螞蟻集團、華為的榮耀等，都是內部創業的經典成功案例。

▶ 適合族群

內部創業模式適合有創業意向和想法的優秀員工、核心高階管理人和業務團隊，以及適合開展分公司、分店業務的各行業創業者。

▶ 具體做法

企業可以透過內部創業的形式調動員工的創業熱情和動力。在內部創業制度中，企業可以為那些有創新思想和有幹勁的內部員工及外部自造者提供平臺和資源，彼此透過股權、分紅的形式合夥創業，讓員工的創意變成商業價值，並且與母公司共同分享創業成果。

內部創業可以綁定人才和企業的利益，解決人才流失問題，同時還能擴大企業規模，形成「竹林效應」，讓一家公司裂變出多家公司。

12.2.7
免費商業模式：獲取利潤最大化

▶ 模式含義

免費商業模式是指透過免費的方式延長產業鏈，擴展利潤的獲取管道，從中開發新的衍生利潤點，從而獲取利潤的最大化。

▶ 適合族群

免費商業模式在網路上隨處可見，但在實體行業中卻因為成本問題而鮮少出現。其實，餐飲、旅行、娛樂場所、高級商品、共享腳踏車、電信營運商、房地產等行業都可以採用一定程度的免費商業模式，先吸引客流，然後透過這些免費使用者帶來更多的付費使用者。

▶ 具體做法

免費商業模式要實現變現，可以採用以下方法。

- **免費體驗模式**：先讓使用者體驗產品或服務效果，然後向使用者推銷產品。
- **免費副產品模式**：為使用者提供一些免費的副產品，使用者使用後對效果滿意，就會去購買主產品，適合新產品快速打入市場。
- **第三方免費模式**：最常見的就是電視臺購買電視節目版權，然後免費播放給大眾收看，並透過廣告來實現營收。實體行業也可以借助這種第三方支付成本的免費模式打造自己的商業模式。
- 「**偽免費**」**模式**：最常見的就是買車買房時商家宣傳的「零首付」，但實際上這是一種「先消費、後付款」的信用購物模式，最終使用者仍要支付全款。
- **免費功能型模式**：商家在開發產品時，在自己的產品中附加了另外一個產品的功能，且免費為使用者提供，增強產品的競爭力。例如，手機就免費附加了 MP3、電視、遊戲機等功能。
- **特定族群免費模式**：如風景區針對女性免費、遊樂場針對兒童免費，透過免費族群帶動人氣，同時吸引更多使用者，以及在自己的商業場景中產生其他消費。
- **免費贈品型模式**：透過給使用者提供大量與產品相搭配的有價值贈品，吸引使用者下單。例如，買車時商店通常會贈送一些配件、保養產品等，就屬於這種方式。
- **捆綁服務免費模式**：商家雖然免費將產品賣給使用者，但使用者在使用產品的過程中還是需要用到商家的付費服務，如續約通話費免費送手機等。

12.2.8
O2O 商業模式：尋找創新突破口

▶ 模式含義

O2O（Online to Offline，從線上到實體）透過將實體行業與網路相結合，衍生出了很多新的商業模式，如團購、外賣、手機訂車票／機票／電影票、手機叫車等。

▶ 適合族群

O2O 商業模式非常適合服務類的本地商家，如餐飲酒店、旅行娛樂、交通出行等行業，透過充分利用網路的優勢，更好地拓展和維護精準客戶族群。

▶ 具體做法

在 O2O 商業模式中，使用者的消費過程包括線上和實體兩部分，通常是先在線上預訂服務或產品，然後在生活中享受服務或購買產品。O2O 商業模式具體包括 5 個環節，分別為線上引流→支付轉換→實體消費→使用者回饋→使用者留存。

專家提醒

在消費者端，O2O 商業模式與 C2C（消費者直接與消費者交易）、B2C（企業直接與消費者交易）等其他商業模式的不同之處在於其更側重於服務性消費，強調消費者在生活中實際獲得服務；而其他商業模式則沒有實體這個環節，它們更注重線上購買商品。

O2O 商業模式的突破口在於垂直細分行業或者某一個點上，使用者可以圍繞著自己所在的行業，整合行業資源，打造上下游的產業鏈。例如，社區

O2O 就是圍繞著社區生活來展開的，包括家政服務、社區醫療、社區電商、生鮮電商等，透過線上和實體資源的互動整合，完成服務或產品在物業社區「最後一公里」的閉環。

一人公司，在自媒體時代掌握流量密碼：原創輸出 × 粉絲贊助 × 專案推廣 × 付費訂閱 × 電商經營，128 種變現套餐，開啟多元獲利模式！

編　　著：胡華成，劉坤源

發 行 人：黃振庭
出 版 者：崧燁文化事業有限公司
發 行 者：崧燁文化事業有限公司
E-mail：sonbookservice@gmail.com
粉 絲 頁：https://www.facebook.com/sonbookss/
網　　址：https://sonbook.net/
地　　址：台北市中正區重慶南路一段六十一號八樓 815 室
Rm. 815, 8F., No.61, Sec. 1, Chongqing S. Rd., Zhongzheng Dist., Taipei City 100, Taiwan
電　　話：(02)2370-3310
傳　　真：(02)2388-1990
印　　刷：京峯數位服務有限公司
律師顧問：廣華律師事務所 張珮琦律師

定　　價：440 元
發行日期：2023 年 08 月第一版
◎本書以 POD 印製

國家圖書館出版品預行編目資料

一人公司，在自媒體時代掌握流量密碼：原創輸出 × 粉絲贊助 × 專案推廣 × 付費訂閱 × 電商經營，128 種變現套餐，開啟多元獲利模式！ / 胡華成，劉坤源 編著 . -- 第一版 . -- 臺北市：崧燁文化事業有限公司 , 2023.08
面；　公分
POD 版
ISBN 978-626-357-457-1(平裝)
1.CST: 電子商務 2.CST: 網路行銷
490.29　112009221

電子書購買

臉書